科学出版社“十三五”普通高等教育本科规划教材

计算机控制系统
——分析、设计与实现技术

李东升　朱文兴　高　瑞　编著

科学出版社

北　京

内 容 简 介

本书以信息流为线索，以 LabVIEW 软件为工具，对计算机控制系统的分析、设计和实现技术进行全面系统地介绍，以求读者能够对计算机控制系统形成完整的认知。

全书主要内容共 9 章。基础篇（第 1、2 章）介绍学习计算机控制系统必须掌握的基础知识，对信号采样与重构问题进行适当讲解；分析篇（第 3、4 章）介绍计算机控制系统的分析方法，讨论 LabVIEW 软件在系统分析过程中的应用；设计篇（第 5、6 章）介绍计算机控制系统的 LabVIEW 辅助设计方法，特别强调计算机控制系统设计与模拟控制系统设计的不同之处；实现篇（第 7～9 章）介绍计算机控制器的实例化方法，重点讨论工程实现过程中经常遇到的一般性问题及基本对策。

本书兼顾计算机控制系统与模拟控制系统的关系，强调计算机辅助技术的使用，体系新颖，重点突出，可作为普通高等院校自动化类或相关专业本科“计算机控制”课程教材或教学参考书，也可供相关工程技术人员参考。

图书在版编目(CIP)数据

计算机控制系统：分析、设计与实现技术/李东升，朱文兴，高瑞编著. —北京：科学出版社，2017.12

科学出版社“十三五”普通高等教育本科规划教材

ISBN 978-7-03-055809-1

Ⅰ.①计… Ⅱ.①李… ②朱… ③高… Ⅲ.①计算机控制系统-高等学校-教材 Ⅳ.①TP273

中国版本图书馆 CIP 数据核字（2017）第 301019 号

责任编辑：余　江　张丽花 / 责任校对：郭瑞芝
责任印制：赵　博 / 封面设计：迷底书装

科学出版社出版
北京东黄城根北街 16 号
邮政编码：100717
http://www.sciencep.com
北京富资园科技发展有限公司印刷
科学出版社发行　各地新华书店经销
*
2017 年 12 月第　一　版　开本：787×1092　1/16
2025 年 1 月第四次印刷　印张：13
字数：312 000

定价：59.00 元

（如有印装质量问题，我社负责调换）

前　言

计算机控制系统是在硬件基础上构建的并发实时软件系统，是自动控制理论与计算机技术、网络通信技术相融合的产物。本书考虑控制工程的实际需要，以信息流为线索，借助美国国家仪器（National Instruments）公司的LabVIEW软件，从模拟控制出发，介绍计算机控制系统的分析和设计理论；并以此为基础，从并发实时系统设计的角度讨论计算机控制器的工程实现技术。

全书围绕“信息流”组织材料，分基础篇、分析篇、设计篇和实现篇四个部分，主要介绍以下内容：

（1）基础篇是全书的基础，概要介绍学习计算机控制系统必须掌握的基本内容，强调计算机控制和模拟控制因信息表现形式不同而产生的本质差异；

（2）分析篇是设计计算机控制器的前提，主要讨论计算机控制系统的建模技术和分析方法，强调采样周期对系统性能的影响；

（3）设计篇是全书的核心，主要讨论计算机控制器的具体构造方法，强调计算机控制器设计与模拟控制器设计的不同之处；

（4）实现篇是设计篇的延伸，主要是从并发实时系统设计的角度阐述计算机控制器的实例化过程，重点讨论实例化过程中所采取的软硬件技术，以及为解决实例化过程引入的不确定性而采取的技术措施。

本书坚持以计算机控制为主导，尝试从信息处理的角度阐述计算机控制。各章均使用LabVIEW软件进行辅助分析、设计和实现，力求将计算机控制系统的理论分析和工程实现统一到同一个软件平台，使学生从不同角度、不同层次认识计算机控制系统不同设计阶段、不同分析方法、不同实现技术之间的联系，进而形成对计算机控制系统的完整认知。

选择LabVIEW为辅助设计软件，主要考虑了以下方面：

（1）LabVIEW是基于信号流的编程软件，与本书写作思想一致；

（2）LabVIEW的系统仿真能力不逊于MATLAB，其设备驱动能力则远超MATLAB（绝大多数设备供应商均提供LabVIEW驱动程序），可以确保在同一个平台下完成计算机控制分析、设计和实现的全过程；

（3）LabVIEW采用图形化编程，直观形象，便于讲解实时、并发、组件等概念；

（4）LabVIEW简单易学，既支持PC，又支持嵌入式应用，可以提供更灵活的选择，便于揭示计算机控制的本质。

本书配有电子课件，并提供独具特色的图形化仿真试验平台，供读者在学习过程中仿真运行教材内容相关实验。为了帮助读者更好地使用本书，作者还制作了部分教学难点、演示实验的辅助电子资源，用户可扫描相应二维码查看。

本书第1章、第7～9章由李东升编写，第2章由樊民革编写，第3、4章由朱文兴编写，第5、6章由高瑞编写。朱文兴还编写了0.2节、附录D和附录E，高瑞还编写了

0.1 节和附录 B，樊民革还编写了附录 A 和附录 C。李东升还编写了全书二维码对应的内容，并核对统稿。

衷心感谢科学出版社编辑在本书出版过程中所付出的努力，感谢作者家人的理解和支持。

由于作者水平有限，书中难免有疏漏之处，欢迎广大读者批评指正。

（作者联系方式：lidongsheng@sdu.edu.cn）

作　者

2017 年 9 月

目　　录

实 现 篇

第 0 章　预 备 知 识

0.1　Z 变　换

Z 变换是求解线性差分方程的便利数学工具。它可以把任意数值序列映射为复变量函数，以分析由线性时不变差分方程描述的任意类型系统。例如，可以用 Z 变换分析离散概率问题，此时，数值序列表示的是离散的概率值；或者可以用 Z 变换分析离散数字系统，此时，数值序列表示的是连续系统的采样值。

0.1.1　定义

考虑离散数值序列 $\{f(k)\}$ $(k=0, 1, 2, \cdots)$，它的 Z 变换定义为

$$Z\left[f(k)\right]=F(z)=\sum_{k=0}^{\infty}f(k)z^{-k}=f(0)+f(1)z^{-1}+f(2)z^{-2}+\cdots \tag{0-1}$$

式中，z 是复变量；$Z[f(k)]$ 或 $F(z)$ 是 $\{f(k)\}$ 的 Z 变换，表示将数值序列 $\{f(k)\}$ 映射为以 $\{f(k)\}$ 为系数的幂级数之和的变换操作。

式(0-1)定义的是 $\{f(k)\}$ 的单边 Z 变换，假设 $\{f(k)\}$ 在 $k<0$ 时恒等于 0。若该假设不成立，即 $\{f(k)\}$ 在 $k<0$ 时有非零值存在，则其 Z 变换可以定义为

$$Z\left[f(k)\right]=F(z)=\sum_{k=-\infty}^{\infty}f(k)z^{-k} \tag{0-2}$$

式(0-2)称为 $\{f(k)\}$ 的双边 Z 变换。

对于因果序列，双边 Z 变换的结果和单边 Z 变换的结果相同，仅仅是求和下限从 $k=0$ 扩展到了 $k=-\infty$。

0.1.2　收敛域

对于任意给定的离散数值序列 $\{f(k)\}$，使 $F(z)=Z[f(k)]$ 收敛的所有 z 值的集合称为收敛域(ROC: Region of Convergence)。也就是说，收敛域是满足 $\sum\limits_{k=-\infty}^{\infty}|f(k)z^{-k}|<\infty$ 的 z 值的全体。

收敛域不同，不同数值序列的 Z 变换也有可能相同。因此，在确定 Z 变换时，必须指明收敛域。但是，对于工程问题，收敛域的重要性并没有特别突出地表现出来。所以，本书在讨论 Z 变换时，一般不讨论收敛域。

0.1.3　性质

理解 Z 变换的一些基本定理对于熟悉和掌握 Z 变换方法，分析离散系统非常重要。下面一些性质如无特殊说明，既适应于单边 Z 变换，也适应于双边 Z 变换。

Z 变换的基本定理见表 0-1，这些定理一般均可用 Z 变换定义来证明。

表 0-1　Z 变换的性质

定理		描述
线性定理	$Z[f_1(k)\pm f_2(k)]=F_1(z)\pm F_2(z)$ $Z[af(k)]=aF(z)$	实数域数值序列线性变换的 Z 变换等于其复数域 Z 变换的线性变换
左位移（超前）定理	$Z\left[f(k+l)\right]=z^l\left[F(z)-\sum_{k=0}^{l-1}f(k)z^{-k}\right]$	数值序列在实数域的超前或滞后等效于其复数域 Z 变换的平移
右位移（延迟）定理	$Z\left[f(k-l)\cdot 1(k-l)\right]=z^{-l}F(z)$	
复位移定理	$Z\left[e^{\mp akT}f(k)\right]=F(ze^{\pm aT})$	数值序列在实数域的缩放等效于其复数域 Z 变换步长的扩张
初值定理	$f(0)=\lim_{z\to\infty}F(z)$	实数域数值序列的初始值即其复数域 Z 变换的趋势值
终值定理	$f(\infty)=\lim_{k\to\infty}f(k)=\lim_{z\to 1}(1-z^{-1})F(z)$	实数域数值序列的趋势值及其复数域 Z 变换的初始值
实卷积定理	$Z[f_1(k)*f_2(k)]=F_1(z)\cdot F_2(z)$	实数域数值序列的卷积等于各自复数域 Z 变换的乘积
求和	$Z\left[\sum_{i=0}^{k}f(i)\right]=\frac{1}{1-z^{-1}}F(z)$	实数域数值序列有限项的和等于其复数域 Z 变换的低通滤波

以下选择一些常用的定理进行证明。

1）实位移定理

（1）右位移（延迟）定理。

若 $Z[f(k)]=F(z)$，则 $Z[f(k-l)]=z^{-l}F(z)$，式中，l 是正整数。

证明　根据定义

$$Z[f(k-l)]=\sum_{k=0}^{\infty}f(k-l)z^{-k}=z^{-l}\sum_{k=0}^{\infty}f(k-l)z^{-(k-l)}$$

令 $k-l=m$，则

$$Z[f(k-l)]=z^{-l}\sum_{m=-l}^{\infty}f(m)z^{-m}$$

根据物理可实现性，$m<0$ 时 $f(m)$ 为零，所以上式成为

$$Z[f(k-l)]=z^{-l}\sum_{m=0}^{\infty}f(m)z^{-m}=z^{-l}F(z) \tag{0-3}$$

位移定理的时域描述如图 0-1 所示。

从图中可以看出，复频域信号经过一个 z^l 的纯超前环节，相当于其时域特性向前移动 l 步；经过一个 z^{-l} 的纯滞后环节，相当于其时域特性向后移动 l 步。

（2）左位移（超前）定理。

若 $Z[f(k)]=F(z)$，则

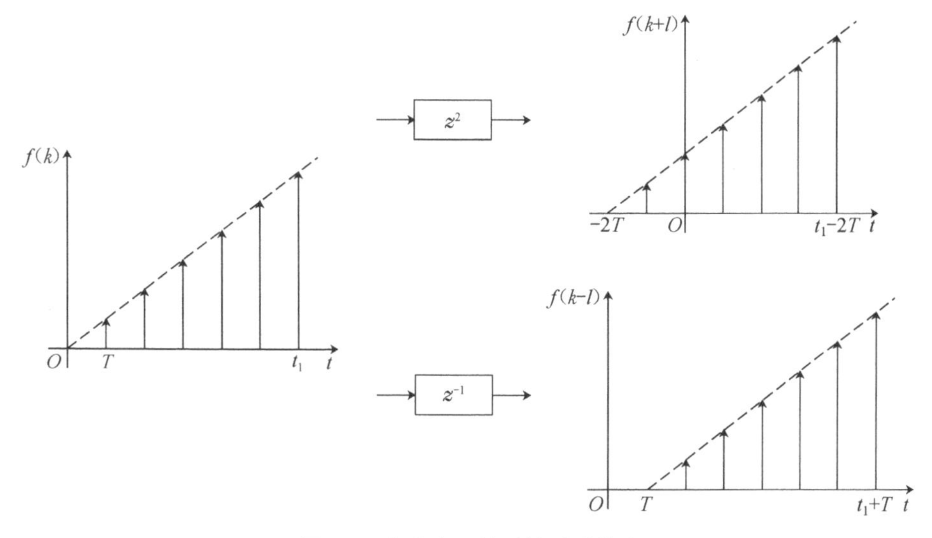

图 0-1　位移定理的时域图形描述

$$Z[f(k+l)] = z^l\left[F(z) - \sum_{k=0}^{l-1} f(k)z^{-k}\right]$$

证明　根据定义有

$$Z[f(k+l)] = \sum_{k=0}^{\infty} f(k+l)z^{-k}$$

令 $k+l=r$，则

$$\begin{aligned} Z[f(k+l)] &= \sum_{r=l}^{\infty} f(r)z^{-(r-l)} = z^l\sum_{r=l}^{\infty} f(r)z^{-r} \\ &= z^l\left[\sum_{r=0}^{\infty} f(r)z^{-r} - \sum_{r=0}^{l-1} f(r)z^{-r}\right] = z^l\left[F(z) - \sum_{k=0}^{l-1} f(k)z^{-k}\right] \end{aligned} \tag{0-4}$$

当 $f(0)=f(1)=f(2)=\cdots=f(l-1)=0$ 时，即在零初始条件下，超前定理成为

$$Z[f(k+l)] = z^l F(z) \tag{0-4$'$}$$

2) 复位移定理

若函数 $f(k)$ 有 Z 变换 $F(z)$，则

$$Z[\mathrm{e}^{\mp akT} f(k)] = F(z\mathrm{e}^{\pm aT})$$

式中，a 是大于 0 的常数。

证明　根据 Z 变换的定义有

$$Z[\mathrm{e}^{\mp akT} f(k)] = \sum_{k=0}^{\infty} f(k)\mathrm{e}^{\mp akT} z^{-k}$$

令 $z_1 = z\mathrm{e}^{\pm aT}$，则上式可写成

$$Z[\mathrm{e}^{\mp akT}f(k)]=\sum_{k=0}^{\infty}f(k)z_1^{-k}=F(z_1)$$

代入 $z_1=z\mathrm{e}^{\pm aT}$，得

$$Z\left[\mathrm{e}^{\mp akT}f(k)\right]=F(z\mathrm{e}^{\pm aT}) \tag{0-5}$$

3) 初值定理

如果函数 $f(k)$ 的 Z 变换为 $F(z)$，且存在极限 $\lim\limits_{z\to\infty}F(z)$，则

$$\lim_{k\to 0}f(k)=\lim_{z\to\infty}F(z)$$

或者写成

$$f(0)=\lim_{z\to\infty}F(z)$$

证明　根据 Z 变换定义，$F(z)$ 可写成

$$F(z)=\sum_{k=0}^{\infty}f(k)z^{-k}=f(0)+f(1)z^{-1}+f(2)z^{-2}+\cdots$$

当 z 趋于无穷时，上式的两端取极限，得

$$\lim_{z\to\infty}F(z)=f(0)=\lim_{k\to 0}f(k) \tag{0-6}$$

4) 终值定理

假定 $f(k)$ 的 Z 变换为 $F(z)$，并假定函数 $(1-z^{-1})F(z)$ 在 z 平面的单位圆上或圆外没有极点，则

$$\lim_{k\to\infty}f(k)=\lim_{z\to 1}(1-z^{-1})F(z)$$

证明　考虑有限序列

$$\sum_{k=0}^{n}f(k)z^{-k}=f(0)+f(1)z^{-1}+\cdots+f(n)z^{-n} \tag{0-7}$$

和

$$\sum_{k=0}^{n}f(k-1)z^{-k}=f(-1)+f(0)z^{-1}+f(1)z^{-2}+\cdots+f(n-1)z^{-n} \tag{0-8}$$

假定 $k<0$ 时，所有的 $f(k)=0$，式(0-8)可以写为

$$\sum_{k=0}^{n}f(k-1)z^{-k}=z^{-1}\sum_{k=0}^{n-1}f(k)z^{-k} \tag{0-9}$$

令 z 趋于 1，对式(0-7)与式(0-9)之差取极限，得

$$\lim_{z\to 1}\left[\sum_{k=0}^{n}f(k)z^{-k}-z^{-1}\sum_{k=0}^{n-1}f(k)z^{-k}\right]=\sum_{k=0}^{n}f(k)-\sum_{k=0}^{n-1}f(k)=f(n) \tag{0-10}$$

在式(0-10)中取 $n \to \infty$ 时的极限，得

$$\lim_{n\to\infty} f(n) = \lim_{n\to\infty}\left\{\lim_{z\to 1}\left[\sum_{k=0}^{n} f(k)z^{-k} - z^{-1}\sum_{k=0}^{n-1} f(k)z^{-k}\right]\right\} \tag{0-11}$$

改变取极限的次序，并考虑到上式方括号中两个级数和均为 $F(z)$(当 $n \to \infty$ 时)，则

$$\lim_{n\to\infty} f(n) = \lim_{z\to 1}(1-z^{-1})F(z) \tag{0-12}$$

终值定理的另一种常用形式是

$$\lim_{n\to\infty} f(n) = \lim_{z\to 1}(z-1)F(z) \tag{0-13}$$

必须注意，终值定理成立的条件是 $(1-z^{-1})F(z)$ 在单位圆上和圆外没有极点，即脉冲函数序列应当是收敛的。否则，求出的终值将是错误的。

例如，函数 $F(z)=\dfrac{z}{z-2}$，其对应的脉冲序列函数为 $F(k)=2^k$，当 $k \to \infty$ 时发散；但可以直接应用终值定理得

$$f(k)\big|_{k\to\infty} = \lim_{z\to 1}(1-z^{-1})\frac{z}{z-2} = 0$$

很明显，计算结果与实际情况相矛盾。这是函数 $F(z)$ 不满足终值定理的条件所致。

0.1.4 计算方法

求取离散时间函数的 Z 变换有多种方法，本节主要介绍定义求取法、部分分式法和查表法。

1) 定义求取法

按定义求 Z 变换，实质上是将级数展开进行级数求和。通常仅适用于简单函数的 Z 变换求取。

【例题 0-1】 用定义法求 $f(k)=\begin{cases} a^k & k\text{为偶数} \\ b^k & k\text{为奇数}\end{cases}$ 的 Z 变换。其中 a、b 是常数。

解 由 Z 变换定义，有

$$\begin{aligned} F(z) &= \sum_{k=0}^{\infty} f(k)z^{-k} = 1 + bz^{-1} + a^2z^{-2} + b^3z^{-3} + a^4z^{-4} + \cdots \\ &= (1 + a^2z^{-2} + a^4z^{-4} + \cdots) + (bz^{-1} + b^3z^{-3} + \cdots) \end{aligned}$$

2) 部分分式法

在自动控制领域，人们习惯于在拉普拉斯变换域描述系统特征。当系统的拉普拉斯变换式已知时，其 Z 变换可以利用部分分式法获得，具体做法如下。

假设 $F(s)$ 的一般式为

$$F(s) = \frac{B(s)}{A(s)} = \frac{b_0s^m + b_1s^{m-1} + \cdots + b_{m-1}s + b_m}{s^n + a_1s^{n-1} + \cdots + a_{n-1}s + a_n} \tag{0-14}$$

(1) 当 $A(s)=0$ 无重根时，$F(s)$ 可以写为 n 个部分分式之和，即

$$F(s)=\frac{C_1}{s-s_1}+\frac{C_2}{s-s_2}+\cdots+\frac{C_i}{s-s_i}+\cdots+\frac{C_n}{s-s_n} \tag{0-15}$$

系数 C_i 可按式(0-16)求得，即

$$C_i=(s-s_i)\cdot F(s)\big|_{s=s_i} \tag{0-16}$$

(2)当 $A(s)=0$ 有重根时，设 s_1 为 r 阶重根，s_{r+1}, s_{r+2}, …, s_n 为单根，则 $F(s)$ 可以展成如下部分分式之和，即

$$F(s)=\frac{C_r}{(s-s_1)^r}+\frac{C_{r-1}}{(s-s_1)^{r-1}}+\cdots+\frac{C_1}{s-s_1}+\frac{C_{r+1}}{s-s_{r+1}}+\cdots+\frac{C_n}{s-s_n} \tag{0-17}$$

式中，C_{r+1}, …, C_n 为单根部分分式的待定系数，可按式(0-16)计算；而重根项待定系数 C_1，C_2, …, C_r 的计算公式如下

$$\begin{cases} C_r=(s-s_1)^r F(s)\big|_{s=s_1} \\ C_{r-1}=\dfrac{\mathrm{d}}{\mathrm{d}s}\left[(s-s_1)^r F(s)\right]\Big|_{s=s_1} \\ \qquad\cdots \\ C_{r-j}=\dfrac{1}{j!}\dfrac{\mathrm{d}^j}{\mathrm{d}s^j}\left[(s-s_1)^r F(s)\right]\Big|_{s=s_1} \\ \qquad\cdots \\ C_1=\dfrac{1}{(r-1)!}\dfrac{\mathrm{d}^{r-1}}{\mathrm{d}s^{r-1}}\left[(s-s_1)^r F(s)\right]\Big|_{s=s_1} \end{cases} \tag{0-18}$$

【例题 0-2】 求 $F(s)=\dfrac{1}{s(s+2)}$ 的 Z 变换。

解 已知

$$F(s)=\frac{1/2}{s}-\frac{1/2}{s+2}$$

对应的时域连续函数

$$f(t)=\frac{1}{2}u(t)-\frac{1}{2}\mathrm{e}^{-2t}$$

离散化有

$$f(kT)=\frac{1}{2}u(kT)-\frac{1}{2}\mathrm{e}^{-2kT}$$

求 Z 变换，有

$$F(z)=\frac{1}{2}\frac{z}{z-1}-\frac{1}{2}\frac{z}{z-\mathrm{e}^{-2T}}$$

实际上，可以直接从拉普拉斯变换式求出 Z 变换式，略去中间求时域函数的过程。

3)查表法

最实用的求 Z 变换的方法是利用时域函数或其对应的拉普拉斯变换式直接查 Z 变换表

(见附录 B)。对于表内查不到的较复杂的原函数，可将对应拉普拉斯变换式进行部分分式分解后再查表。

【例题 0-3】 已知 $L[y(t)]=Y(s)=\dfrac{a}{s^2+a^2}$，求其 Z 变换 $F(z)$。

解 查表得

$$Y(s)=\frac{a}{s^2+a^2}=\frac{a}{(s+\mathrm{j}a)(s-\mathrm{j}a)}=-\frac{1}{2\mathrm{j}\left(s+\mathrm{j}a\right)}+\frac{1}{2\mathrm{j}\left(s-\mathrm{j}a\right)}$$

所以

$$Y(z)=-\frac{z}{2\mathrm{j}\left(z-\mathrm{e}^{-\mathrm{j}aT}\right)}+\frac{z}{2\mathrm{j}\left(z-\mathrm{e}^{\mathrm{j}aT}\right)}=\frac{z\sin(aT)}{z^2-2z\cos(aT)+1}$$

0.1.5 逆运算

Z 变换的逆运算称为 Z 反变换，表示为

$$Z^{-1}[F(z)]=\frac{1}{2\pi\mathrm{j}}\oint_{\varGamma}F(z)z^{k-1}\mathrm{d}z=f(k)$$

式中，$\varGamma$ 是 ROC 内环绕原点的某逆时针方向闭合围线。

下面讨论工程中常用的 Z 反变换求取方法：长除法和部分分式法。

1) 长除法

长除法又称幂级数展开法。根据 Z 变换的定义，若 Z 变换式用幂级数表示，则 z^{-k} 前的加权系数即为 $f(k)$，即

$$F(z)=f(0)+f(1)z^{-1}+f(2)z^{-2}+\cdots+f(k)z^{-k}+\cdots$$

【例题 0-4】 已知 $F(z)=\dfrac{11z^2-15z+6}{z^3-4z^2+5z-2}$，求 $f(k)$。

解 利用长除法

$$\begin{array}{r|l}
 & 11z^{-1}+29z^{-2}+67z^{-3}+\cdots \\
\hline
z^3-4z^2+5z-2 & 11z^2-15z+6 \\
 & \underline{11z^2-44z+55-22z^{-1}} \\
 & 29z-49+22z^{-1} \\
 & \underline{29z-116+145z^{-1}-58z^{-2}} \\
 & 67-123z^{-1}+58z^{-2} \\
 & \underline{67-268z^{-1}+335z^{-2}-134z^{-3}} \\
 & \cdots
\end{array}$$

由此得

$$f(k)=11\delta(t-T)+29\delta(t-2T)+67\delta(t-3T)+145\delta(t-4T)+\cdots$$

用长除法求 Z 反变换的缺点是计算较繁，难以得到 $f(k)$ 的通式；优点则是计算难度小，

用计算机编程实现也不复杂，而且工程上只需计算有限项数即可。

2) 部分分式法

工程上最常用的方法是查表法。若 $F(z)$ 较复杂，则首先必须进行部分分式展开，以使展开式的各项能从表中查到。经常碰到 Z 变换式 $F(z)$ 是 z 的有理分式，对此，可以将 $F(z)/z$ 展开成部分分式，然后各项乘以 z，再查表。这样做是因为绝大部分 Z 变换式的分子中均含有一个 z 因子。

首先，假定 $F(z)$ 的所有极点是一阶非重极点，则

$$\frac{F(z)}{z}=\frac{A_1}{z-z_1}+\frac{A_2}{z-z_2}+\cdots+\frac{A_n}{z-z_n}$$

式中，z_i (i=1, 2, ⋯, n) 是 $F(z)$ 的极点，系数 A_i 可由下式求出

$$A_i=(z-z_i)\frac{F(z)}{z}\bigg|_{z=z_i}\qquad i=1,2,\cdots,n$$

两端同乘以 z，得

$$F(z)=\frac{A_1 z}{z-z_1}+\frac{A_2 z}{z-z_2}+\cdots+\frac{A_n z}{z-z_n}$$

从 Z 变换表中查得每一项的 Z 反变换，得

$$f(k)=A_1 z_1^k+A_2 z_2^k+\cdots+A_n z_n^k=\sum_{i=1}^{n}A_i z_i^k$$

当 $F(z)$ 有重根时，部分分式形式及系数计算参见式(0-16)和式(0-18)。

【例题 0-5】 求 $F(z)=\dfrac{-3z^2+z}{z^2-2z+1}=\dfrac{(z-3z^2)}{(z-1)^2}$ 的 Z 反变换。

解 部分分式展开

$$\frac{F(z)}{z}=-\frac{2}{(z-1)^2}-\frac{3}{z-1}$$

查表得

$$f(k)=-2k-3u(k)$$

式中

$$u(k)=\begin{cases}1 & k\geqslant 0\\ 0 & k<0\end{cases}$$

0.1.6 与拉普拉斯变换的关系

显而易见，Z 变换的形式、性质和应用目标与拉普拉斯变换高度近似，二者之间的关系类似于连续傅里叶变换与离散傅里叶变换之间的关系。

图 0-2 中，在 s 平面任取一点 $s=\sigma+\mathrm{j}\omega$，设其在 z 平面的映射为 $z=r\mathrm{e}^{\mathrm{j}\theta}$。根据极坐标与直角坐标的关系可得 $z=\mathrm{e}^{sT}$。将坐标变换代入得

$$z=\mathrm{e}^{sT}=\mathrm{e}^{(\sigma+\mathrm{j}\omega)T}=\mathrm{e}^{\sigma T}\mathrm{e}^{\mathrm{j}\omega T}$$

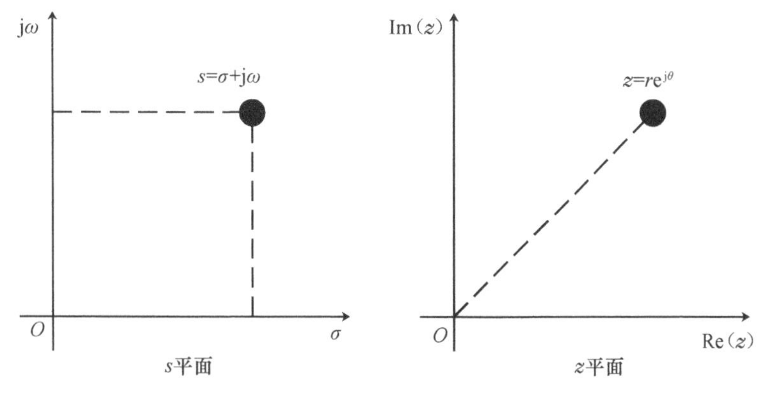

图 0-2　s 平面与 z 平面的映射

可见，Z 变换的极坐标中，半径 $r=e^{\sigma T}$，辐角 $\theta=\omega T=2\pi\dfrac{\omega}{\omega_s}$。由此容易得到以下结论。

(1) s 平面的原点 $\begin{cases}\sigma=0\\ \omega=0\end{cases}$ 映射为 z 平面上的点 $\begin{cases}r=1\\ \theta=0\end{cases}$，即 $z=1$。

(2) s 平面映射为 z 平面，映射关系见表 0-2。

表 0-2　s 平面到 z 平面的映射

s 平面	左半平面 ($\sigma<0$)	虚轴 ($\sigma=0$)	右半平面 ($\sigma>0$)	点由左向右平移 (ω为常数且$\sigma:-\infty\to+\infty$)
z 平面	单位圆内 ($r<1$)	单位圆上 ($r=1$)	单位圆外 ($r>1$)	点沿半径背离原点平移 (θ为常数且$r:0\to+\infty$)

(3) s 平面的实轴 ($\omega=0$) 映射为 z 平面的正实轴 ($\theta=0$)。

(4) z 平面到 s 平面的映射不是单值的。

总的来说，如同拉普拉斯变换在连续时间系统分析中起到桥梁作用一样，Z 变换在离散时间系统分析中也具有类似作用。它可以看作离散傅里叶变换的推广，在概念上相当于把线性频率轴“缠绕”于单位圆。

0.2　LabVIEW 控制设计与仿真

0.2.1　虚拟仪器和 LabVIEW

虚拟仪器(Virtual Instrument, VI)是在通用计算机的硬件开放架构上，由应用软件创建用户自定义测控功能的计算机系统。它有虚拟面板，允许用户根据自己的需求自由定义和组建测控系统，能突破传统仪器在数据采集、处理、显示、存储和传输等方面的限制，是现代计算机技术与传统仪器仪表技术相结合的产物。

LabVIEW(Laboratory Virtual Instrument Engineering Workbench)是美国国家仪器(National Instruments, NI)公司推出的图形化虚拟仪器开发平台。自 1983 年发布以来，已推出一系

列版本，并依靠其全新理念和独特优势逐步为业界接受，被视为标准的数据采集和仪器控制软件。目前，无论设计测试领域还是加工制造领域，LabVIEW 都允许用户在同一个项目中使用不同工程领域的设计仿真工具，并能够适应从原型设计到测试验证，直到最后产品发布的所有场景，为工程师高效地开发可靠性产品提供了良好的技术平台。

使用 LabVIEW 开发的程序一般由一个或多个扩展名为 VI 的文件组成。所有 VI 都包括四个部分：前面板、程序面板、图标和连线器，如图 0-3 所示。

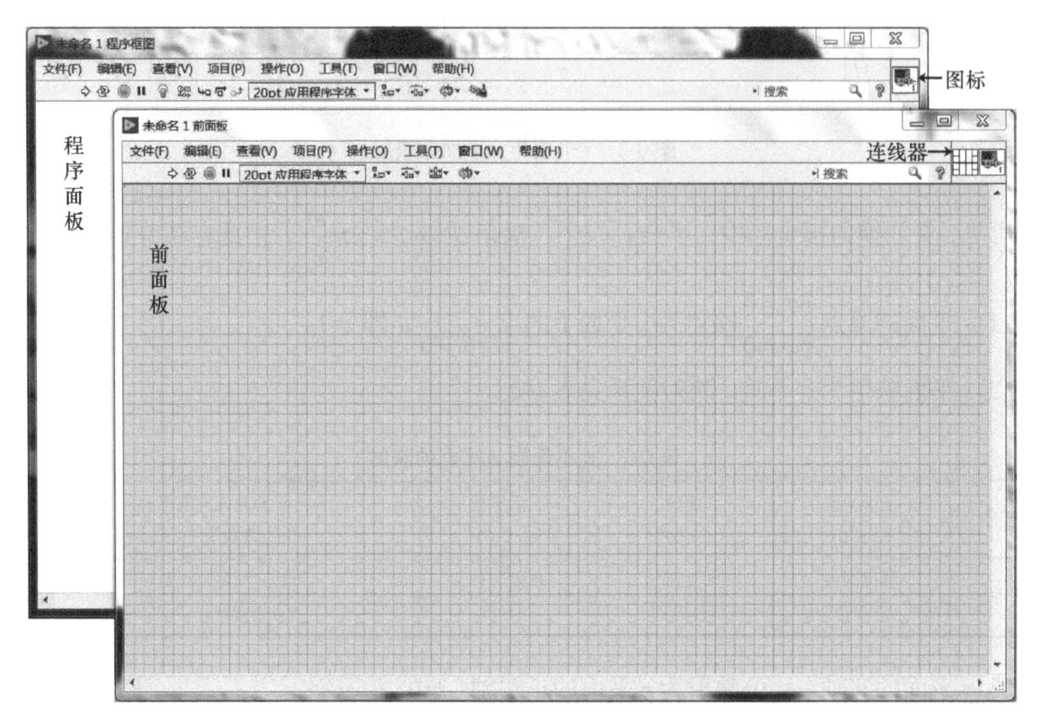

图 0-3　LabVIEW 的前面板和程序面板

前面板相当于传统仪器的操作/显示面板，包含实现人机交互的多种输入/输出控件。这些控件既有模拟真实物理设备的开关、旋钮、表盘、指示灯等，也有构建软件界面的选项卡、列表框、树型控件等。利用它们，用户可以快速完成虚仿仪器仿真面板设计，并通过它完成输入变量设置及输出变量显示等功能。

程序面板相当于传统仪器的线路板，包含实现用户自定义功能的源代码。与常规程序设计语言不同的是，LabVIEW 的代码是图形化的。这种图形化编程基于信号流图，编程过程就是通过数据连线将若干功能节点经端口连接成具有特定信号处理功能的网络。如果把功能节点看作分立元件，把程序面板看作线路板，LabVIEW 的编程过程和设计电路板就完全一样。

连线器类似于传统仪器面板和线路板的接线端口，用于连接前面板和程序面板。图标则是 VI 的图形化表示，用于在层次化设计中识别 VI。

与其他程序设计语言相比，LabVIEW 充分利用技术人员、科学工作者和工程师熟悉的概念、术语和工作流程，改善了计算机程序设计学习曲线，有利于他们利用自身已有能力快速实现仪器编程和数据采集，提高了他们进行理论研究、原型设计、产品测试及发布的效率，是一种适合非计算机专业人员进行高效程序设计的工具。

另外，LabVIEW 除了具有高性能的数值运算能力，还具有异常强大的设备驱动能力。目前，市场上绝大多数设备供应商都提供基于 LabVIEW 的设备驱动程序，LabVIEW 内部还集成了满足 GPIB、USB、RS-232/RS-485、IEEE 1394、Ethernet、PCI、PXI、VXI 等独立总线协议或模块化总线协议的硬件通信功能。而且，借助仪器驱动程序网络（IDNet）社区包含的数千个免费的 LabVIEW 仪器驱动程序，LabVIEW 用户几乎无须学习任何针对底层驱动的命令就可以轻松地完成市场常见各类仪器的程序控制。这一特点使得 LabVIEW 仿真结果可以快速地部署到特定设备，极大地提高了相关人员的工作效率。

0.2.2 控制设计和仿真模块

控制设计和仿真（CDS：Control Design and Simulation）模块是 NI 公司针对控制领域应用推出的 LabVIEW 扩展模块。它提供多种算法和函数，可以实时仿真连续时间域、离散时间域及混合时间域的线性和非线性系统；提供包括伯德图、根轨迹图在内的多种分析工具，在时域和频域辅助完成控制器设计；提供强大的设备驱动能力，将仿真/设计结果直接部署至硬件，构建嵌入式或非嵌入式实时系统。其工作流程如图 0-4 所示。

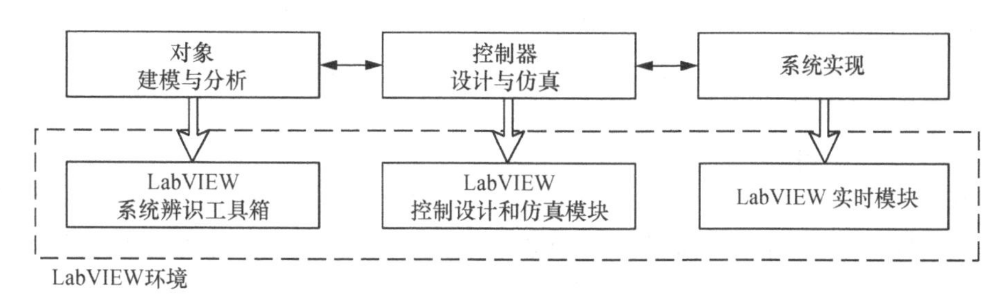

图 0-4 控制系统设计实现流程

与其他具有类似功能的软件相比，LabVIEW CDS 模块的主要特点如下。

1）在同一个软件环境下完成模型仿真、原型设计和系统实现

LabVIEW CDS 模块将测量功能集成到系统辨识、模型仿真和原型设计工作中，利用自身强大的编程能力和设备驱动能力将仿真/设计结果直接部署至实时硬件，使系统分析、设计和实现的全部流程能在同一个软件环境下完成，提高了工作效率，缩短了研发周期。

2）高效的实时仿真能力

LabVIEW CDS 模块提供多种仿真算法，支持连续时间域、离散时间域及混合时间域的线性/非线性系统仿真，支持基于经典方法或状态空间方法的时域/频域分析，提供伯德图、根轨迹图等丰富的分析设计工具。

LabVIEW 提供 Simulation Model Converter 工具①，可以将 MATLAB/Simulink 模型文件转换为 VI，并在 LabVIEW 环境下继续使用②。

---

① 可以通过“工具”→“Control Design and Simulation”→“Simulation Model Converter”菜单命令打开。

② 需要通过 MATLAB/Simulink 编译器完成转换。

还提供 MathScript RT 脚本工具[1]，可以在 LabVIEW 环境下直接使用类似 MATLAB 的语法进行文本编程。

3）强大的设备驱动能力

LabVIEW 自身集成了多种设备驱动，除支持 NI DAQ 设备以外，还支持 GPIB、IVI、RS-232/RS-485、USB、Ethernet、PCI、PXI、VXI、CAN、ModBUS 等标准总线设备。

同时，LabVIEW 提供仪器驱动查找器（Instrument Driver Finder）工具[2]，可以帮助用户在不离开 LabVIEW 开发环境的同时快速安装 LabVIEW 即插即用设备驱动。

而且，当前大多数设备开发商会提供 LabVIEW 设备驱动程序，仪器驱动程序网络社区亦有数千个免费的 LabVIEW 设备驱动程序可供选择。

可见，LabVIEW 几乎覆盖了市场常见的各类仪器，可以帮助普通用户将分析设计结果快速直接地部署到所选硬件设备。

4）平缓的学习曲线

LabVIEW CDS 模块使用图形化语言，直观易懂，便于入门；基于信号流的程序设计过程与工程问题解决过程一致，缩短了非计算机专业人员学习编程的时间，亦有助于工程思维习惯的培养。

同时，LabVIEW CDS 模块内置 PID 控制工具箱和模糊逻辑控制工具箱，并提供交互式控制设计助手（Control Design Assistant），不仅能帮助初学者快速解决面向工程应用的控制器设计问题，而且能帮助专业人员提高工作效率。

5）强大的实时编程能力

LabVIEW 采用自动多线程编程，无须用户干预就可以自由地异步执行任务，尤其适合自动控制系统执行实时并发任务的需要。这种机制简化了多任务和多线程的程序设计，使得非计算机专业人员可以完成高度并行的应用程序设计。

6）跨平台设计优势

LabVIEW 支持跨平台设计，仿真设计结果可以直接部署到 PC 或嵌入式设备。遗憾的是，虽然 LabVIEW 在某些 FPGA 上的表现很优秀，但对大部分嵌入式计算机的支持仍然有限，不足以完全满足工程需要。

0.2.3 控制设计和仿真模块应用举例

接下来通过几个简单的例子概要介绍 LabVIEW CDS 模块在控制系统仿真设计方面的基本应用，以使读者熟悉 LabVIEW 程序创建、编辑和调试的操作技术，了解 LabVIEW CDS 模块的使用方法，方便后续内容顺利展开。

1. LabVIEW CDS 仿真基础

LabVIEW CDS 模块使用仿真函数完成系统仿真。所有仿真函数必须放置在控件与仿真

---

① MathScript 工具仅语法与 MATLAB 类似，二者无任何关系，故不需要安装 MATLAB/Simulink 编译器。该工具可以通过“工具”→“MathScript 窗口”菜单命令打开，或在程序面板上放置 MathScript 节点。

② 需要联网，可以通过“工具”→“仪器”→“查找仪器驱动”菜单命令打开。

循环(Control & Simulation Loop)内部，并按照预先配置的仿真参数求解，直到满足仿真终止条件或接收到停止仿真(Halt Simulation)函数命令才结束工作。

【例题 0-6】 设计 VI，仿真正弦信号 $\sin(\pi t)$ 和 $A\sin(ft+\varphi)$。

运行 LabVIEW，在软件初始化完成以后，进入启动界面(图 0-5)。选择“创建项目”命令，在弹出的窗口中选择“VI 模板”选项(图 0-6)，创建一个新的 VI。

图 0-5　LabVIEW 2017 启动界面

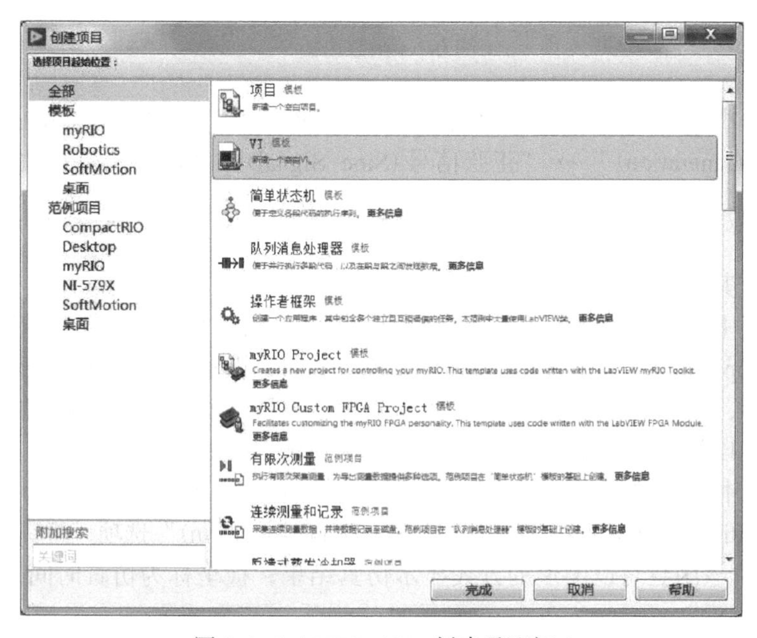

图 0-6　LabVIEW 2017 创建项目窗口

进入新建 VI 的程序面板，在函数选板[①]（图 0-7）中选择“控制和仿真（Control & Simulation）”→“仿真（Simulation）”→“控件与仿真循环（Control & Simulation Loop）”选项，并将其放置在程序面板中（图 0-8）。

图 0-7　函数选板

在函数选板中选择“控制和仿真（Control & Simulation）”→“仿真（Simulation）”→“信号生成（Signal Generation）”→“正弦信号（Sine Signal）”选项，将其放置在程序面板中（图 0-9）。该函数将产生一个正弦信号 $A\sin\left(2\pi ft+\frac{\pi p}{180}\right)$。双击函数，打开正弦信号配置界面（图 0-10），检查其参数，确认生成 $\sin(\pi t)$。

在程序面板中，按 Ctrl+鼠标左键复制一个新的正弦信号 Sine Signal 2，打开其配置对话框，将幅值（Amplitude）、频率（Frequency）和相位（Phase）设置为端子（Terminal）。调整 Sine Singal 2 的大小，在左侧的三个输入端上依次右击，选择“创建”→“输入控件”命令，添加三个输入控件以获得正弦信号的幅值、频率和相位输入，如图 0-11 所示。

在函数选板中选择“控制和仿真（Control & Simulation）”→“仿真（Simulation）”→“图形应用（Graph Utilities）”→“时域仿真波形图（SimTime Waveform）”选项，将其放置在程序面板中（图 0-12）。该函数将以图形的方式显示仿真结果，横坐标为仿真时间。

---

① 如果不显示函数选板，则可以在程序框图空白处右击选择相应命令打开，或通过“查看”→“函数选板”命令打开。

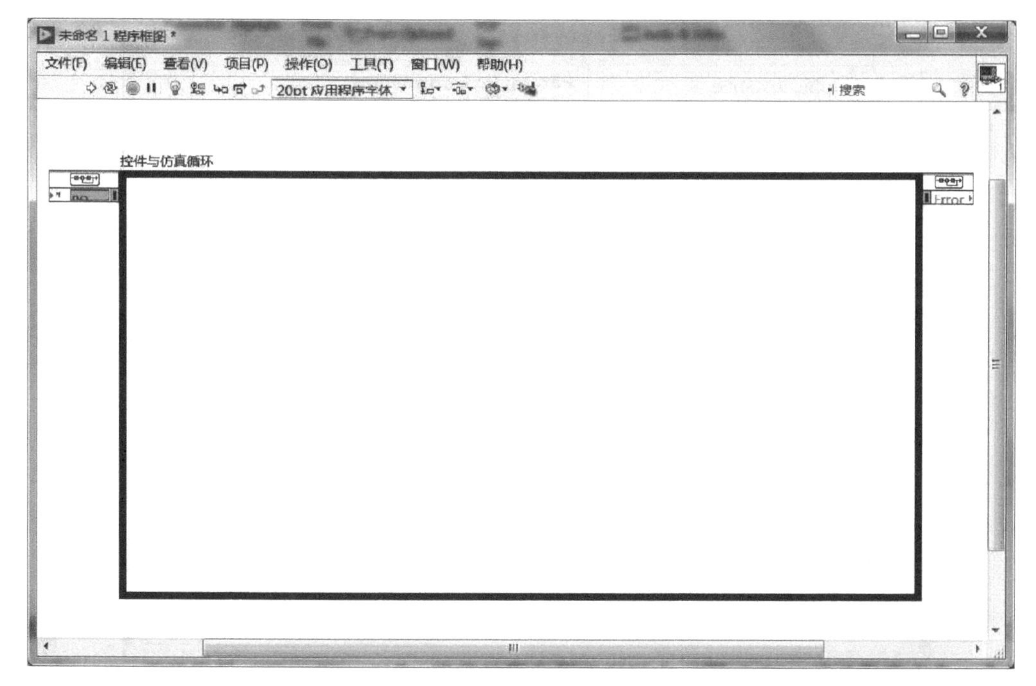

图 0-8　放置 Control & Simulation Loop 后的程序面板

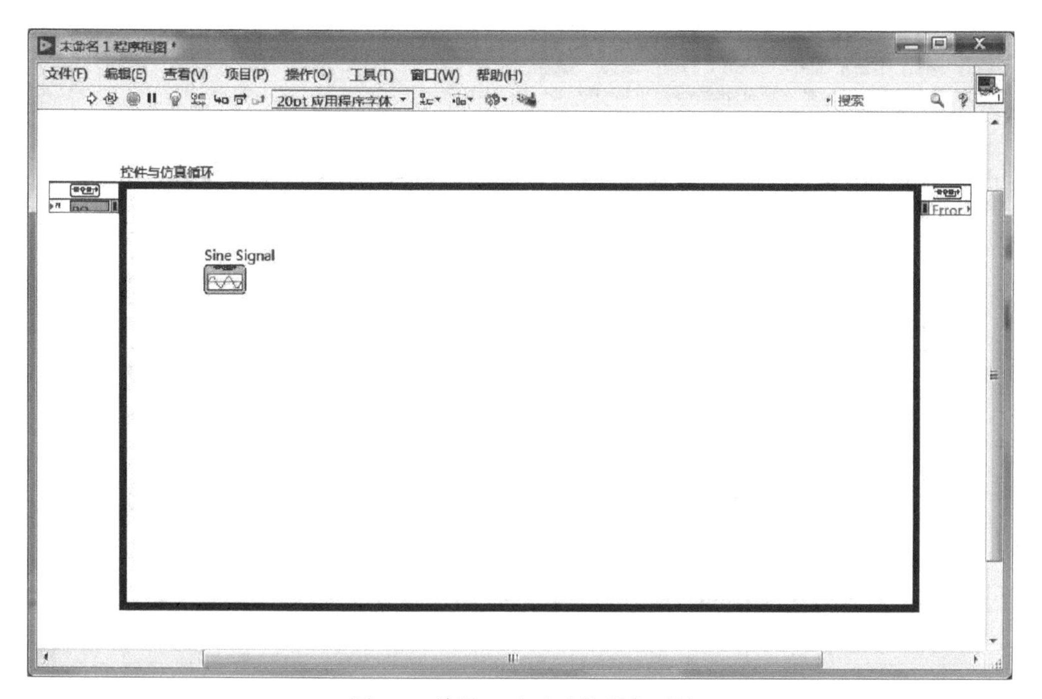

图 0-9　放置 sin(πt)后的程序面板

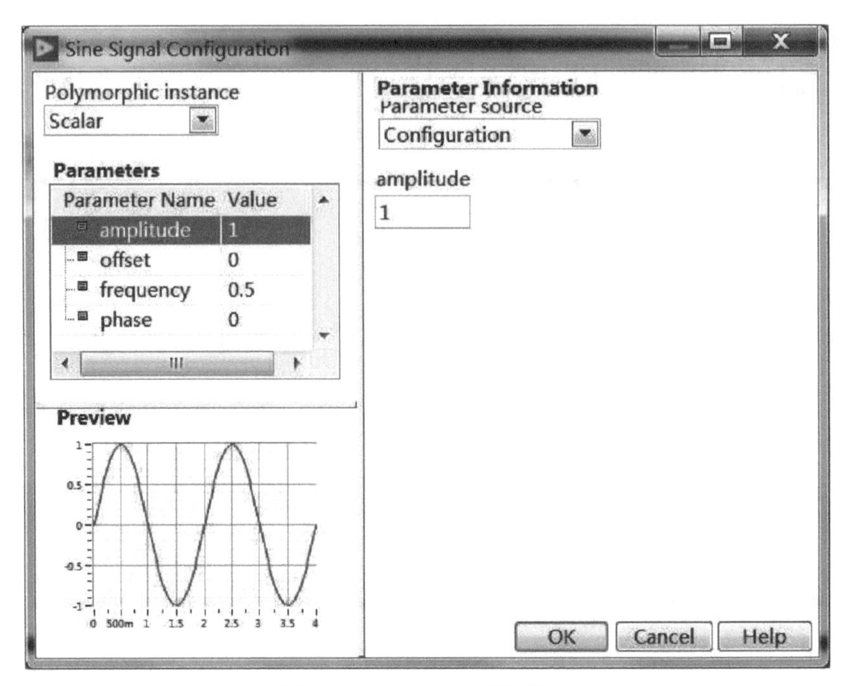

图 0-10　Sine Signal 配置界面

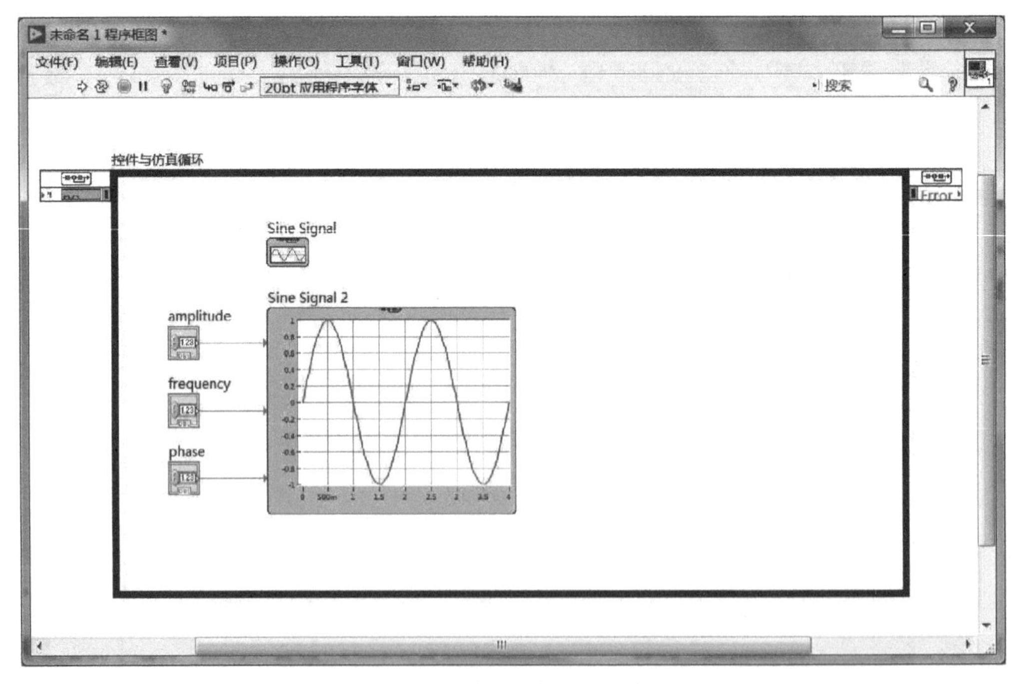

图 0-11　添加输入控件后的程序面板

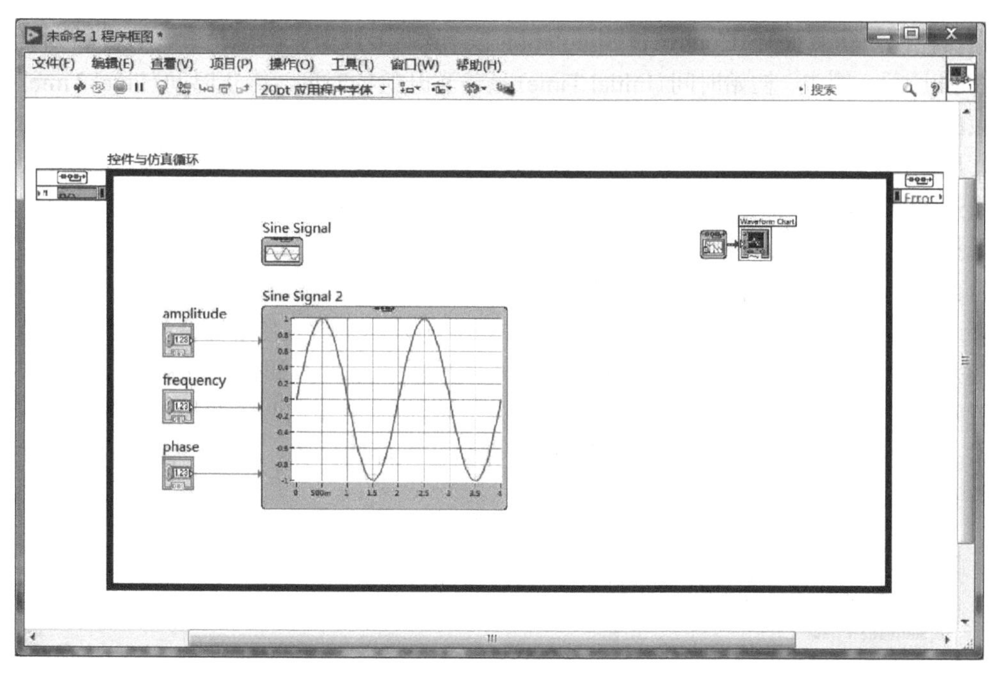

图 0-12 添加 SimTime Waveform 后的程序面板

在函数选板中选择“编程(Programming)”→“数组(Array)”→“创建数组(Build Array)”选项，将其放置在程序面板中。向下拖动函数以增加一个节点，然后将其左侧的输入端与 Sine Signal 和 Sine Signal 2 右侧的输出端连接，再将其右侧的输出端与 SimTime Waveform 左侧的输入端连接(图 0-13)。

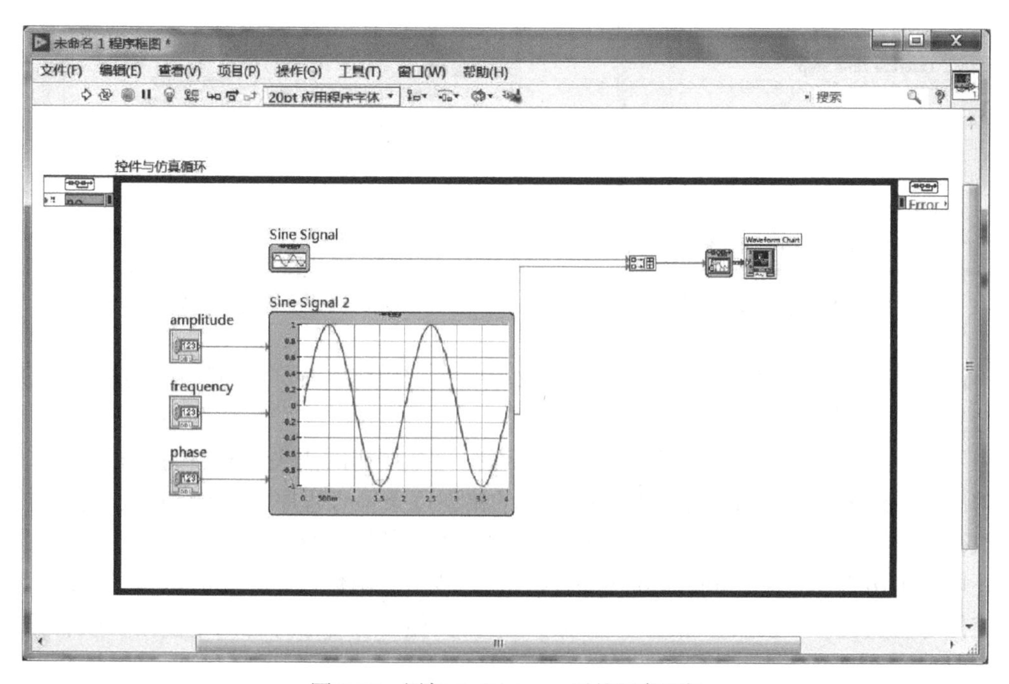

图 0-13 添加 Build Array 后的程序面板

在“控件与仿真循环(Control & Simulation Loop)”上双击，弹出仿真参数配置对话框，如图 0-14 所示。图中，初始时间(Initial Time)是仿真开始的时间，终止时间(Final Time)是仿真结束的时间。如果将终止时间设置为 Inf，则仿真将持续，直到停止仿真(Halt Simulation)函数发出停止仿真命令。

通过下拉列表框 ODE Solver 可以选择求解器。LabVIEW CDS 提供了 16 种求解器，本例中选择使用 Runge-Kutta 1。

仿真步长由 Step Size 指定，本例中选择 0.01。对于 ODE 求解器，还可以通过连续时间步长及容许精度(Continuous Time Step and Tolerance)中另外四个输入指定仿真步长的波动范围。

切换到前面板。右击波形图控件(Waveform Chart)，选择“属性”命令，弹出波形图属性设置对话框(图 0-15)。切换到“外观”选项卡，调整图表显示两条曲线；切换到“标尺”选项卡，调整 Y 轴为“自动调整标尺”。然后调整各控件的位置、大小，修改输入控件的标签，得到图 0-16。

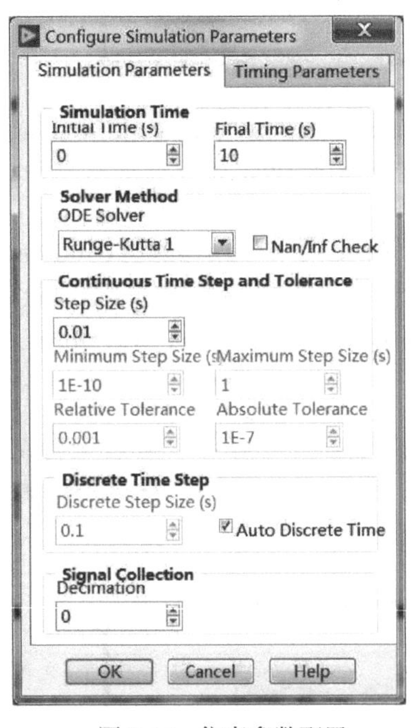

图 0-14　仿真参数配置

图 0-15　设置波形图属性

单击工具栏左侧的箭头状按钮，或执行菜单命令“操作”→“运行”，都可以启动仿真。执行结果如图 0-17 所示。

需要注意的是，如果程序中存在错误，则运行命令按钮的箭头是断裂的。此时单击该按钮将弹出错误列表窗口，用户可以根据列表中的错误逐条检查程序。也可以使用断点、探针、单步执行、高亮执行等调试工具，具体使用方法可参考帮助文件或相关参考书。

还可以用仿真子系统(Simulation Subsystem)封装仿真函数。封装后的仿真子系统不仅可以在控件与仿真循环中使用，而且可以在控件与仿真循环外部的方框图中使用，或者作为独立 VI 运行。

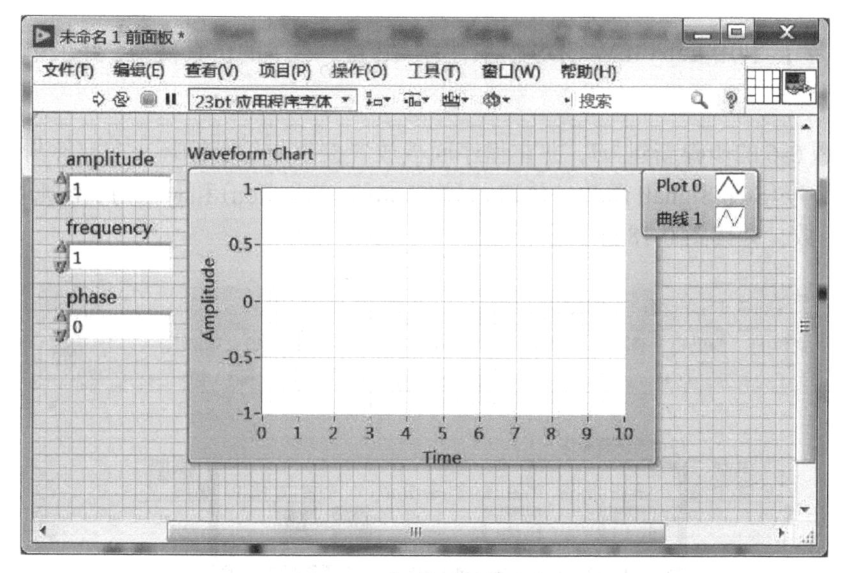

图 0-16 调整后的前面板

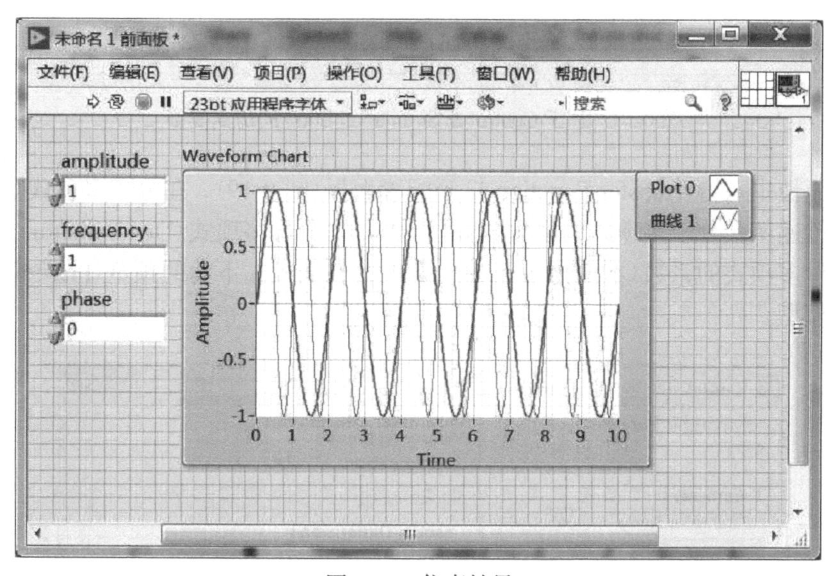

图 0-17 仿真结果

2. 使用 LabVIEW CDS 模块建模

LabVIEW CDS 模块提供了三种系统模型：传递函数模型、ZPK 模型和状态空间模型，其使用方法大同小异。下面仅以传递函数模型为例简单介绍利用 LabVIEW CDS 模块建立系统模型的一般方法。至于另外两种模型的使用，有兴趣的读者可以参考帮助文件或相关书籍。

可以在控件与仿真循环(Control & Simulation Loop)内部利用传递函数(Transfer Function)建立系统模型。该函数位于“控制和仿真(Control & Simulation)”→“仿真(Simulation)”→“连续线性系统（Continuous Linear Systems)”菜单中，可以根据给定的传递函数分子多项式系数及分母多项式系数建立系统模型。

【例题 0-7】利用 LabVIEW CDS 模块建立 $G(s)=\dfrac{2}{2s+1}$ 的仿真模型，并求单位阶跃响应曲线。

按照例题 0-6 的步骤新建 VI，并在程序面板放置控件与仿真循环。在控件与仿真循环内部添加阶跃信号(Step Signal)函数、传递函数(Transfer Function)和时域仿真波形图(SimTime Waveform)函数，并按图 0-18 连接。

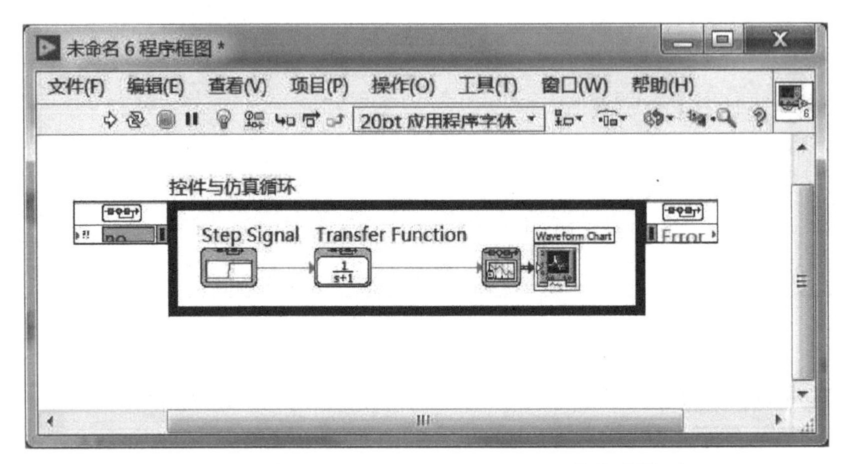

图 0-18 基于 Control & Simulation Loop 的仿真模型

在程序面板中双击 Transfer Function 打开配置面板(图 0-19)，在分子多项式(Numerator)栏依次输入传递函数分子多项式的系数(本例为 2)，在分母多项式(Denominator)栏依次输入传递函数分母多项式的系数(本例为 1 和 2)。此时，在面板左下角的预览(Preview)栏可以看到传递函数模型。

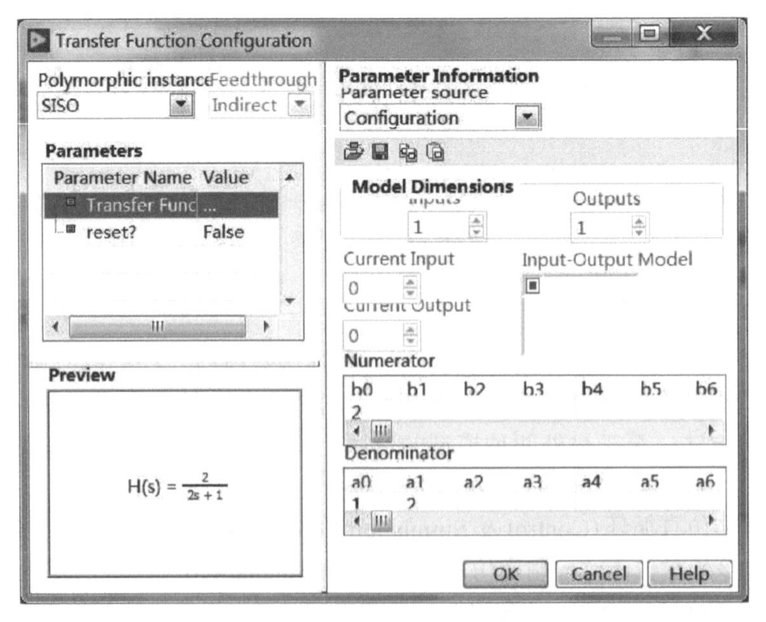

图 0-19 Transfer Function 配置面板

如果有必要，也可以在多项式实例(Polymorphic Instance)栏指定系统类型(SISO 或 MIMO)；或在参数来源(Parameter Source)栏配置传递函数分子多项式和分母多项式的系数由外部输入。后一种情况下，用户还需要在馈通(Feedthrough)栏选定输出信号与输入信号之间的馈通模式。

按照图 0-20 设置仿真参数，执行程序，得到图 0-21 所示仿真结果。

图 0-20　例题 0-7 的仿真参数配置

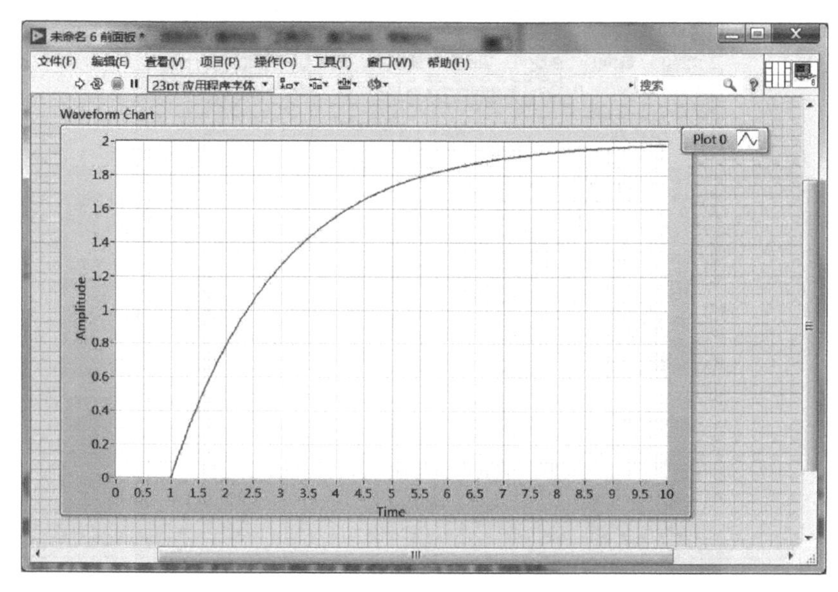

图 0-21　例题 0-7 仿真结果

也可以使用控制设计(Control Design)VI 建立仿真模型。这些 VI 位于“控制和仿真(Control & Simulation)”→“控制设计(Control Design)”→“模型构造 VI(Model Construction VIs)”菜单中，运行时不需要在程序面板放置控件与仿真循环。

【例题 0-8】 利用 LabVIEW CDS 模块的 Control Design VI 重新建立例题 0-7 的仿真模型，并求单位阶跃响应曲线。

新建 VI,并按照图 0-22 连线程序面板。图中使用的 CD Construct Transfer Function Model VI、CD Draw Transfer Function Equation VI 和 CD Step Response VI 分别用于构建系统的传递函数模型、绘制给定系统的传递函数、仿真给定系统的单位阶跃响应。其功能概要和在函数面板的位置可以参考附录 D。

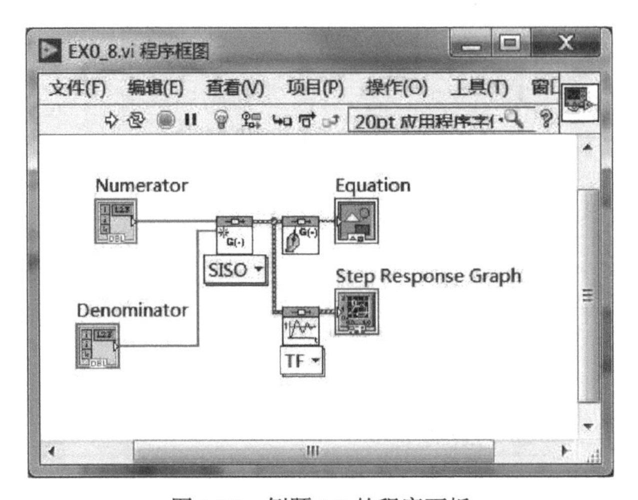

图 0-22 例题 0-8 的程序面板

程序运行结果如图 0-23 所示。

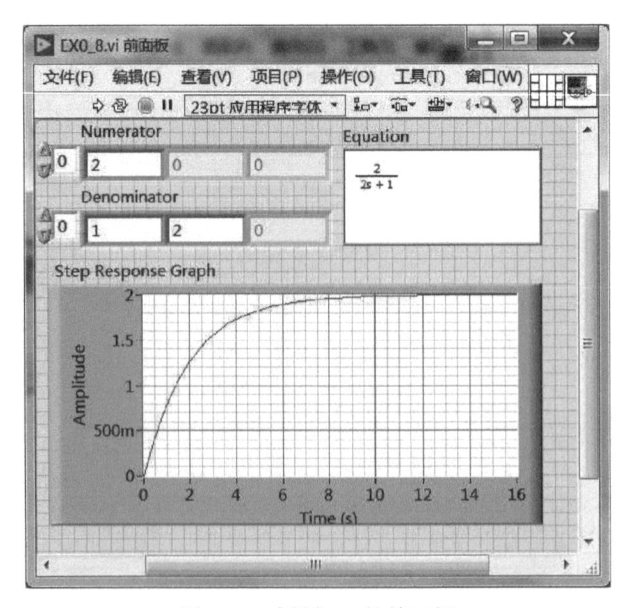

图 0-23 例题 0-8 的前面板

3. 使用 LabVIEW CDS 模块分析系统

LabVIEW CDS 模块提供了丰富的分析工具，只需简单的操作，就可以通过时间响应(Time Response) VI 直接获得系统的阶跃响应和脉冲响应，或仿真系统在任意输入下的输出；也可以通过频率响应(Frequency Response) VI 绘制系统的伯德图、奈奎斯特图和尼科尔斯图，进而在复频域分析系统的特性；还可以通过动态特性(Dynamic Characteristics) VI 快速绘制根轨迹图，分析系统的动态特性。

【例题 0-9】 利用 LabVIEW CDS 模块绘制图 0-24 所示系统的单位阶跃响应曲线、伯德图和根轨迹图。

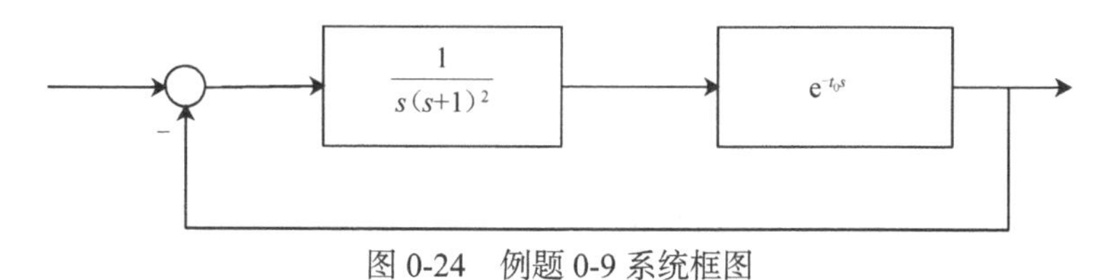

图 0-24 例题 0-9 系统框图

新建 VI，并按照图 0-25 连线程序面板。图中使用的 VI 依次如下：

构造传递函数模型VI (CD Construct Transfer Function Model VI)	根据给定的分子多项式和分母多项式构建传递函数模型。可以指定延迟环节
反馈连接VI (CD Feedback VI)	利用给定的模型建立反馈系统
时间响应VI (CD Parametric Time Response VI)	计算给定模型的时间响应参数，并绘制时间响应曲线。默认是单位阶跃响应
伯德图VI (CD Bode VI)	绘制给定模型的伯德图
根轨迹图VI (CD Root Locus VI)	绘制给定模型的根轨迹图

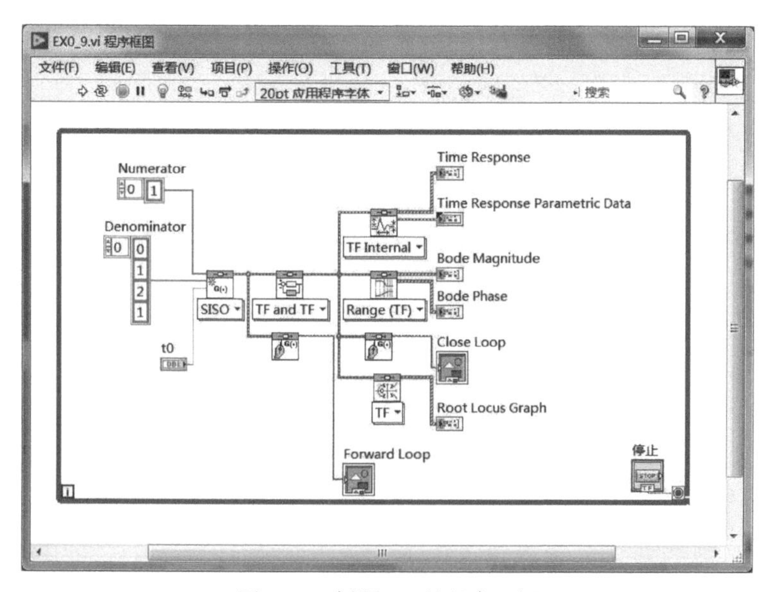

图 0-25 例题 0-9 的程序面板

其在函数面板的位置可以参考附录 D。其前面板如图 0-26 所示。

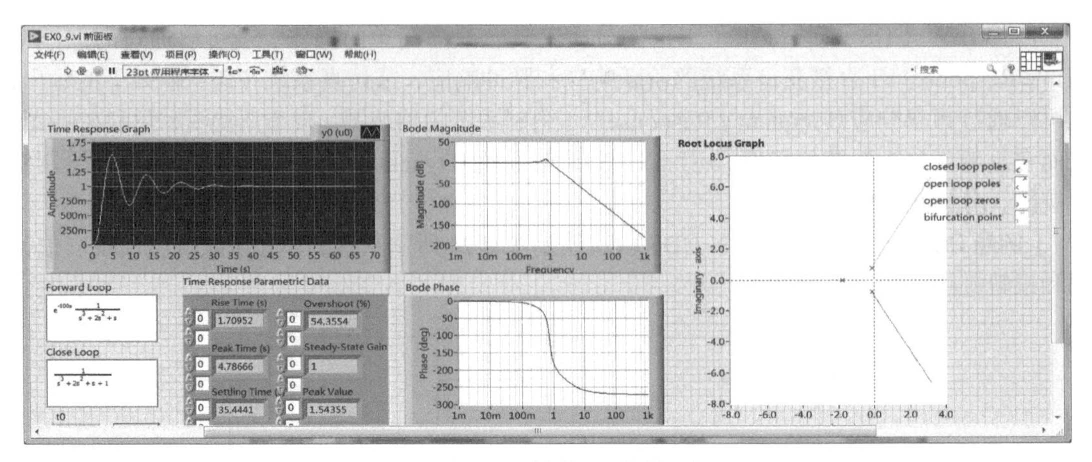

图 0-26　例题 0-9 的前面板

基 础 篇

第1章 引 言

本章介绍计算机控制系统的基本概念和组成要素。首先回顾自动控制系统的基本概念，并由模拟控制系统过渡到计算机控制系统；其次介绍计算机控制系统的典型形式和组成要素；最后给出本书的写作目标和写作结构。

1.1 计算机控制概述

1.1.1 回顾：自动控制

控制具有支配、管理、调节、抑制等多种含义，无论哪种含义，其核心都是为实现某预期目标而对被控制对象采用的行为改善手段。这种行为改善是通过被控制对象状态信息的测量、计算和施效完成的，因此，从本质上讲，控制是一门信息科学。

控制系统是以实现控制功能为目的，由单元部件、设备、过程等若干要素按照一定结构组成的相互作用对象的集合。它能按照预先设定的目标对被控制对象行为进行校正，具体校正过程结合图 1-1 简述如下。

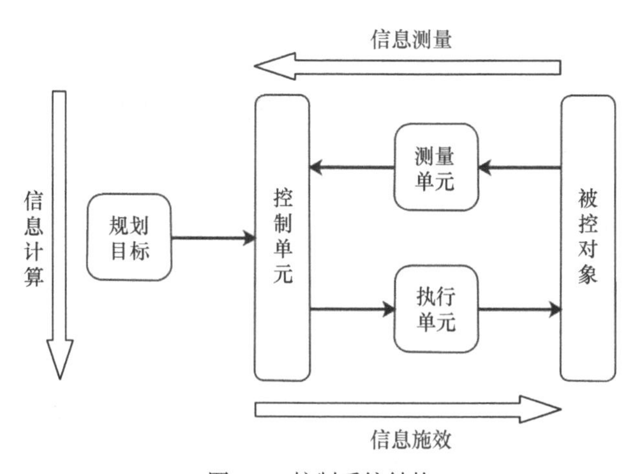

图 1-1 控制系统结构

(1)信息测量：控制系统通过测量单元获得被控制对象当前状态信息(测量信号)，并传输至控制单元。

(2)信息计算：控制单元将来自测量单元的被控制对象当前状态(测量信号)与设定规划目标(给定值信号)进行比较，然后根据预先设计的被控制对象响应模型，计算与比较结果相对应的行为校正输出信息(控制命令)，并输送至执行单元。

(3)信息施效：执行单元接收来自控制单元的行为校正输出信息(控制命令)，并将其转化为具有一定功率的电流/电压信号或力/力矩信号(功率信号)输出，完成行为改善目的。

图 1-1 中，信息测量、信息计算和信息施效构成的回路称为反馈。反馈能够改变控制系统的动态特性，提高系统对环境不确定性的适应能力，是控制系统最重要的特征，也是控制科学的核心概念之一。

反馈包括正反馈和负反馈。如果测量信号与给定值信号进行减法运算，则是负反馈；否则是正反馈。正反馈具有失稳效应，虽然可以加快系统的响应速度，但容易引起输出饱和，通常认为是有害的。所以，一般工程中的控制系统均采用负反馈，称为负反馈控制。

1.1.2 从模拟控制到计算机控制

如果控制系统的反馈回路由自动装置实现而无须人工干预，就称为自动控制系统。根据反馈回路自动装置类型的不同，自动控制系统可以分为两类：模拟控制系统(或称连续控制系统)和数字控制系统(或称离散控制系统)。前者的反馈回路通常采用机械装置或模拟电子装置实现，而后者的反馈回路多采用数字电子装置实现。

采用机械装置实现的模拟控制系统多见于自动控制系统早期，其中某些结构沿用到今天，图 1-2 的水钟即是一例。水钟出现在公元前二世纪，通过浮子实现的恒水位控制系统保证出水管恒流输出，以达到计时目的。该结构至今仍用于抽水马桶的水箱水位控制。

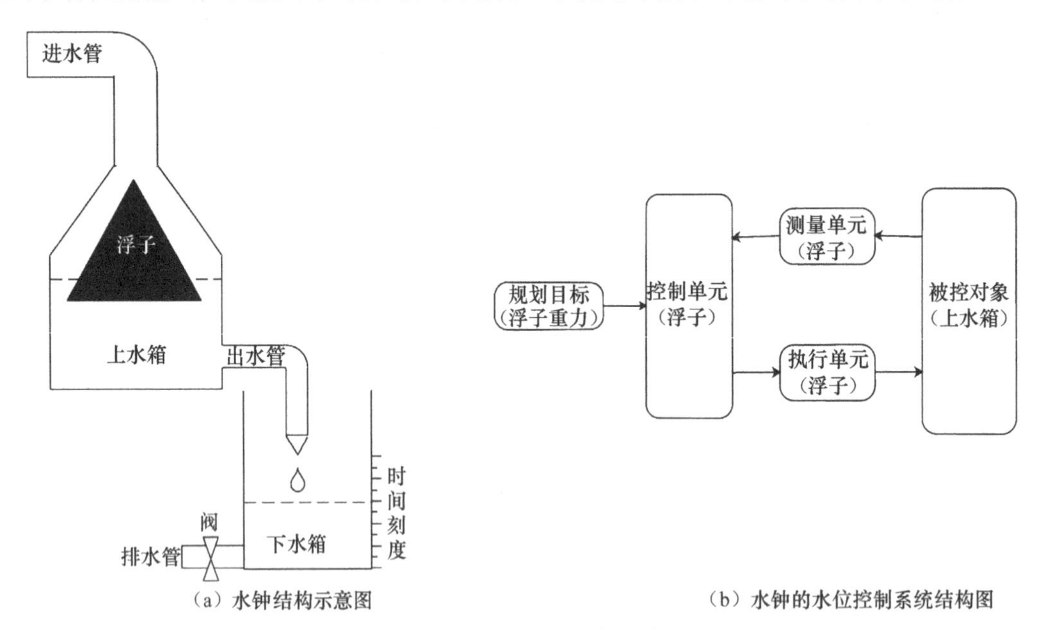

图 1-2 模拟控制系统实例：水钟

同样的恒水位控制也可以采用图 1-3 所示系统实现。图 1-3 系统用电容传感器测量储水箱水位，经惠斯通电桥表示为交流电压信号，再经同相检波、直流放大后得到与储水箱水位成正比的直流电压输出。该电压输出与预先设定的上/下限电压比较后，经 JK 触发器改变继电器工作状态，进而改变进水管阀门状态，完成液位控制功能。

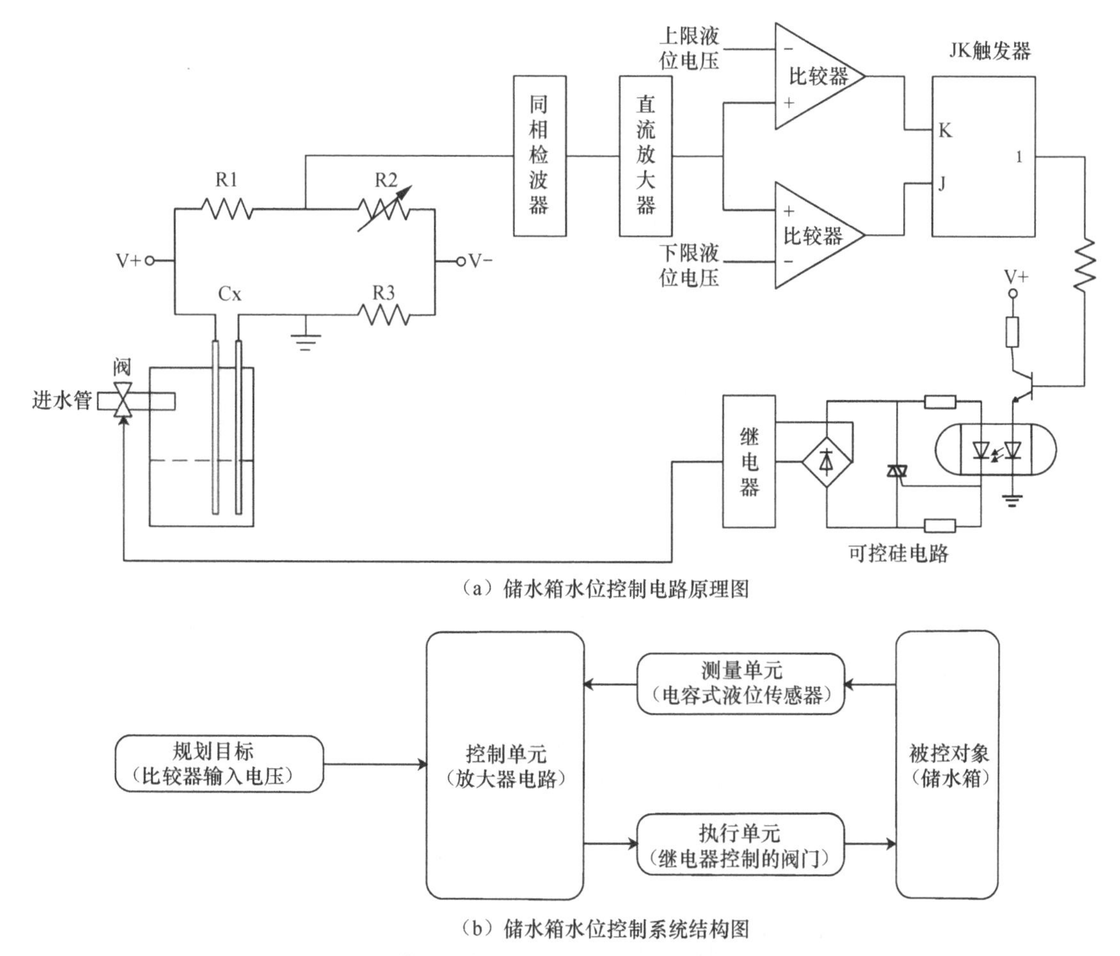

（a）储水箱水位控制电路原理图

（b）储水箱水位控制系统结构图

图 1-3　模拟控制系统实例：储水箱水位控制系统

比较图 1-2 和图 1-3 可见，两种不同类型的模拟控制系统，信息处理过程是一样的，信号形式也没有本质的变化(数学模型都是连续时间函数)；但因自动运算装置物理特性的改变，模拟电子装置实现的模拟控制系统性能显著提高。

对于现代化生产过程，由于控制对象复杂，控制要求高，模拟控制系统已不能满足需要，现多采用数字控制系统。图 1-4 的全自动洗衣机水位调节系统即是一例。为了强调计算机是控制系统的重要组成部分，通常把这类自动控制系统称为计算机控制系统。

与模拟控制系统相比，计算机控制系统的信息处理过程没有实质性变化，表现在以下几方面。

(1)结构相同。都由控制单元、执行单元、测量单元、被控对象和规划目标五部分组成。

(2)处理信息相同。都包含控制系统的目标信息、被控对象的初始信息、被控对象和环境的反馈信息、控制器的指令信息及执行信息。

(3)信息处理过程相同。都是通过反馈回路实现信息的获取、传输、加工和施效。

但是，计算机控制系统的信号形式更加复杂。除了连续时间函数表示的电流/电压信号和力/力矩信号以外，还有离散时间函数表示的数字信号。这种不同使计算机控制系统可以避免模拟控制器的许多问题，更好地满足现代化生产过程复杂度与集成度的需要，同时使其分析、设计和实现方法与模拟控制系统有了根本不同。

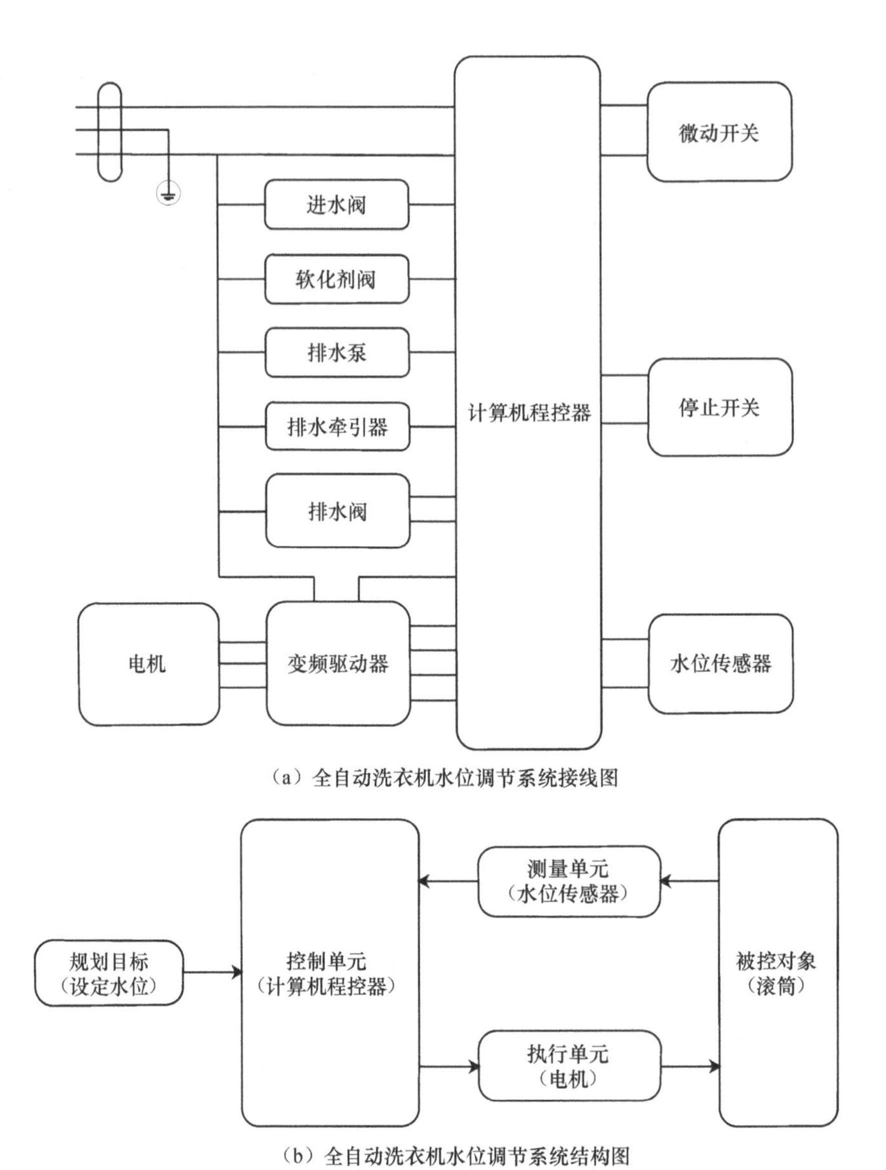

（a）全自动洗衣机水位调节系统接线图

（b）全自动洗衣机水位调节系统结构图

图 1-4　数字控制系统实例：全自动洗衣机水位调节系统

☛ 计算机控制的时间相关性

与模拟计算装置不同，计算机仅在系统时钟边沿(上升沿或下降沿)处理信息。在其他时刻，计算机既不接受外部输入，也不产生对外输出。

执行控制任务时，如果外部激励恰好作用在时钟边沿，则计算机可以即时处理输入信息，并同步产生系统输出；否则计算机需要等到相邻的下一个时钟边沿才能响应输入，系统将产生滞后于输入的输出。可见，计算机控制的输出与输入信号作用时刻有关，这是它与模拟控制的根本区别。

1.1.3　计算机控制系统的工作过程

计算机控制系统以自动控制理论和计算技术为基础，综合计算机、自动控制和生产过程等多方面知识，用计算机硬件和软件实现控制系统反馈回路，是自动控制学科非常重要的分支。其基本结构如图 1-5 所示。

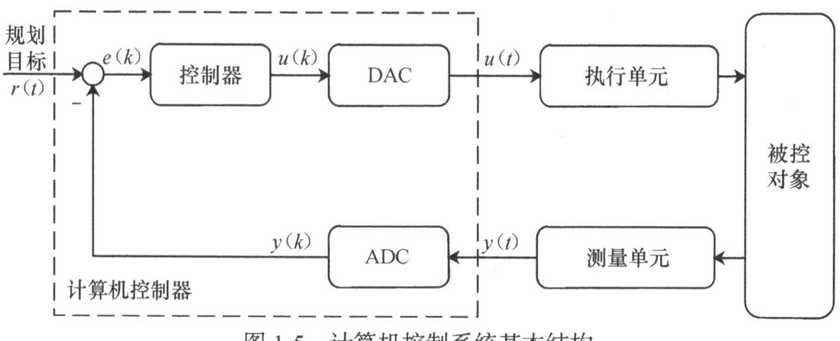

图 1-5　计算机控制系统基本结构

从本质上看，计算机控制系统的工作过程可以归纳如下。

1) 实时数据采集

计算机每隔一定时间间隔对被控对象状态参数进行一次测量(或称采样)，并将测量结果 $y(t)$ 用模数转换器(ADC)转换为数字形式 $y(k)$ 输入计算机。

2) 实时决策

计算机将表征被控对象真实行为的测量结果 $y(k)$ 与表征被控对象理想行为的期望信号 $r(t)$ 进行比较运算，输出偏差信号 $e(k)$，并以此为基础，利用被控对象响应模型，按照预先设定的控制规律，计算表征被控对象校正行为的控制信号 $u(k)$。

3) 实时控制

计算机利用数模转换器(DAC)将实时决策输出 $u(k)$ 转换成连续信号 $u(t)$，并作用于执行单元，驱动被控对象执行相应的校正动作，完成预期的控制。

4) 实时管理

在现代化工业生产中，计算机除了构成反馈回路，实时完成数据测量、决策运算和控制执行任务以外，还需要通过数据库对工作过程中的信息进行实时管理，并借助通信链路与远程工作人员或其他控制器共享数据、协同工作。

以上过程不断重复，以保障系统按照一定动态品质指标工作，并实时监督和响应被控参数或控制设备出现的异常。

☛ 关于"实时"

按照 Colin Walls 在《嵌入式系统概论》中给出的定义，如果系统能够对输入数据进行处理，并且输出数据在本质上与输入数据产生的时间相同，则称该系统是实时的。它是一个相对的概念，没有绝对的时间限制。举例来说，只要满足工作要求，每小时处理一次数据的计算机控制系统和每毫秒处理一次数据的计算机控制系统都是实时系统。

可见，计算机控制系统强调的"实时"，是指它的数据采集、决策、控制和管理任务在工作需要时能够得到执行，而且执行结果是根据触发工作时的环境输入给出并在下一次触发之前完成的。

1.1.4　计算机控制系统的特点

从信息科学的角度看，计算机控制系统和模拟控制系统没有本质差别。但是，计算机控制系统的反馈回路是利用计算机实现的，在复杂控制策略实现、系统优化、系统可靠性等方面较模拟控制系统有明显优势，主要表现在以下几方面。

(1) 运算精度高。计算机控制器的运算精度取决于 CPU 字长，理论上可达到任意长度；模拟控制器的运算精度取决于设备精度，受加工工艺水平的限制。

(2) 系统稳定性好。计算机控制器的稳定性与选用的元件无关，避免了元件老化和参数漂移对系统稳定性的影响。

(3) 工作效率高。同一台计算机既可以作为同一系统不同变量的反馈回路使用，也可以作为不同系统的反馈回路使用，工作效率较模拟控制器高。

(4) 灵活性好。计算机控制系统的决策运算通过程序实现，易于更改，便于复制，既可以在同一系统中应用，也可以在不同系统中应用，灵活性强。

另外，考虑到计算机只能处理数字信号，计算机控制系统必然具有离散时间系统的局限性，主要表现为：

(1) 数字计算有限精度问题引入的误差。

(2) 系统动态特性因计算机控制的离散时间特性而变化陡峭。

(3) 高性能控制算法的工程实现较复杂。

(4) 计算机控制系统频带较模拟控制系统变窄，系统运行速度受到较大限制。

1.2　计算机控制系统的典型形式

计算机控制系统的分类方法很多。可以按照系统结构的不同，分为开环控制系统与闭环控制系统；也可以按照控制规律的不同，分为恒值控制、随动控制、顺序控制、程序控制、模糊控制、最优控制、自适应控制与自学习控制；还可以按照被控对象的不同，分为装置设备自动控制、生产过程自动控制和公共工程自动控制。

本书按照计算机在控制系统中担任角色的不同，把计算机控制系统分为操作指导控制系统、直接数字控制系统、监督控制系统、分布式控制系统、现场总线控制系统和网络控制系统，并对各类系统的结构和功能进行简单介绍。

1.2.1　操作指导控制系统

操作指导控制（OGC：Operation Guide Control）系统主要用于新数学模型试验和新控制程序调试的场合，结构如图 1-6 所示。图中，被控对象的状态参数经测量单元、采样保持器（S/H）采样后，被模数转换器转换为数字信号送入计算机控制器，计算后产生控制决策输出。但是，计算机控制器的输出与执行单元没有连接在一起，必须经操作员判断分析后，再决定是否用于控制操作。

可见，在操作指导控制系统中，控制功能由操作员直接参与完成，而计算机只负责被控对象状态信息的实时采集和在此基础上进行的实时控制决策，不具备直接控制功能。因此，操作指导控制系统是开环控制，虽然简单、灵活、安全，但是不能充分发挥计算机控制的优越性，不能有效减轻操作人员的劳动强度。

另外，从信息处理过程看，操作指导控制系统处理的信息都在生产现场获得并传输，因

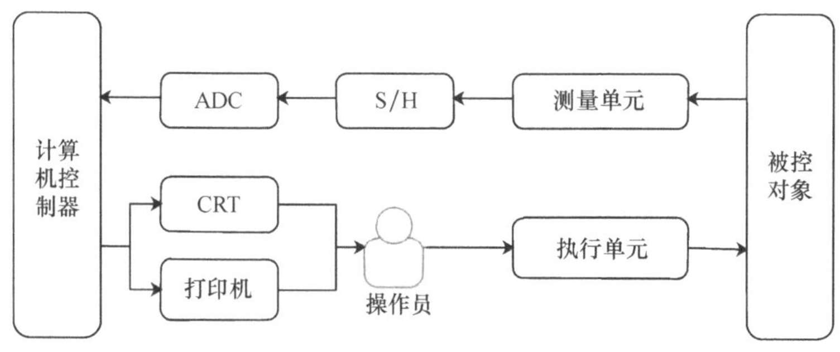

图 1-6　操作指导控制系统

此是就地控制。对于这种应用，系统的各组件之间通过计算机总线连接就可以满足信息传输对通信链路的要求。

☛ **区分操作指导控制系统和数据采样系统**

在理论学习和工程应用中，操作指导控制系统和数据采样系统(DAS：Data Acquisition System)是一对容易混淆的概念，需要注意区分。

操作指导控制系统和数据采样系统都是开环系统，而且结构相同，都可以用图 1-6 表示。但二者有本质区别，主要表现在以下几方面。

(1)操作指导控制系统中，计算机输出结果是基于实时采集的控制决策命令，可以直接作用于执行单元，对被控对象行为进行校正；数据采样系统中，计算机输出结果是实时采集的被控对象状态参数，不可作为执行单元的输入，不具有校正被控对象行为的功能。

(2)理想情况下，操作指导控制系统的传递函数是非线性传递函数；数据采样系统的传递函数则恒为常数。

(3)一般情况下，操作指导控制系统的输出与输入具有不同的量纲；数据采样系统的输出与输入具有相同的量纲。

1.2.2　直接数字控制系统

直接数字控制(DDC：Direct Digital Control)系统的结构与操作指导控制系统类似，不同的是，直接数字控制系统的计算机输出经数模转换器和采样保持器与执行单元直接连接，如图 1-7 所示。因此，直接数字控制系统的计算机除具备实时测量和实时决策功能之外，还具有实时控制功能。其输出直接作用于执行单元，对被控对象行为进行校正。

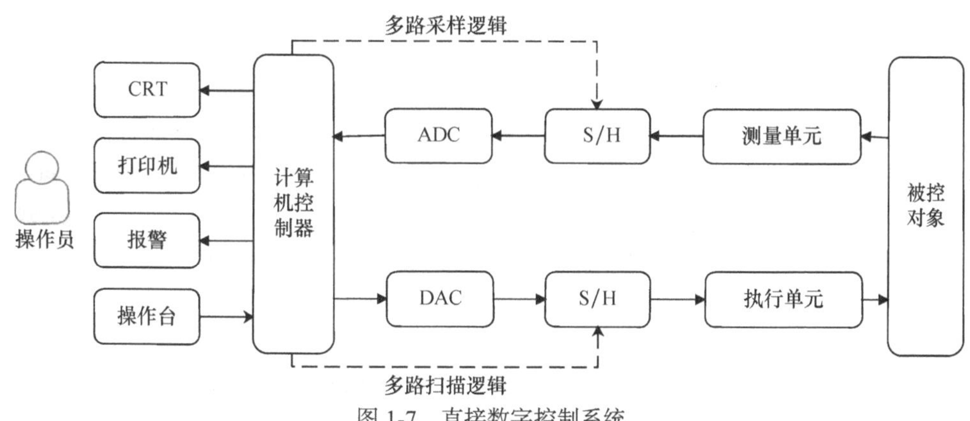

图 1-7　直接数字控制系统

与操作指导控制系统不同，直接数字控制系统具有闭环控制结构，不需要操作人员直接参与控制过程。而且，直接数字控制系统可以多路复用，具有控制灵活、效率高、可靠性高的特点，是工业生产过程中最普遍的计算机控制形式，也是本课程讲授的重点。

相同的是，二者都是就地控制，都采用计算机总线构成通信链路，都有信息处理能力有限、控制规模较小的局限性。

1.2.3 监督控制系统

监督控制(SCC：Supervisory Computer Control)系统是在操作指导控制系统和直接数字控制系统的基础上发展起来的，可以看作二者的结合。它具有两级结构(图 1-8)，底层的直接控制级可以看作直接数字控制系统，使用的计算机称为直接数字控制计算机，负责生产过程的就地控制；高层的监督控制级则可以看作操作指导控制系统，使用的计算机称为监督控制计算机，任务是根据预设工作模型发布命令，调整直接控制级的工作状态，使其一直保持最优。

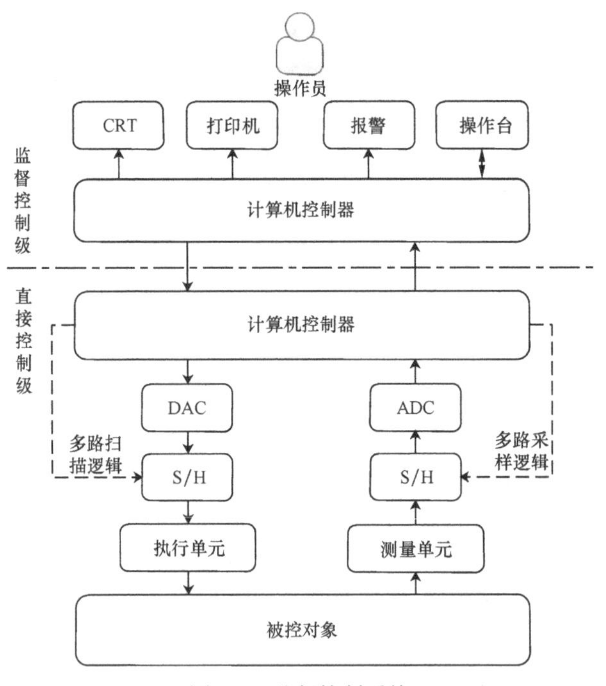

图 1-8　监督控制系统

监督控制计算机的功能用图 1-9 表示。图中，上半部分是监督控制系统直接控制级的数学模型，表示工业对象在输入给定值作用下的理想运行情况；下半部分是监督控制算法，反映监督控制级对直接控制级的调节作用。

理想情况下，工业对象的运行轨迹应与图 1-9 中被控对象模型输出一致，即 $e_y(k)$ 应等于零。但在实际工程中，二者存在一定的偏差，其大小反映了工业对象实际运行轨迹偏离理想轨迹的程度。

为了使 $e_y(k)$ 等于零，需要调整工业对象的实际运行轨迹。在监督控制系统中，该任务通过监督控制算法完成。它以 $e_y(k)=0$ 为控制目标，依据 $e_y(k)$ 的实测值，对操作人员输入给定值进行修正，并将修正后的给定值送入直接控制级，确保工业对象按预设轨迹动作。

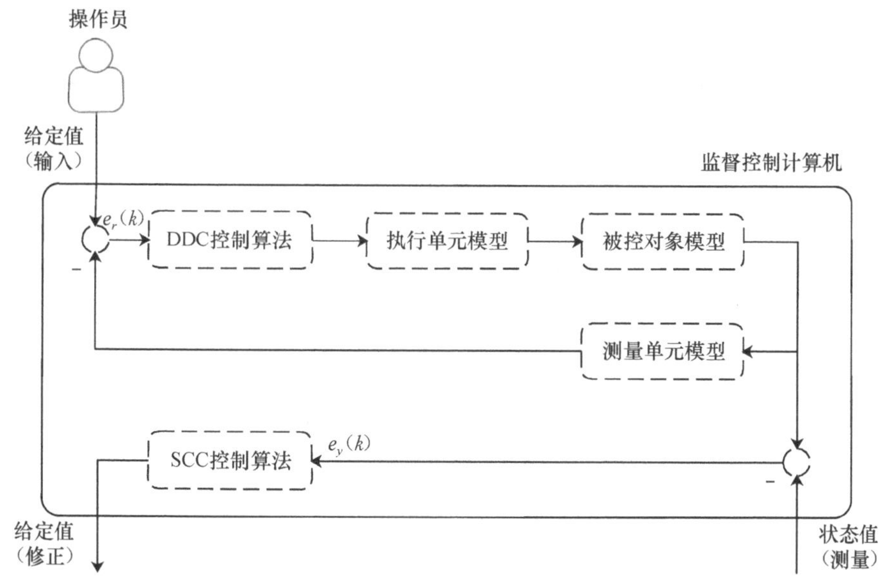

图 1-9　监督控制计算机功能结构图

作为操作指导控制系统与直接数字控制系统的综合，监督控制系统具有两者的优点，同时可以实现最优控制、自适应控制等复杂控制策略。它的操作人员远离工作现场，因此是远程控制系统。但通信链路仍然采用计算机总线，对信息处理的要求没有本质变化。

1.2.4　分布式控制系统

分布式控制系统（DCS：Distributed Control System）又称集散控制系统，是以计算机为核心，按照“分散控制，集中操作，分级管理”原则构建的多层耦合式信息综合控制系统。它是计算机网络技术发展的结果，常采用三级结构，通过高速数据通道对不同物理位置的 DDC 控制器进行集中操作，如图 1-10 所示。

分散过程控制级在分布式控制系统的底层，由若干相互独立的控制站组成。各控制站的主要设备是现场仪表（传感器、变送器、执行器等）、接口 I/O 和控制站计算机，主要任务是完成现场设备的数据采集，并结合集中操作监控级的命令进行直接数字控制。

集中操作监控级是分布式控制系统的中间层，由工程师站和操作员站组成。通过设置、扫描底层控制站参数，集中操作监控级可以对生产过程进行实时监督控制；同时，它还负责信息管理控制级和分散过程控制级的数据通信，在各层之间传送命令和消息。

信息管理控制级在分布式控制系统的顶层，主要由信息管理计算机组成。信息管理控制级可以通过企业内部网监视各部门运行，并根据历史数据和实时数据制定企业长期发展规划，进行生产过程总调度。

与监督控制系统相比，分布式控制系统采用分布式远程控制，能更好地适应现代生产过程的复杂性，主要表现在以下几方面。

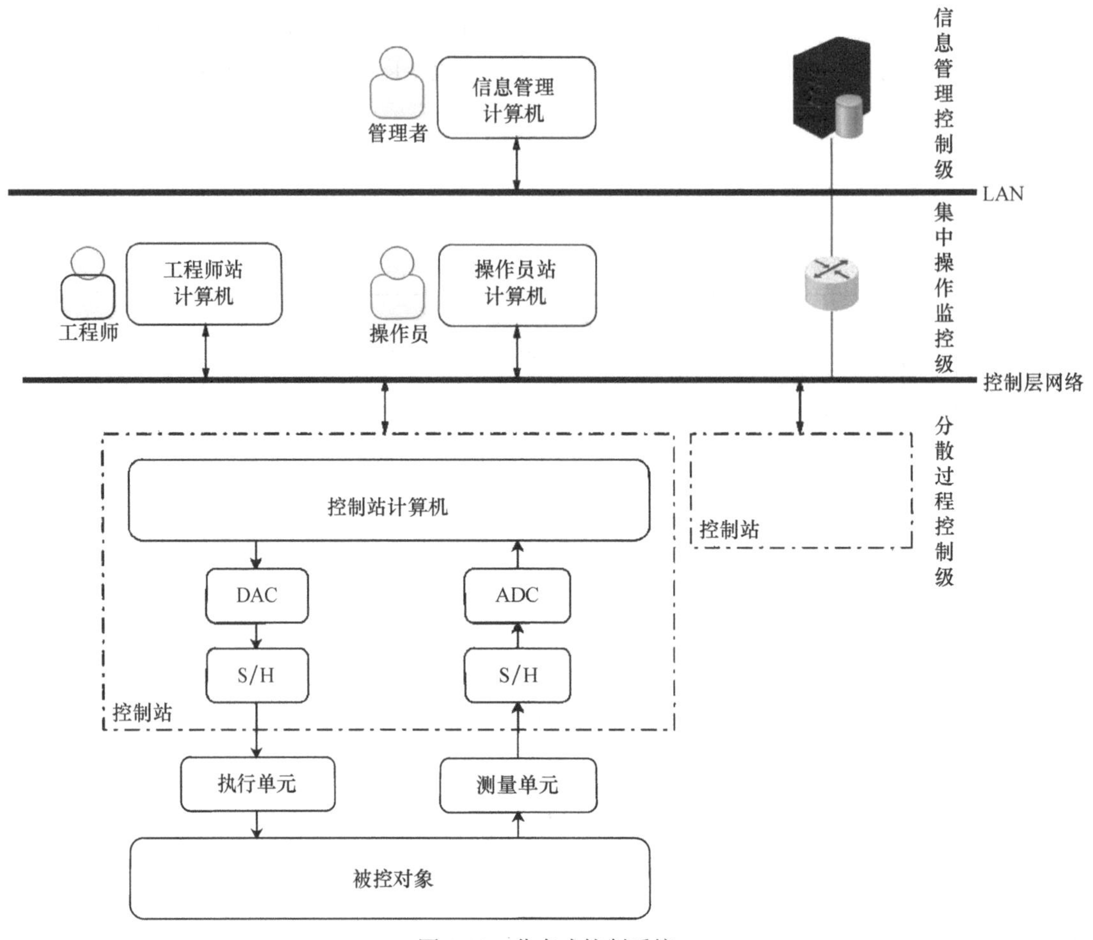

图 1-10　分布式控制系统

1）“横向分散，纵向集中”的结构提高了系统可靠性

在分布式控制系统中，控制站计算机按区域安装在生产现场，控制功能分散；而生产过程信息则全部集中存储于数据库，并利用非开放式专用网络输送给有关设备。这种结构使每台计算机控制和管理的范围变小，在保证过程控制子系统迅速响应外界变化的基础上，既能够确保系统不受个别计算机故障的影响，又能够确保系统不受个别控制回路故障的影响，有效提高了整个系统的可靠性。

2）各部分相对独立的设计提高了系统灵活性

在分布式控制系统中，各级计算机相对独立工作，相互之间只传送必要的信息，并具有一定的冗余。若要增加某些功能或扩大系统规模，无须重新设计，只要在原系统上增加一些计算机并重新编程即可。显然，这种相对独立的结构有利于提高整个系统的灵活性。

3）基于数字网络的通信方式扩大了系统规模

在分布式控制系统中，控制站计算机与现场设备之间采用标准 4 ~ 20mA 模拟信号通过电缆进行数据传输，各级计算机之间则采用数字信号通过封闭的专用通信网络进行数据传输。这种信息交换方式增加了系统处理信息的类型和数量，在保证系统可靠性的同时，有效避免了大量数据的传输，有利于设备间信息交换和资源共享，有利于系统控制规模的增大。

但是，分布式控制系统并没有实现真正意义上的分布式网络控制。一方面，它是模拟-数字混合系统，系统精度受到模拟信号转换和传输的限制；另一方面，它在不同控制级间仍然采用集中式控制，系统可靠性无法保障。更重要的是，分布式控制系统的通信协议是封闭的，不同厂家的设备互不兼容，很大程度上限制了系统的可维护性和组态灵活性。

1.2.5　现场总线控制系统

现场总线控制系统(FCS：Field-bus Control System)是以现场总线为核心的全分布式远程控制系统。它的功能和分布式控制系统相同，但采用现场总线(FB: Field Bus)实现网络连接(图 1-11)，将分布式控制系统的集中管理功能分散到各个网络节点，实现彻底的分布式控制。

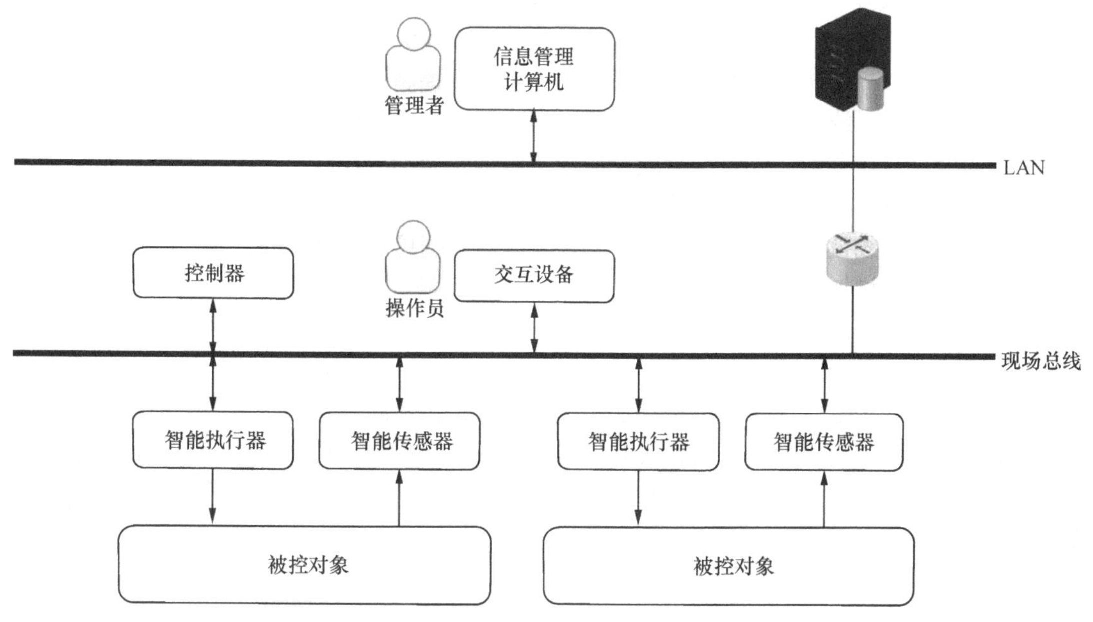

图 1-11　现场总线控制系统

现场总线是 20 世纪 90 年代兴起的分布式实时控制技术。从本质上讲，它是一种适用于工业现场恶劣环境的双向串行数字通信协议。通过在工业控制领域引入网络通信与管理的观念，现场总线提供了一种建立全分布式数字化实时控制网络的有效方案，为生产现场通信网络与控制系统的集成奠定了基础。

与分布式控制系统不同，现场总线控制系统是纯粹的数字控制系统。它综合了控制技术、智能仪表技术和计算机网络技术，依靠智能设备实现了真正意义上的分布式控制，开辟了控制领域的新纪元。其主要优点如下。

1)全数字化通信

现场总线控制系统中，每台现场设备都是智能设备，都有嵌入式微处理器和现场总线接口，具备完全的数字计算和数字通信能力。它们通过通信网络相互连接，实现了对系统高速运算设备和低速 I/O 设备的隔离，突破了分布式控制系统的速度瓶颈，系统性能显著提高。

2) 全分布式结构

现场总线控制系统在结构上采用“横向分散，纵向分级”模式。一方面，通过将控制功能下放到分散在生产现场的智能设备上，实现生产过程的分布式控制；另一方面，通过数字通信网络将分散的智能设备组成虚拟控制站，并结合实时数据库技术实现生产过程的集中式管理。

3) 开放式互联网络

现场总线控制系统遵循透明的通信协议，采用令牌传递访问机制和紧急优先机制，具有星型、环型、菊花型等多种拓扑结构，不仅允许任何遵循同样通信协议的智能设备接入，而且可以与遵循同样通信协议的网络互连，构成不同层次的开放、实时、可靠的复杂控制网络。

4) 良好的互操作性

组成现场总线控制系统的硬件和软件具有良好的通用性和互换性。它们采用同样的标准，具有同样的数字通信接口，采用标准的编程语言，确保不同厂家生产的智能设备可以相互通信、统一组态，性能类似的设备也可以互换互用，提高了系统的可维护性。

现场总线控制系统采用开放式专用网络，强化了计算机的信息管理功能，改变了计算机控制系统的信息交换方式，代表了工业控制体系结构发展的方向。

但是，现场总线控制系统仍然缺少统一的标准，与广泛采用的 TCP/IP 也不兼容。这些不同标准的现场总线彼此间无法直接连接，也无法与数据信息网络无缝集成，为企业级信息管控一体化的实现增加了难度。

1.2.6 网络控制系统

网络控制系统(NCS：Networked Control System)是将不同位置的传感器、执行器和控制器通过信息网络连接而成的全分布式实时反馈控制系统。根据传输媒介不同，信息网络可以是有线网络、无线网络或混合网络，包括现场总线、工业以太网、无线通信网络和 Internet 等多种形式，如图 1-12 所示。

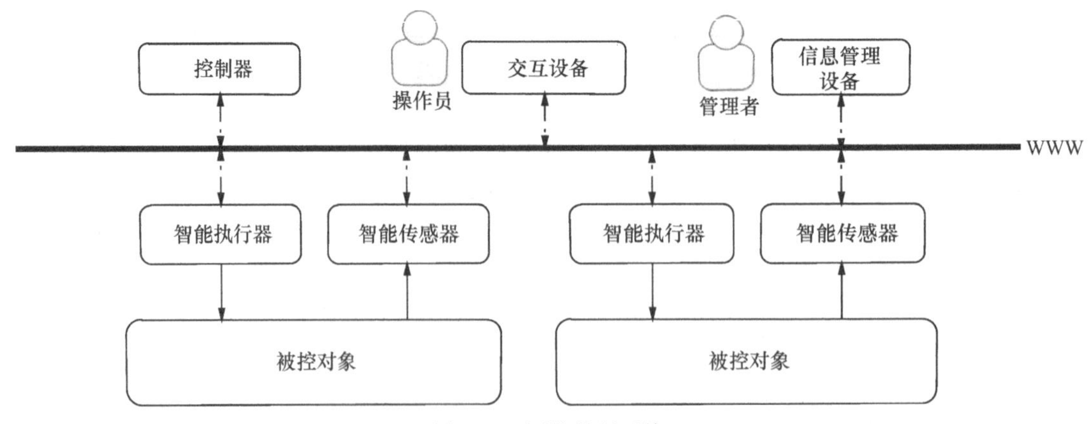

图 1-12 网络控制系统

网络控制系统与现场总线控制系统的功能和结构相同，但使用的网络不同：网络控制系统使用信息网络连接智能仪表，现场总线控制系统则使用工业控制网络实现。信息网络是公用网络，工业控制网络是专用网络，二者的区别见表 1-1。

表 1-1　信息网络与工业控制网络的主要区别

信息网络	工业控制网络
传输信息多为非周期信息（如突发事件等），长度大，信息交换不频繁	传输信息多为周期信息（如采样数据等），长度小，信息交换频繁
非实时响应，响应时间一般为2.2～6.0s	实时响应，响应时间一般为 0.01～1s
双向传输，信息流没有明显的方向	双向传输，信息流有确定方向（测量信息由现场向控制站流动，控制信息由控制站向现场流动）
信息无序传输，多采用点对点通信方式	信息有序传输（信息流开始于测量信息，终止于控制信息），多采用广播通信方式
环境适应性差，不能适应恶劣环境，无防爆要求	环境适应性强，能适应恶劣环境，有防爆要求

采用公用网络有很多优点，如容易接入，容易扩展和维护，具有更高的效率和可靠性、更大的灵活性等。但公用网络的开放性和带宽限制也给传统控制理论带来诸多挑战。举例来说，多包传输、多路径传输、数据碰撞、网络拥塞、连接中断等现象在网络通信中是不可避免的，会导致数据传输延迟。这种延迟可能是常数，也可能是时变的或随机的，如何用控制理论方法消除或弥补这种延迟的影响，是网络控制系统设计需要面对的新问题。

1.3　计算机控制系统的构成要素

计算机控制系统具有多种形式。无论哪种形式，其构成要素都是一样的，可以归结为计算机硬件系统、软件系统、通信链路和实时数据库。这些构成要素在不同规模的系统中所占地位不同，但都是设计过程中必须关注的。

1.3.1　硬件系统

硬件系统包括被控对象、测量单元、执行单元和计算机控制器，是计算机控制系统的工作基础，为计算机控制提供必要的运行平台。其中，被控对象、测量单元和执行单元与连续控制系统相同，计算机控制器是计算机控制系统的研究重点。

图 1-13 给出了计算机控制器的典型机构，主要包括时钟、微处理器、存储器、I/O 通道和人机界面。功能介绍如下。

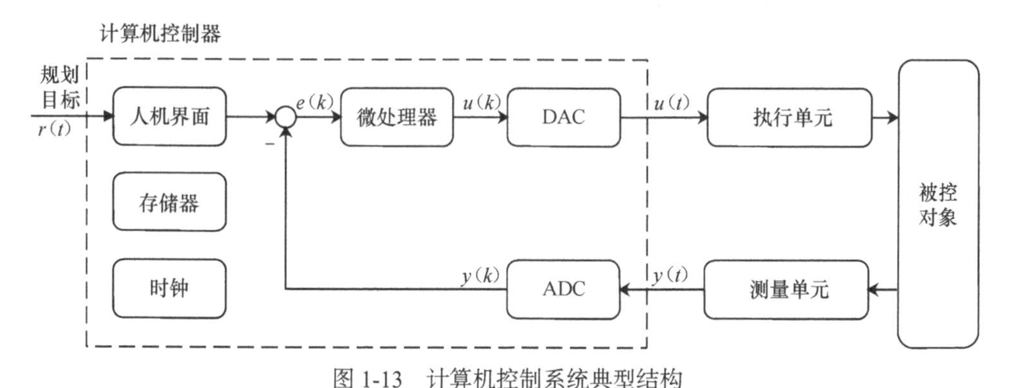

图 1-13　计算机控制系统典型结构

1) 时钟

计时基准，协调计算机控制系统各部分有序工作(如采样或驱动电机运转)，是计算机控制器工作的基础。

2) 微处理器

计算机控制器的核心。工作于离散状态，输入和输出都是数字量，由工业控制计算机或嵌入式系统实现。

3) 存储器

保存微处理器运算结果，是计算机控制器的重要组成部分。一般根据保存数据的重要性，选择使用易失性存储器或非易失性存储器。

4) I/O 通道

计算机控制器与物理环境信息交互的通道。包括模拟量输入通道、模拟量输出通道、数字量输入通道、数字量输出通道，是计算机控制器采集环境数据、校正对象行为的必要途径。

5) 人机接口

计算机控制器与操作人员信息交互的通道，是计算机控制器接收操作命令、反馈工作状态的重要途径，也是操作人员对计算机控制器施加影响的唯一途径。

1.3.2 软件系统

软件系统可以分为硬件抽象层、操作系统、中间件和应用程序(图 1-14)，负责协调硬件资源完成具体控制任务，是计算机控制系统的核心。与通用软件相比，计算机控制系统的软件更强调实时性。

图 1-14 计算机控制系统软件结构

1) 硬件抽象层(HAL: Hardware Abstraction Layer)

硬件抽象层是操作系统与底层硬件之间的逻辑接口，目的是为软件系统提供虚拟硬件平台，确保软件与设备无关，一般由设备厂商提供。

硬件抽象层将硬件资源抽象化，有利于创建设备无关代码，使程序容易移植到不同的平台；而且可以使软硬件测试同时进行，缩短了项目开发周期。因此，当前的应用程序多数通过硬件抽象层进行硬件访问。

2) 操作系统(OS: Operating System)

操作系统是应用程序和计算机资源之间的接口，负责调度计算机硬件、软件与数据资源，是实现计算机控制的软件平台，通常由计算机厂商提供。

在计算机控制系统中，操作系统一般分为通用操作系统(GPOS: General Purpose Operating System)和实时操作系统(RTOS: Real-Time Operating System)两类。前者要求大量内存，主要运行在工作站和大型主机系统，实现通用计算；后者的内存需求较小，多运行在嵌入式设备，处理实时任务。

需要注意的是，并非所有嵌入式设备都支持实时操作系统，如 8051 系列就不支持 RTOS。这种情况下，用户需要自己在监控程序中实现资源调度，系统维护相对困难。

3) 中间件(Middleware)

中间件的位置在操作系统和应用程序之间，是用户设计的可复用软件。它能在不同的操作系统上运行，为应用程序提供与平台无关的稳定应用环境，为用户设计平台无关的应用程序创造了条件。

另外，中间件通过标准接口与应用程序通信，能在不同应用程序之间或应用程序与操作系统之间传递信息，实现不同终端或不同应用之间的资源共享。

4) 应用程序

应用程序在系统软件的顶层，主要目标是借助计算机的算术逻辑运算能力和数据存储能力完成具体控制任务，包括数据采集任务、控制决策任务、控制施效任务和人机交互任务等。

考虑到动态特性的中心地位，计算机控制系统应用程序对实时性要求很高。计算机控制系统要求应用程序在工艺限定时间内完成被控参数的测量、计算和施效。因此，需要软件开发人员熟悉仪表传输延迟、控制算法复杂度、微处理器运算速度和控制量输出延迟等因素对软件运行速度的影响。

1.3.3 通信链路

通信链路泛指计算机控制系统节点间的信息传输通道。节点可以是计算机，也可以是被控对象或设备。它们彼此之间通过有线(如电缆、光纤等)或无线(如红外线、微波、无线电等)的方式联系，完成系统各组件之间的数据传输和信息交换。

通信链路对系统性能的影响随系统规模而变化。一般来说，对于就地控制系统，由于控制规模有限，节点之间距离较近，通信链路对系统的影响可以忽略。而对于远程控制系统，由于控制规模大，系统结构复杂，节点距离较远，通信质量对系统动态性能的影响就比较明显。

无论哪种情况，具有可预期时间延迟的高可靠通信链路都是计算机控制系统必需的。尤其是近年来，随着分布式计算机控制系统的普及，通信链路对系统动态性能的影响逐渐受到重视，已成为计算机控制系统(尤其是网络控制系统)研究的重要内容。

1.3.4 实时数据库

实时数据库是数据和事务都有显式定时限制的数据库，系统的正确性不仅依赖于事务的逻辑结果，而且依赖于该逻辑结果所产生的时间。它是数据库技术和实时处理技术的结合，既支持数据的共享与维护，又支持数据的定时限制，是计算机控制系统处理具有时间限制的快速变化数据(或事务)的主要工具。

实时数据库最主要的特征是实时性。它处理的数据是动态的，仅在一定时间范围内有效。因此，实时数据库在管理数据时，不仅要注意数据的完整性、一致性，更要注意数据的时间一致性，注意事务的协同与合作运算。

通过 API 或 OPC 方法都可以使用实时数据库。前者简单高效，但通用性差；后者定义了一个基于 Windows OLE、COM 和 DCOM 的开放接口，具有很好的通用性，在过程控制和制造业自动化系统中得到广泛应用。

1.4 本书内容说明

1.4.1 写作宗旨

目前使用的自动控制系统几乎都是计算机控制系统。由前所述，计算机控制系统是在一定硬件基础上构建的并发性实时软件系统，是自动控制理论与计算机技术和网络通信技术融合的产物。它可以近似为模拟控制系统处理，但是会限制计算机控制系统的性能，而且无法解释那些计算机控制系统存在但模拟控制系统不会出现的现象。因此，工程技术人员必须专门学习计算机控制，以充分发挥计算机控制的潜力，获得模拟控制系统无法提供的性能。

介绍计算机控制的教材很多，大体可分为两类：一类沿用自动控制理论学习思路，注重理论分析，重点讨论连续时间域方法在离散时间域的拓展，但对计算机控制系统工程实现技术关注不够；另一类则沿用嵌入式系统学习思路，强调工程实现，重点讨论计算机控制系统的硬件接口技术，却忽略了计算机控制器的分析与设计。

两类教材各有独到之处，也存在不容忽视的问题。第一类教材突出了计算机控制器设计与模拟控制器设计的不同，但将设计目标停留在理论层面，没有或很少考虑工程环境下的控制器实现问题。第二类教材突出了计算机控制器的工程实现技术，但将计算机控制器设计等同于模拟控制器的数字化实现，不利于学习者认识数字控制器的强大功能和无穷潜力。

本书考虑控制工程师实际需要，尝试综合两类教材的特点，从自动控制理论出发，学习计算机控制器的分析和设计方法，并结合工程问题对控制器鲁棒性和复杂度的要求，讨论计算机控制器的软硬件实现技术，以求学习者能够对计算机控制系统形成完整的认知。

1.4.2 主要内容

本书针对单输入单输出系统，在自动控制理论的基础上，从并发性实时系统设计的角度介绍计算机控制系统的分析、设计和实现。全书内容安排如下。

第 0 章预备知识　介绍分析、设计和实现计算机控制系统使用的理论工具(Z 变换)和设计软件(LabVIEW)。

1)基础篇

包括第 1、2 章，主要讨论计算机控制系统的基本概念。具体内容包括：

第 1 章引言　介绍计算机控制系统的概念、结构、原理和分类；

第 2 章信号的采样与重构　讨论连续信号与离散信号的相互转换，建立模拟控制系统与计算机控制系统之间的联系。

2)分析篇

包括第 3、4 章，主要讨论计算机控制系统的建模与分析，是设计计算机控制器的理论基础。具体内容包括：

第 3 章计算机控制系统的数学描述　介绍计算机控制系统的数学抽象方法，建立系统组成部分间交互、衔接和结构的描述；

第 4 章计算机控制系统的性能　讨论计算机控制系统在时域和频域的响应，建立解释系统本质特征的行为描述。

3) 设计篇

包括第 5、6 章，在分析计算机控制系统行为特征的基础上，讨论获得期望系统行为的数字控制器配置技术。具体内容包括：

第 5 章模拟设计方法　讨论模拟控制器的数字化方法，比较不同数字化方法对系统行为特征的影响；

第 6 章数字设计方法　讨论数字化对象的控制器配置技术，比较不同配置方法对系统行为特征的影响。

4) 实现篇

包括第 7～9 章，在数字控制器设计的基础上，讨论计算机控制系统在具体工程环境下的构建技术，重点讨论数学模型与物理实现之间的差异，以及由此引起的问题和相应的解决方案。具体内容包括：

第 7 章从函数到算法　讨论数字控制器的工程建构方法，包括数字控制器的硬件约束和软件实现方法，重点是不同实现方案对构建效果的影响；

第 8 章硬件约束　介绍构建计算机控制系统所涉及的关键设备，并重点介绍数字控制器对外围设备的操作方法及其对控制器性能的影响；

第 9 章并发实时调度　介绍计算机控制系统的实时任务管理要求，并从系统层面讨论工程问题的需求分析方法和并发实时架构模式。

1.4.3 学习建议

计算机控制涉及的知识广泛，与自动控制技术、计算机技术、通信技术、检测技术等学科密切相关，需要读者在学习过程中注意以下几个方面。

1) 以系统化的观点学习

计算机控制系统是硬件和软件的有机结合，在分析、设计和实现过程中使用的理论、方法和技术与多个学科重叠，但在内涵和方法上有自身要求，和其他学科有根本不同。学习过程中应采用系统化的观点，注意计算机控制与相关学科的联系，区分同一方法在不同学科中的异同，避免出现学而不精的情况。

另外，计算机控制系统本身是若干子系统的集合，这些子系统具有同样的模型描述、同样的外部特征参数、同样的物理构建技术。这种结构形式也要求读者采用系统化的观点学习，注意整体与局部的关系，掌握化整为零的集成开发思想。

2) 以层次化的观点学习

计算机控制是一个复杂的工程问题，其分析、设计和实现上涉及多方面内容。学习时应采用层次化观点，从多个不同角度由简而繁、由外而内地理解计算机控制。

可以从信息科学的角度理解计算机控制。任何一个计算机控制系统都可以看作一个信息处理过程，计算机只是信息处理工具，控制算法才是信息处理的关键，时间和空间则是信息处理的两个约束条件。从这个角度讲，任何一个计算机控制设计问题都是在两大约束下寻找最优信息处理方法。

可以从系统科学的角度理解计算机控制。任何一个计算机控制系统都可以看作若干子系统的集成，这些子系统的外部特征和相互关系将决定整个系统的特征。从这个角度讲，对计算机控制的理解应从理解子系统开始，通过分析子系统掌握整个系统的特征。

但在大多数情况下，对子系统的理解不需要深入其内部，除了需要改善其外部特征的某些情况。

可以从电子科学和计算机科学的角度理解计算机控制。任何一个计算机控制系统都可以看作基于硬件设备的并发实时软件系统，其性能指标主要取决于软件算法对各种并发输入的实时响应能力。从这个角度讲，计算机控制设计问题等同于一般的电子工程问题和软件工程问题，除了需注意工作环境和实时性响应对它的特殊要求。

3)以实用化的观点学习

计算机控制以解决工程问题为目的，是一门强调实践的课程。学习时应牢记工程应用目标，注意理论与实践结合。一方面，理论分析为工程设计指明方向，是工程应用的基础；另一方面，工程应用是理论分析的目标，也是理论研究得以发展的源泉。二者相辅相成，不能偏废。

学习时应遵循工程化要求，注意学习并运用开放的规范技术完成系统构建，注意学习和掌握标准元器件、总线、通信协议等知识，以提高系统开发效率，降低系统维护费用，延长系统生命周期。注意主动学习新技术、新产品，避免重复使用落后技术。

最后要注意专业辅助工具的选择和学习。计算机控制分析、设计和实现过程中会用到多种辅助设计工具，如各种仿真分析软件、组态软件、电子线路辅助设计软件、嵌入式开发软件、编程软件、数据库软件等。这些软件功能都很强大，都有各自的优势和局限，要注意根据自己的需要选用。

第 2 章　信号的采样与重构

与模拟控制系统相比，计算机控制系统的信号形式要复杂得多。这些不同形式的信号虽然包含相同的信息，但适用不同的信号处理方法。因此，在对计算机控制系统进行分析和设计时，将不可避免地涉及不同信号形式的相互转换问题。

本章主要讨论计算机控制系统内部不同信号形式的相互转换问题，即连续信号的采样与重构问题。主要内容包括：

- 计算机控制系统内部的信号形式
- 不同形式信号之间的关系
- 不同形式信号之间的等效条件
- 实现不同形式信号转换的物理设备

2.1　计算机控制系统的信号形式

计算机控制系统基本结构如图 2-1 所示。可以看出，图中计算机控制系统的信号形式并不唯一，而是有三种不同类型。

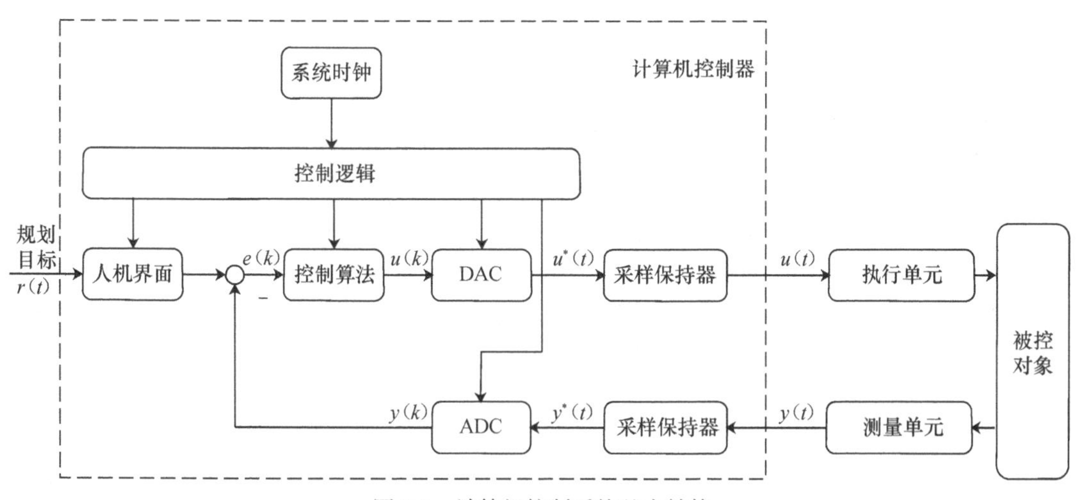

图 2-1　计算机控制系统基本结构

1) 模拟信号

信号定义在连续时间域上，并在整个量程内连续取值，即在时域和值域均连续可微，如被控对象的状态输出信号 $y(t)$ 和命令输入信号 $u(t)$。

2) 离散信号

信号定义在离散时间点上，并在整个量程内连续取值。它是模拟信号在时域量化后的结果，仅在值域连续可微，如采样器输出信号 $y^*(t)$ 和保持器输入信号 $u^*(t)$。

3) 数值信号

信号定义在离散时间点上，且仅能以有限数位在整个量程内取值。它是模拟信号在时域和值域量化后的结果，在时域和值域均不具有连续性，如计算机控制器的输入信号 $y(k)$ 和输出信号 $u(k)$。

一定条件下，三种不同形式的信号可以携带同一信息(图 2-2)，此时称信号等效。等效信号可以相互转换而不会损失信息。其中：

① 模拟信号转换为离散信号的过程称为信号的采样；

② 离散信号转换为模拟信号的过程称为信号的保持；

③ 离散信号转换为数值信号的过程称为信号的量化；

④ 数值信号转换为离散信号的过程称为信号的插值。

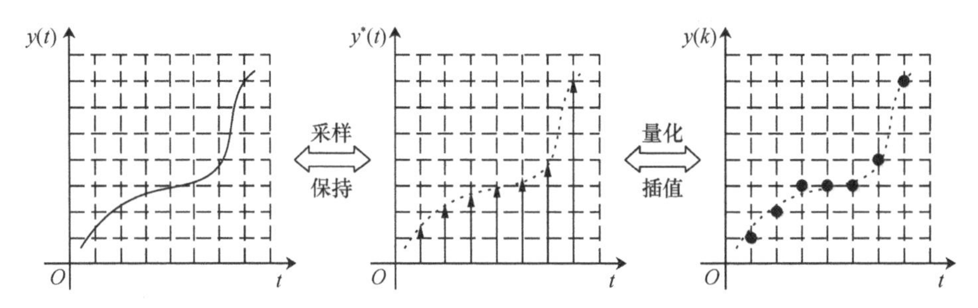

图 2-2　不同信号形式的相互转化

2.2　信号采样

图 2-2 中，以离散时间脉冲序列代替连续时间曲线可以将模拟信号转换为离散信号。这种信号转换过程称为采样过程，完成该过程的物理设备称为采样器或采样开关。

用 t_k 表示脉冲序列中第 k 个脉冲的发生时间。如果得到的脉冲序列满足条件 $t_{k+1}-t_k=T$，则称采样过程为周期采样，T 为采样周期；否则称其为非周期采样。

周期采样是工程实践中应用最广泛的采样形式，也是本书讨论的重点。但在某些特殊场合，非周期采样会比周期采样有更好的表现。

2.2.1　采样过程

由前述，周期采样是按固定采样周期 T 对连续信号 $e(t)$ 取值，得到采样信号 $e^*(t)$ 的过程。这一过程中，采样信号 $e^*(t)$ 是按 $t=kT(k=\cdots,-1,0,1,\cdots)$ 从连续信号 $e(t)$ 中取得的，也可以认为是连续信号 $e(t)$ 对单位脉冲序列 $\delta_T(t)$ 进行幅值调制的结果，如图 2-3 所示。

于是，采样过程就可以用连续信号 $e(t)$ 与单位脉冲序列 $\delta_T(t)$ 的乘积表示

$$e^*(t)=e(t)\delta_T(t)$$

式中

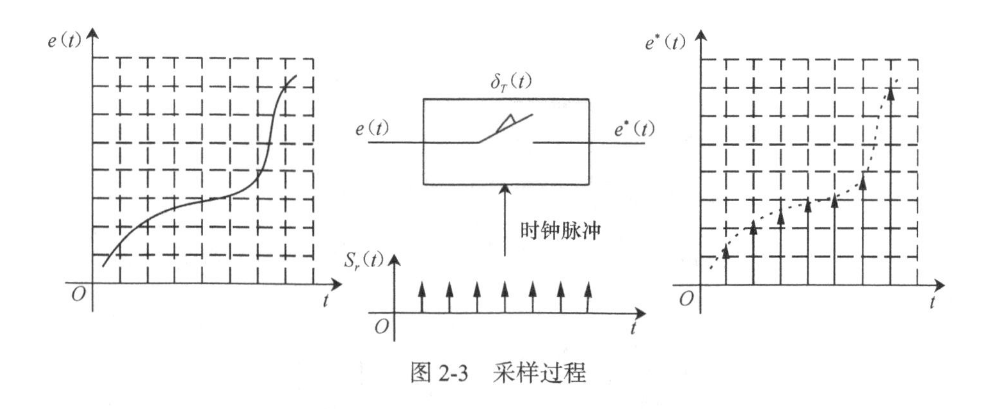

图 2-3 采样过程

$$\delta_T(t)=\sum_{k=-\infty}^{\infty}\delta(t-kT)$$

$$\delta(t-kT)=\begin{cases}1 & t=kT\\0 & t\neq kT\end{cases}$$

通常，采样周期 T 在整个采样过程中是不变的。于是，理想采样信号 $e^*(t)$ 可以进一步表示为

$$e^*(t)=e(t)\delta_T(t)=\sum_{k=-\infty}^{\infty}e(kT)\delta(t-kT) \tag{2-1}$$

在工程实践中，式(2-1)的单位脉冲序列是利用采样开关实现的。采样开关是受时钟脉冲信号控制的压控开关，闭合时增益为 1，断开时增益为 0。其数学模型为

$$\delta(t)=\begin{cases}1 & t=0\\0 & t\neq 0\end{cases}$$

当采样开关周期性闭合时就得到单位脉冲序列

$$\delta_T(t)=\sum_{k=0}^{\infty}\delta(t-kT)=\delta(t)+\delta(t-T)+\delta(t-2T)+\cdots$$

【例题 2-1】 用 LabVIEW 仿真理想采样过程。

仿真例程：理想采样

图 2-4 是仿真程序 EX201 的前面板。图中，连续信号使用正弦信号，幅值为 1，频率为 5Hz，初始相位为 0°。理想采样开关的频率为 50Hz。

把连续信号、采样信号和采样脉冲信号转换成波形图，运行程序并观察仿真输出，可以发现：采样信号是一系列离散的脉冲输出，其包络线和连续信号一致。这说明：①连续信号经单位脉冲序列调制后可以得到离散信号；②连续信号和离散信号虽然形式不同，但可以包含同样的信息。

降低采样脉冲频率，观察相同正弦信号的采样输出。可以发现：采样频率降低时，采样开关虽然可以对连续信号采样，但采样信号的包络线未必和连续信号一致。这说明：只有在满足一定条件时，连续信号和采样信号才是等效的。

2.2.2 采样定理

从例题 2-1 可以看出：采样频率越高，即采样周期越小，采样信号与连续信号的近似程度越高，由采样信号完整复现连续信号的可能性越大；当采样频率低到一定程度，或采样周

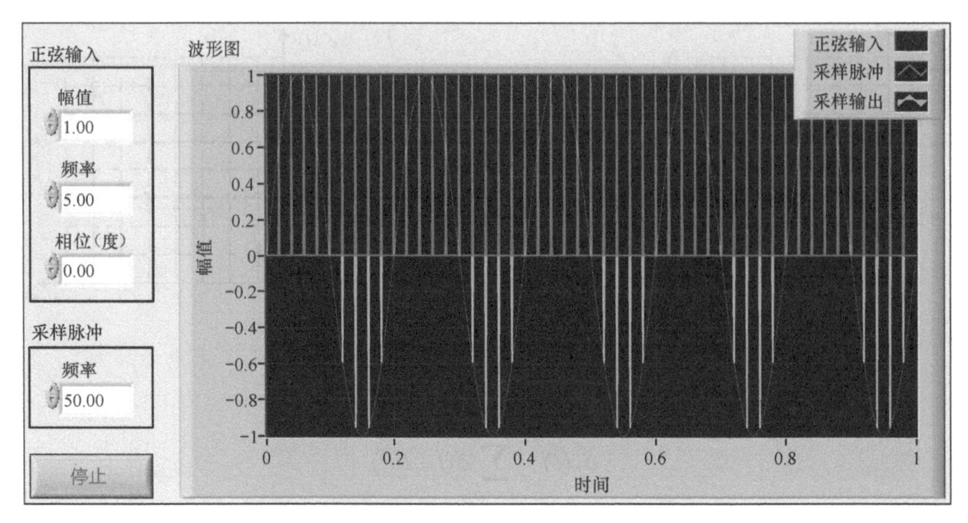

图 2-4　基于 LabVIEW 的理想采样过程仿真

期大到一定程度时，无法由采样信号复现连续信号。

可以用采样过程的定义解释这种现象的产生。由前所述，采样是从连续信号抽取离散时间序列的过程。在这个过程中，采样时刻之间的信号被放弃，这些信号所携带的信息必然会丢失。当选择高采样频率时，被放弃的信号相对较少，丢失的信息也少，损失的信息量不会影响原信息的完整性，可以用采样信号复现连续信号；否则，由于损失的信息过多，采样信号包含的信息量明显地少于原信号信息量，故无法用采样信号复现连续信号。

为了保证采样信号能够完整地复现连续信号，采样周期应如何选取呢？采样定理可以回答这个问题。

采样定理　若有限频谱信号 $e(t)$ 的上限频率是 $\omega_{\max}$，则当采样频率 ω_s 满足条件式(2-2)时，采样信号 $e^*(t)$ 可以完全无失真地复现原始信号 $e(t)$。

$$\omega_s \geqslant 2\omega_{\max} \tag{2-2}$$

解释如下：

信号包含的信息可以用信息熵定量描述，当 $e^*(t)$ 和 $e(t)$ 的信息熵相等时，可以用 $e^*(t)$ 代替 $e(t)$，或称可以用 $e^*(t)$ 完全无失真地复现 $e(t)$。

若 $e^*(t)$ 和 $e(t)$ 的频谱相同，则二者信息熵相等。于是，原问题转换为：采样频率满足什么条件，可以保证 $e^*(t)$ 和 $e(t)$ 具有相同的频谱？

假设有限频谱信号 $e(t)$ 的傅里叶变换为 $e(\mathrm{j}\omega)$，即

$$e(\mathrm{j}\omega) = \int_{-\infty}^{\infty} e(t)\mathrm{e}^{-\mathrm{j}\omega t}\mathrm{d}t$$

则采样信号 $e^*(t)$ 的傅里叶变换 $e^*(\mathrm{j}\omega)$ 可以写为

$$e^*(\mathrm{j}\omega) = F[e^*(t)] = F\left[e(t)\delta_T(t)\right] = \frac{1}{T}\sum_{k=0}^{\infty} e(\mathrm{j}\omega - \mathrm{j}k\omega_s)$$

可以看出，采样信号的频谱(图 2-5)是以 ω_s 为周期、幅值为 $1/T$ 的周期函数，主频谱分量为连续信号频谱 $e(\mathrm{j}\omega)$，高频分量与主频谱分量形状相同，但依次分布在采样频率的整数位置处。

为了从 $e^*(\mathrm{j}\omega)$ 中提取 $e(\mathrm{j}\omega)$，只需要对 $e^*(\mathrm{j}\omega)$ 进行低通滤波。二者的位置关系比较如下。

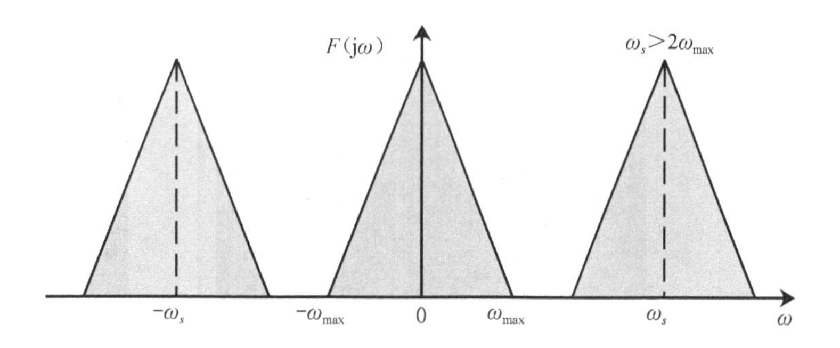

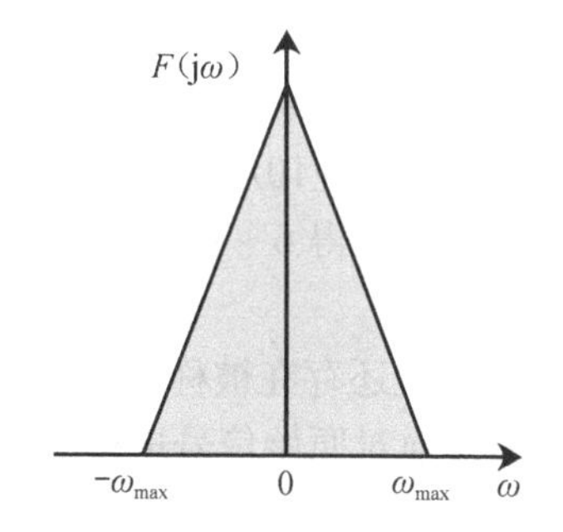

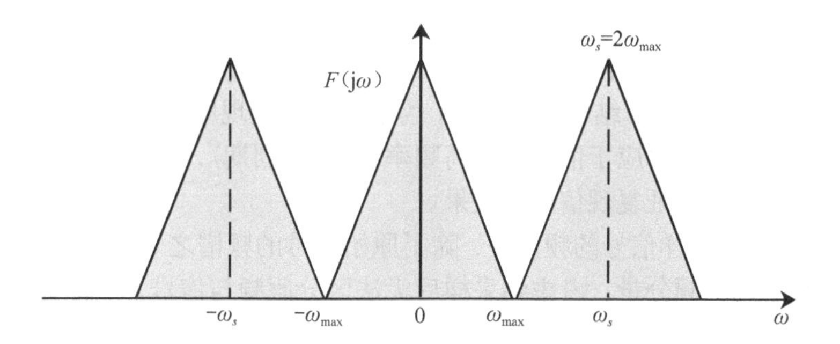

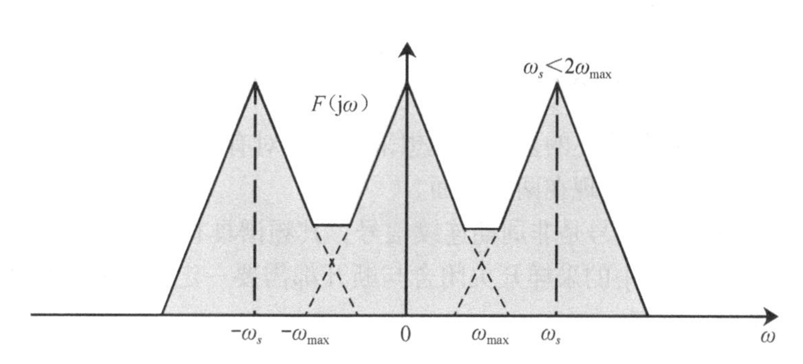

图 2-5　连续信号及其采样的频谱示意图

1) $\omega_s \geqslant 2\omega_{max}$ 时

采样信号频谱 $e^*(j\omega)$ 的各分量之间没有重叠，主频谱分量就是 $e(j\omega)$。只要用截止频率为 $\omega_s/2$ 的低通滤波器取出 $e^*(j\omega)$ 的主频谱分量，就可以获得原始信号 $e(t)$ 的频谱 $e(j\omega)$。

2) $\omega_s < 2\omega_{max}$ 时

采样信号频谱 $e^*(j\omega)$ 的各分量之间产生混叠，在区间 $\left[-\dfrac{\omega_s}{2},\dfrac{\omega_s}{2}\right]$ 内，主频谱分量与相邻频谱分量叠加，无法单独提取，故不能获得原信号 $e(t)$ 的频谱 $e(j\omega)$。

综合上述情况，可知采样定理正确。

【例题 2-2】 利用 LabVIEW 验证采样定理。

仿真例程：采样定理的验证

在仿真程序 EX201 中增加频谱分析，得到仿真程序 EX202，其前面板如图 2-6 所示。改变采样脉冲频率，通过波形图和频谱图分别观察连续信号及采样信号的波形和频谱，可以得到以下结论。

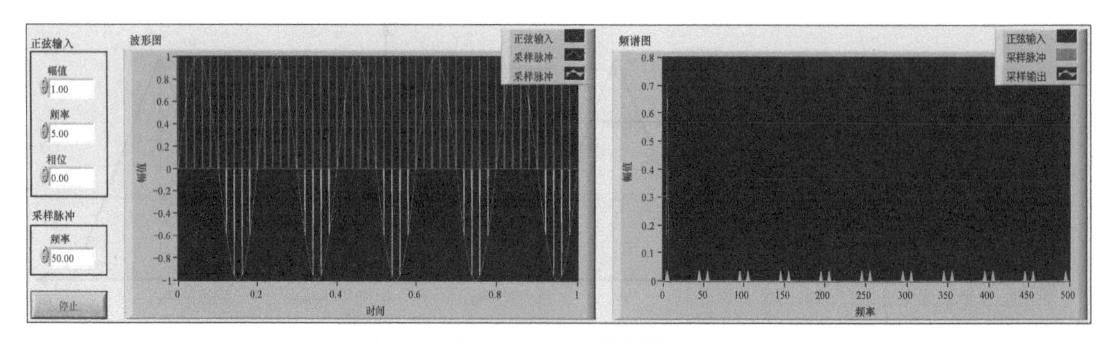

图 2-6　基于 LabVIEW 的采样定理仿真

(1) 虽然采样定理给出的采样频率下限是 $2\omega_{max}$，但在实际仿真中，取 $\omega_s=2\omega_{max}$ 并不能有效采样。从仿真结果可以看出，为了完整地复现原始信号，采样频率取 $\omega_s=(6\sim10)\,\omega_{max}$ 较好。也就是说，对应于信号的最高频率(或最小周期)，需要在一个信号周期内获得 6 ~ 10 个采样点，才能保证复现信号的效果。

(2) 采样信号的频谱中，除了原始信号的频谱之外，在 $\omega=k\omega_s\pm\omega_{max}$ 处还存在被称为“假频”的高频分量。考虑到采样后无法区分假频与信号，所以必须在采样前对原始信号进行滤波，以限定输入信号的频率范围，否则将无法根据采样信号复现原始信号。

观察采样信号对应的幅-相频率特性还可以发现，采样信号相对原始信号出现了相移。

2.2.3　工程中的采样

采样定理描述的是使用理想采样开关对有限带宽信号采样的情形。它与工程中的采样存在不同，主要表现在两个方面。

(1) 工程信号是非周期连续信号，其频谱具有无限带宽，不符合应用采样定理的前提。

(2) 工程中的采样开关闭合与断开都需要一定的时间，而不会像理想采样开关一样瞬时通断。

对于第一个问题，可以利用低通滤波器将工程信号转换为有限带宽信号。由于工程信号的高频部分一般不包含有用信号，这种做法可以在切除高频信号的同时保留足够的有效信息。

低通滤波器的截止频率称为奈奎斯特频率 ω_N。它决定了采样信号的带宽，一般设计为采样频率的一半，即 $\omega_s/2$。考虑到低通滤波器存在过渡带，滤波后的信号带宽要比滤波前工程信号的带宽窄一些。为保证采样信号所有频率分量都可以通过低通滤波器，奈奎斯特频率 ω_N 应比工程信号上限频率 ω_{max} 大一些，一般取

$$\omega_N=1.2\omega_{max}=\frac{\omega_s}{2}$$

对于第二个问题，考虑实际采样开关的动作时间，会发现采样频率存在上限。当选择的采样频率超过这一上限时，采样开关将无法有效通断，采样过程无法完成。

【例题 2-3】 利用 LabVIEW 考察采样开关的影响。

仿真例程：工程采样

图 2-7 是考虑开关闭合时间影响的仿真程序 EX203。

改变采样频率并观察采样输出，会发现其在 $\omega_s\geqslant5$Hz 时消失。这是程序模仿实际开关动作特性所导致的结果。由于实际开关的闭合与断开都需要一定时间，当采样频率过高时，采样开关会在完全闭合之前再次断开，导致回

路一直无法接通，输出端信号消失。

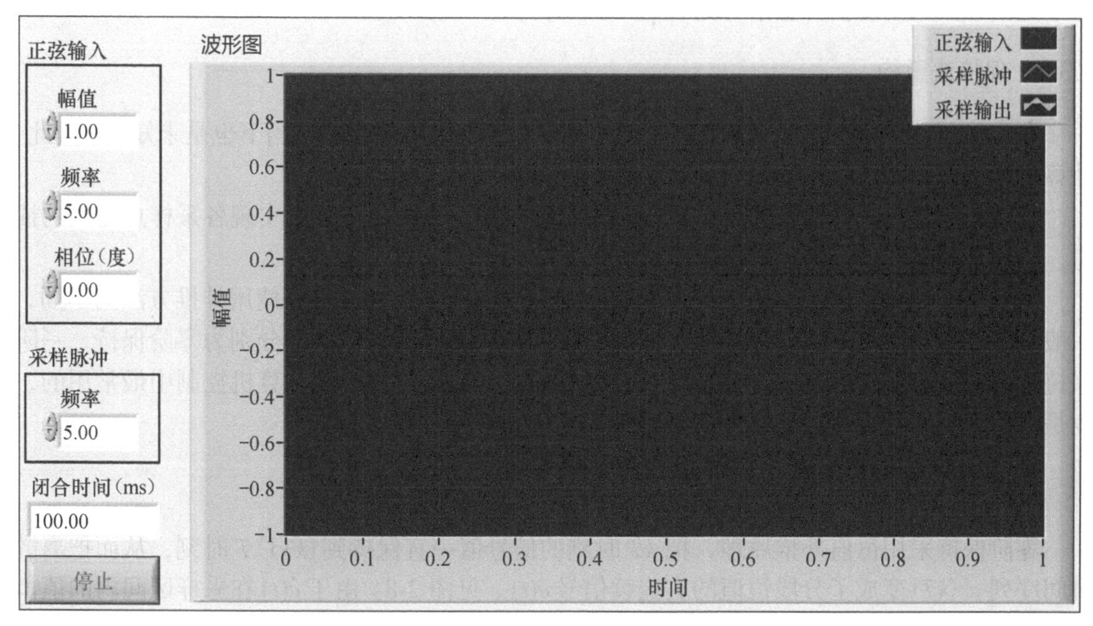

图 2-7 采样开关动作时间对采样的影响

注意：开关动作时间是由器件自身特性决定的，因此工程采样的上限频率不可突破，但下限频率可以通过适当的技术手段调整。

2.3 信 号 重 构

作为采样过程的逆过程，信号重构指的是把离散时间序列转换成连续时间函数的运算过程，其主要研究内容是如何将计算机以序列形式输出的数字信号转换为直接作用于被控对象的连续信号。

2.3.1 香农重构

信号重构最直接的办法是利用采样定理逆运算。这种根据采样定理导出的信号重构方法称为香农重构。

香农重构 对于有限频谱信号 $e(t)$，当采样频率ω_s大于 $2\omega_{\max}$时，可以通过插值公式

$$e(t)=\sum_{k=-\infty}^{\infty}e^{*}(kT)\frac{\sin\left(\omega_s\dfrac{t-kT}{2}\right)}{\omega_s\dfrac{t-kT}{2}} \tag{2-3}$$

由采样序列 $e^{*}(kT)$ 唯一确定 $e(t)$。

香农重构利用理想低通滤波器截取采样信号的主频谱分量，再通过傅里叶逆变换重构原信号。其本质是一种线性非因果插值运算，插值函数为 sinc 函数，插值间距为采样周期 T，

权重为采样序列 $e^*(kT)$。因此，香农重构可以准确地再现原信号，但仅适用于周期采样的有限带宽信号，且需要获得整个时间域($k=\cdots, -1, 0, 1,\cdots$)的采样。

2.3.2 保持法重构

在实际工程中，理想低通滤波器是得不到的，将来的采样输出在当下也是未知的。因此，计算机控制系统的信号重构无法通过香农重构实现。

保持法重构是一种非线性因果重构，它利用采样信号的历史数据实现各采样点之间的插值，是满足工程要求的信号重构方法。

保持器是利用采样信号历史数据外推连续信号输出的装置。根据使用外推方法的不同，一般分为零阶保持器、一阶保持器和预期一阶保持器，相应的保持法分别为零阶保持、一阶保持和预期一阶保持。其中，零阶保持(ZOH：Zero-Order-Hold)是计算机控制中最常用的，也是本课程讨论的重点。

1. 零阶保持

零阶保持采用恒值外推原理，把 kT 时刻的信号值一直保持到 $(k+1)T$ 时刻，从而把离散时间序列 $e^*(kT)$ 变成了分段恒值的右连续信号 $\hat{e}(t)$，见图 2-8。由于 $\hat{e}(t)$ 在采样区间内的值恒定不变，故称零阶保持。

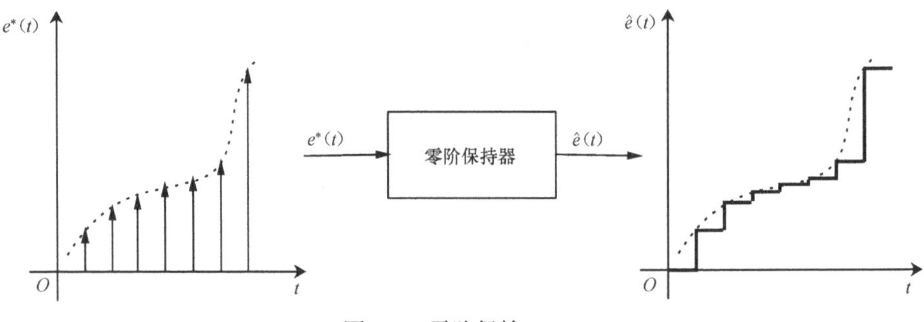

图 2-8　零阶保持

2. 零阶保持器

零阶保持器是使用零阶保持进行插值运算的物理装置。根据定义，零阶保持器的输出

$$\hat{e}(t)=\sum_{k=0}^{\infty}e^*(kT)\left[1(t-kT)-1\left(t-(k+1)T\right)\right]$$

式中，$1(t-kT)$ 是单位阶跃函数。对其求拉氏变换，得

$$\hat{E}(s)=\sum_{k=0}^{\infty}e^*(kT)\mathrm{e}^{-kTs}\frac{1-\mathrm{e}^{-Ts}}{s}$$

设 $e^*(kT)$ 的拉氏变换

$$E^*(s)=\sum_{k=0}^{\infty}e^*(kT)\mathrm{e}^{-kTs}$$

则零阶保持器的传递函数

$$H(s)=\frac{\hat{E}(s)}{E^*(s)}=\frac{1-e^{-Ts}}{s}$$

其频率特性为

$$H(j\omega)=\frac{1-e^{-j\omega T}}{j\omega}=\frac{T\sin\frac{\omega T}{2}}{\frac{\omega T}{2}}e^{-j\frac{\omega T}{2}}$$

可见，零阶保持器本质上是一个低通滤波器，可以用积分器实现。

与理想低通滤波器相比，零阶保持器的不足在于具有多个截止频率，致使高频分量也可以通过。但零阶保持器结构简单，时间延迟小，且可以用于非周期采样，所以是控制工程中普遍使用的信号重构设备。实际上，只要保证采样频率ω_s远大于连续信号最高频率分量$\omega_{\max}$，零阶保持器的结果就是可以接受的。

2.4 采样保持器

2.4.1 原理电路

采样保持器是完成信号采样和重构运算的物理器件，其原理电路由采样开关和低通滤波器串联得到，如图 2-9 所示。图中，S是采样脉冲 Clock 控制的采样开关，C是保持电容。

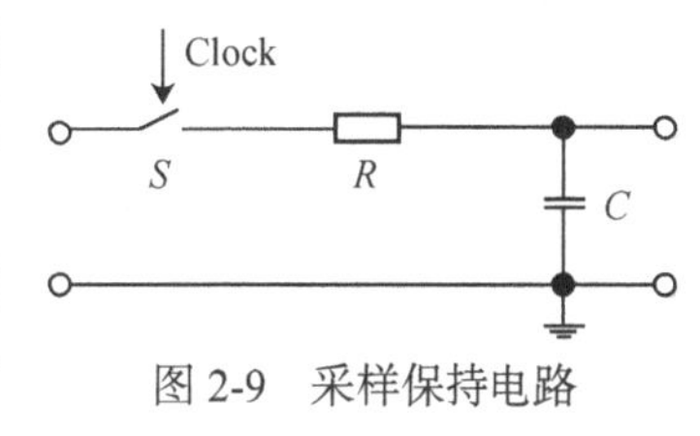

图 2-9　采样保持电路

采样保持电路是用外部逻辑电平控制内部工作状态的模拟电路。它有两个稳定的工作状态，既能通过采样动作完成信号采样，也能通过保持动作完成信号重构。其工作原理描述如下。

1）采样阶段

设采样脉冲 Clock 为低电平时，采样开关S闭合，采样保持电路进入采样状态。在此状态下，输入信号通过电阻R向保持电容C充电，使电容电压跟随输入信号同步变化，直到状态翻转瞬间完成采样，将电路输出电压锁定为状态翻转瞬间的输入信号。

2）保持阶段

相应地，当采样脉冲 Clock 为高电平时，采样开关S断开，采样保持电路进入保持状态。在此状态下，保持电容C因没有放电回路，故能维持电路输出电压恒定，直到下一次状态翻转。

可见，在采样保持器中，信号重构是在保持阶段完成的，在采样阶段仅完成信号采样的准备工作，真正的采样动作发生在采样阶段翻转为保持阶段的瞬间。

2.4.2 采样保持器

实际的采样保持器分两种类型：串联型采样保持器和反馈型采样保持器，既可以由分立元件构成，也可以是独立的集成芯片（如 AD582、AD583、LF198/398 等）。

串联型采样保持器见图 2-10。图中用两个运算放大器作输入/输出缓冲，以提高输入阻抗，减小输出阻抗，使采样保持器的特性更接近理想特性。脉冲控制的采样开关亦采用电子开关，以缩短其动作时间。

图 2-11 是反馈型采样保持器。与串联型采样保持器不同，在反馈型采样保持器的保持状态，虽然采样开关 K1 断开，但开关 K2 是闭合的，输入缓冲器的输出端仍然与输入信号保持一致。这样，当再次进入采样状态时，采样保持器就能立即跟踪输入信号，提高了响应速度。

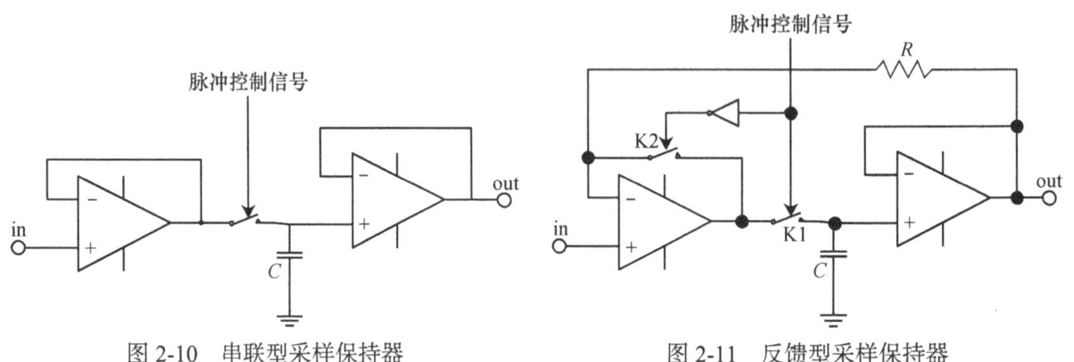

图 2-10　串联型采样保持器　　　　图 2-11　反馈型采样保持器

比较而言，串联型采样保持器结构简单，但失调电压较大，跟踪速度较低。而反馈型采样保持器采用全反馈结构，结构相对复杂，但精度高，跟踪速度快。

2.4.3　主要技术参数

由采样保持电路的原理知，采样保持器有两个稳定的工作状态：采样状态和保持状态。其工作过程可以据此划分为四个阶段(图 2-12)。

(1) 采样阶段。

(2) 采样阶段向保持阶段转换的过渡阶段。

(3) 保持阶段。

(4) 保持阶段向采样阶段转换的过渡阶段。

在采样阶段和保持阶段，采样保持器的技术参数与运算放大器的技术参数大致相同。但在过渡阶段，有几项影响采样保持器转换精度的技术参数必须充分理解。

1) 孔径时间

与理想采样保持器不同，实际采样保持器的状态转换不是瞬间完成的。孔径时间用于描述采样保持器由采样阶段进入保持阶段的时间，通常定义为“采样保持器自接受保持命令到真正进入保持状态的时间延迟”。

从图 2-12 可以看出，在孔径时间内，采样保持器的输出会随输入变化，由此产生的振幅误差称为孔径误差。孔径误差是正弦波斜率最大时的误差，可以用下面的式子计算

延伸：孔径时间

$$A_E = \left.\frac{\mathrm{d}\left[A\sin(2\pi ft)\right]}{A\mathrm{d}t}\right|_{t=0} \times t_a \times 100\% = 2\pi f t_a \times 100\%$$

式中，A_E 是孔径误差；A 是正弦波信号的振幅；f 是其频率；t_a 是孔径时间。

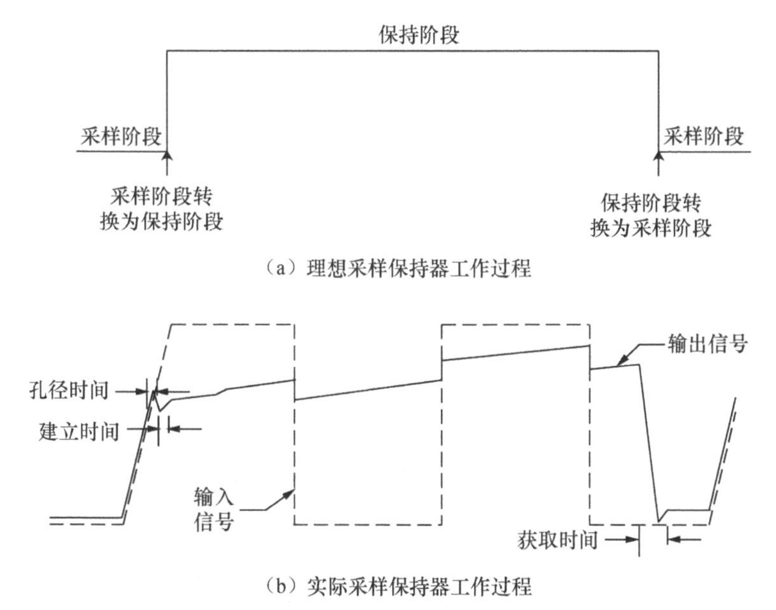

图 2-12 采样保持器工作过程及主要技术参数概念图

2) 建立时间

建立时间是采样保持器自进入保持状态到输出信号稳定所经历的时间，主要由输入信号处理电路决定。

3) 获取时间

获取时间用于描述采样保持器由保持阶段进入采样阶段需要的时间，通常定义为“采样保持器自接受采样命令到输出信号稳定跟随输入所经历的时间”。

孔径时间和获取时间在很大程度上取决于保持电容。如果保持电容取值过大，则电路时间常数大，对输入信号的跟踪速度慢，采样输出的误差大；若保持电容取值过小，又会降低保持精度。

分 析 篇

系统分析是系统设计的基础，是描述对象行为特性并揭示其工作本质的过程。在设计计算机控制系统之前，必须先分析被控对象的行为特性，建立相应的数学模型，以描述和揭示计算机控制系统的工作本质，确定合理的控制目标。

第 3 章 计算机控制系统的数学描述

计算机控制系统数学描述的要点在于如何把连续时间系统数学模型转换为离散时间系统数学模型。从计算机的角度来看，测量信号和控制信号的变化只在采样时刻发生。因此，差分方程便很自然地成为微分方程的替代工具。

本章以连续系统单输入单输出模型为基础，讨论用差分方程描述计算机控制系统运动规律的数学方法。主要内容包括：

- 差分方程
- 脉冲传递函数
- 闭环系统的脉冲传递函数

3.1 差 分 方 程

对于单输入单输出线性时不变连续系统(图 3-1(a))，输出 $y(t)$ 与输入 $x(t)$ 之间的关系可以用微分方程表示为

$$a_n\frac{\mathrm{d}^n y(t)}{\mathrm{d}t^n}+a_{n-1}\frac{\mathrm{d}^{n-1}y(t)}{\mathrm{d}t^{n-1}}+\cdots+a_0y(t)=b_m\frac{\mathrm{d}^m x(t)}{\mathrm{d}t^m}+b_{m-1}\frac{\mathrm{d}^{m-1}x(t)}{\mathrm{d}t^{m-1}}+\cdots+b_0x(t)$$

式中，$a_0, a_1, \cdots, a_n$；$b_0, b_1, \cdots, b_m$ 是由系统结构决定的常系数。当初始条件 $y(0)$ 和输入 $x(t)$ 已知时，可以利用该方程唯一地确定系统输出 $y(t)$。

对 $x(t)$ 和 $y(t)$ 同步采样，得到对应的单输入单输出离散系统(图 3-1(b))。只要用差分算子 q 代替上式的微分算子 $\frac{\mathrm{d}}{\mathrm{d}t}$，就可以得到与连续系统类似的差分方程模型

$$a_nq^n y(t)+a_{n-1}q^{n-1}y(t)+\cdots+a_0y(t)=b_mq^m x(t)+b_{m-1}q^{m-1}x(t)+\cdots+b_0x(t)$$

整理得

$$a_ny(k)+a_{n-1}y(k-1)+\cdots+a_0y(k-n)=b_mx(k)+b_{m-1}x(k-1)+\cdots+b_0x(k-m)$$

式中，$y(k)$ 和 $x(k)$ 分别是 $y(kT)$ 和 $x(kT)$ 的简写，表示 $y(t)$ 和 $x(t)$ 在第 k 个采样周期的采样，

T 为采样周期。

上式表明，线性时不变连续系统采样后得到的离散系统仍为线性系统，其输出与当前输入及历史输入有关，也与历史输出有关。

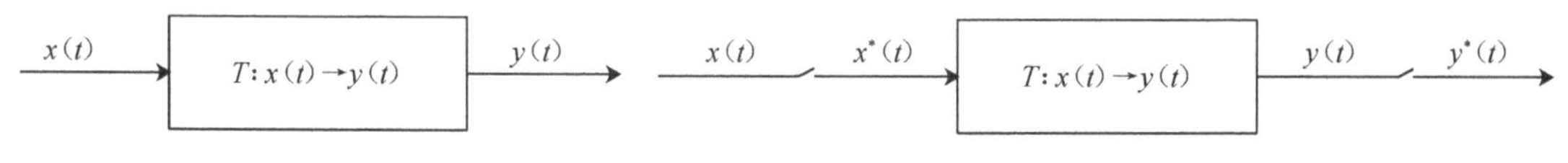

（a）单输入单输出连续系统模型　　（b）相应的单输入单输出离散系统模型

图 3-1　单输入单输出系统时域模型

在初始条件 $y(0)$ 和输入信号序列 $x(k)$ 已知时，系统输出 $y(k)$ 也可以通过差分方程模型唯一确定。需要注意的是：差分方程只能描述采样点上的输出，对采样点之间的输出变化则无能为力。考虑到物理系统的输出是随时间连续变化的，差分方程确定的系统输出与实际系统输出在采样点之间必然存在差异。但是，由于差分方程可以极大地简化问题求解，并且能在一定条件下最大程度地重现系统输出，因此在工程中得到广泛应用。

另一个需要注意的问题是：离散系统本质上是时变系统。如前所述，离散系统仅能响应采样点上的输入。如果输入信号恰好作用在采样点之间，则系统输出不会立刻变化，而是需要延迟到下次采样才能响应。这就使系统具有了时变特性。工程中一般会回避这个问题，方法是确保输入信号与采样脉冲同步。

3.2　脉冲传递函数

在自动控制领域，频域描述比时域描述更直观，应用也更广泛。图 3-1(a) 所示系统的频域描述见图 3-2(a)，一般用传递函数表示为

$$Y(s)=H(s)X(s)$$

式中，$Y(s)=\int_0^\infty y(t)\mathrm{e}^{-st}\mathrm{d}t$；$X(s)=\int_0^\infty x(t)\mathrm{e}^{-st}\mathrm{d}t$，$s$ 是拉普拉斯算子。

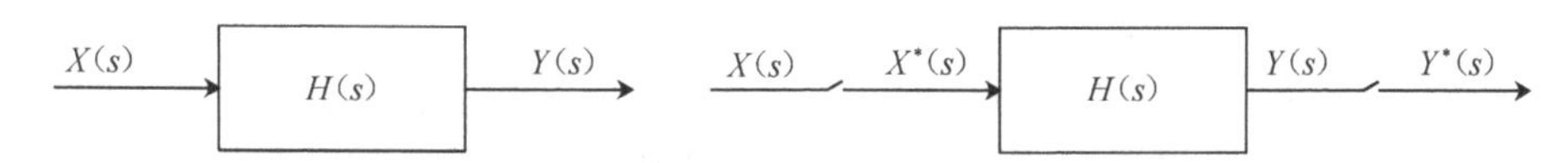

（a）单输入单输出连续系统模型　　（b）相应的单输入单输出离散系统模型

图 3-2　单输入单输出系统频域模型

仿照时域分析，在频域中定义 $X^*(s)$ 为 $X(s)$ 的频域采样，有

$$X^*(s)=\sum_{k=0}^{\infty}x(kT)\mathrm{e}^{-kTs}$$

定义算子 $z=\mathrm{e}^{Ts}$，则 $X^*(s)$ 可写为

$$X^*(s)=Z\left[X(s)\right]=\sum_{k=0}^{\infty}x(kT)\mathrm{e}^{-kTs}=\left[\sum_{k=0}^{\infty}x(kT)z^{-k}\right]\Bigg|_{z=\mathrm{e}^{Ts}}=X(z)\Big|_{z=\mathrm{e}^{Ts}}$$

于是有

$$X(z)=X^*(s)\Big|_{s=\frac{1}{T}\ln z}$$

称该算子代表的数学变换为 Z 变换。

注意：Z 变换不是简单地用变量 z 取代 $X(s)$ 中的变量 s，而是先对 $X(s)$ 进行频域采样得到 $X^*(s)$，再对 $X^*(s)$ 中的变量 s 进行代换。

在频域中，对图 3-2(a)的输入和输出同步采样，得到相应离散系统的频域模型如图 3-2(b)所示。考虑其输出，有

$$Y(z)=Z\left[Y(s)\right]=Z\left[H(s)X(z)\right]=Z\left[H(s)\right]X(z)$$

定义系统脉冲传递函数

$$H(z)=Z\left[H(s)\right]=\frac{Y(z)}{X(z)}$$

则离散系统在频域的输入输出关系可表示为

$$Y(z)=H(z)X(z)$$

$H(z)$通常写成有理多项式形式

$$H(z)=\frac{Y(z)}{X(z)}=\frac{\sum_{j=0}^{m}b_j z^{-j}}{\sum_{i=0}^{n}a_i z^{-i}}$$

或者零极点形式

$$H(z)=\frac{Y(z)}{X(z)}=\frac{K\prod_{j=0}^{m}(z-z_j)}{\prod_{i=0}^{n}(z-p_i)}$$

式中，a_i、b_j是有理多项式的系数；p_i是脉冲传递函数的极点，即 $X(z)=0$ 的根；z_j是脉冲传递函数的零点，即 $Y(z)=0$ 的根；K 是系统增益。

获得脉冲传递函数的方法主要有三种：①由系统的脉冲响应获得；②由系统的差分方程模型获得；③由连续系统的传递函数获得。工程应用中多使用第一种方法，学习时则以后两种方法为主。

【例题 3-1】 已知一阶系统的差分方程模型为 $y(k)-0.8y(k-1)=0.2x(k)$，试求其脉冲传递函数。

仿真例程：使用 LabVIEW 建立离散对象模型

解 对差分方程作 Z 变换得

$$Y(z)-0.8z^{-1}Y(z)=0.2X(z)$$

于是，系统的脉冲传递函数

$$H(z)=\frac{Y(z)}{X(z)}=\frac{0.2}{1-0.8z^{-1}}$$

【例题 3-2】 已知连续系统的传递函数是 $H(s)=\dfrac{1-\mathrm{e}^{-Ts}}{s}\dfrac{1}{s+1}$，试求对应离散系统的脉冲传递函数。

解 系统脉冲传递函数

$$H(z)=Z\left[H(s)\right]=\frac{z^{-1}(1-\mathrm{e}^{-T})}{1-\mathrm{e}^{-T}z^{-1}}$$

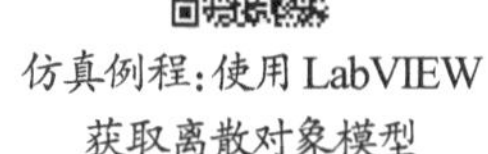
仿真例程：使用 LabVIEW 获取离散对象模型

3.3 闭环系统的脉冲传递函数

3.3.1 图形表示法

离散系统也可以用框图表示，见图 3-3。这种表示法用标注 s 域传递函数或 z 域脉冲传递函数的方框表示系统环节，用带箭头的线段表示单向流动的信号，能够更直观地展示系统结构。

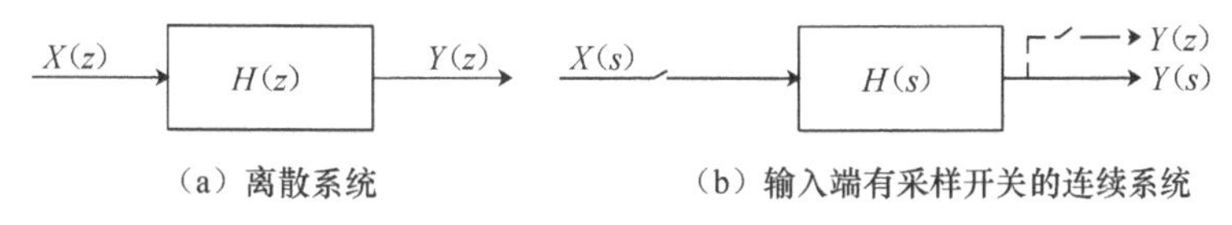

（a）离散系统　　（b）输入端有采样开关的连续系统

图 3-3 离散系统的两种框图表示

考虑到实际系统的输出端不存在真实采样器，输出端采样开关对脉冲传递函数的计算也没有影响，所以离散系统框图的输出端不画采样开关。需要的时候可以假设一个“虚拟”采样器，一般用虚线表示，见图 3-3(b)。

梅森图是另外一种常用的图形表示法。它用节点表示信号端子，用节点之间标注 s 域传递函数或 z 域脉冲传递函数的有向线段表示系统环节，用箭头指向表示信号流向。与图 3-3(b)等效的梅森图见图 3-4，注意图中用点划线表示采样开关的方法。

X X^* Y H

图 3-4 离散系统的梅森图表示

3.3.2 开环脉冲传递函数

系统开环脉冲传递函数的求解方法与连续系统相同。可以通过框图化简计算，规则为：并联框图等效于各并联环节脉冲传递函数之和，串联框图等效于各串联环节脉冲传递函数之积。需要注意的是：化简过程中要求参与运算的各环节具有相同的信号类型。

【例题 3-3】 求图 3-5 所示系统的开环脉冲传递函数。

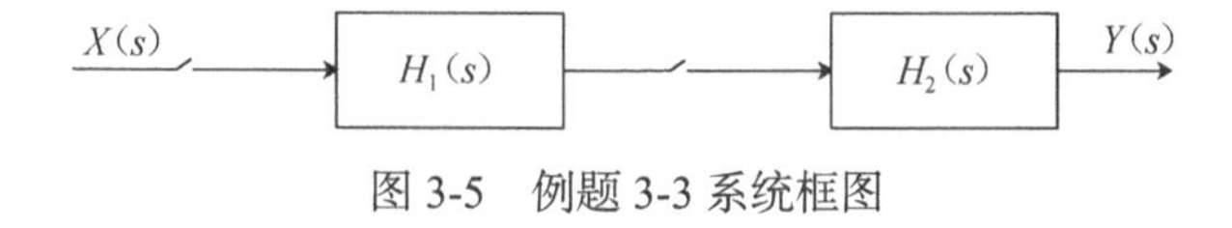

图 3-5 例题 3-3 系统框图

仿真例程：使用 LabVIEW 建立离散系统模型(1)

解 图 3-5 所示系统为两个离散环节串联，故开环脉冲传递函数等于两个离散环节脉冲传递函数之积，即

$$H(z)=\frac{Y(z)}{X(z)}=Z\left[H_1(s)\right]Z\left[H_2(s)\right]=H_1(z)H_2(z)$$

仿真例程：使用 LabVIEW 建立离散系统模型(2)

【例题 3-4】 求图 3-6 所示系统的开环脉冲传递函数。

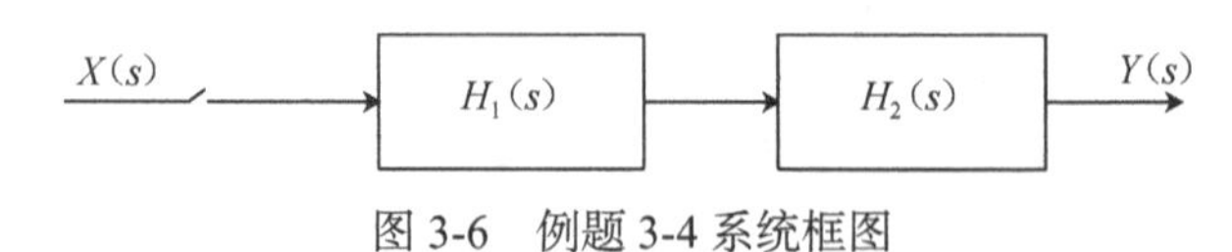

图 3-6 例题 3-4 系统框图

解 图 3-6 所示系统为两个连续环节串联后再采样，其开环脉冲传递函数为

$$H(z)=\frac{Y(z)}{X(z)}=Z\left[H_1(s)H_2(s)\right]=H_1H_2(z)$$

一般来说，系统框图的化简过程很烦琐，不便用计算机实现，此时可以考虑用梅森图计算。

【例题 3-5】 试用梅森图重新计算例题 3-3 和例题 3-4。

解 根据图 3-5 和图 3-6 分别画出例题 3-3 和例题 3-4 的梅森图，如图 3-7 所示。

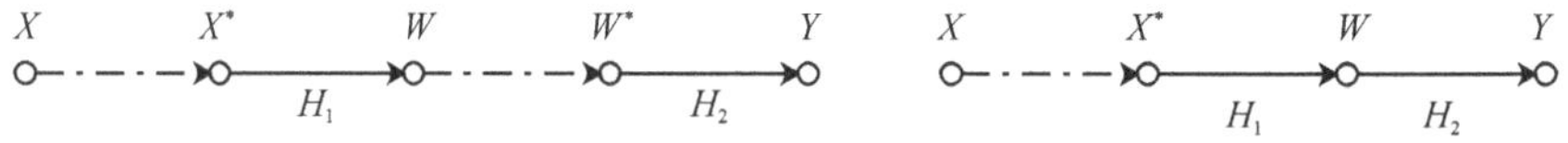

（a）例题 3-3 的梅森图

（b）例题 3-4 的梅森图

图 3-7 例题 3-5 的梅森图

对于图 3-7(a)，有

$$\begin{cases}Y=W^*H_2\\W=X^*H_1\end{cases}$$

等式两边同时进行 Z 变换得

$$\begin{cases}Y^*=W^*H_2^*\\W^*=X^*H_1^*\end{cases}$$

于是

$$Y^*=W^*H_2^*=X^*H_1^*H_2^*$$

所以，系统脉冲传递函数

$$H(z)=\frac{Y(z)}{X(z)}=\frac{Y^*}{X^*}=H_1^*H_2^*=H_1(z)H_2(z)$$

同理，对于图 3-7(b)，有

$$\begin{cases}Y=WH_2\\W=X^*H_1\end{cases}$$

于是

$$Y=WH_2=X^*H_1H_2$$

等式两边同时进行 Z 变换得

$$Y^*=X^*\overline{H_1H_2}^*$$

所以，系统脉冲传递函数

$$H(z)=\frac{Y(z)}{X(z)}=\frac{Y^*}{X^*}=\overline{H_1H_2}^*=H_1H_2(z)$$

3.3.3　闭环脉冲传递函数

离散系统闭环脉冲传递函数的求法与连续系统相同。可以用梅森图计算，方法与开环脉冲传递函数求解相同；也可以把系统框图整理成回路形式后通过下式计算

$$\Phi(z)=\frac{\text{前向通道所有独立环节}Z\text{变换的乘积}}{1+\text{闭环回路所有独立环节}Z\text{变换的乘积}}$$

【例题 3-6】 试求图 3-8 所示系统闭环脉冲传递函数。

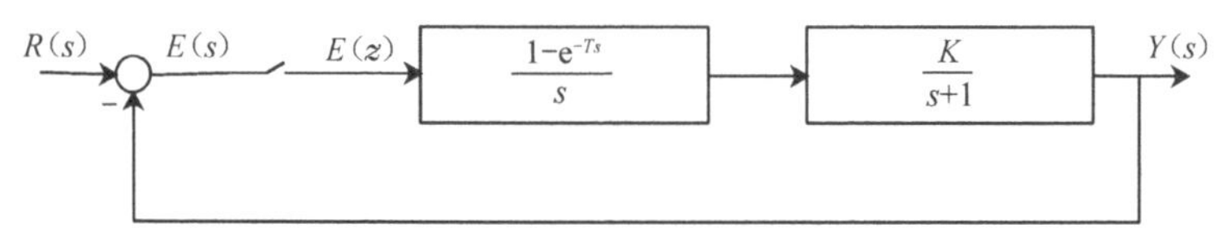

图 3-8　例题 3-6 系统框图

仿真例程:使用 LabVIEW 建立混合系统模型

解　方法一：把被控对象和零阶保持器看作一个整体，则前向通道脉冲传递函数

$$G(z)=Z\left[\frac{1-\mathrm{e}^{-Ts}}{s}\frac{K}{s+1}\right]=\frac{K\left(1-\mathrm{e}^{-T}\right)z^{-1}}{1-\mathrm{e}^{-T}z^{-1}}$$

于是，系统闭环脉冲传递函数

$$\Phi(z)=\frac{G(z)}{1+G(z)}=\frac{K(1-\mathrm{e}^{-T})z^{-1}}{1+\left[K-(K+1)\mathrm{e}^{-T}\right]z^{-1}}$$

方法二：画梅森图(图 3-9)并列出方程

$$\begin{cases}Y=WH_2\\W=E^*H_1\\E=R-Y\end{cases}$$

式中，$H_1(s)=\dfrac{1-\mathrm{e}^{-Ts}}{s}$；$H_2(s)=\dfrac{K}{s+1}$。

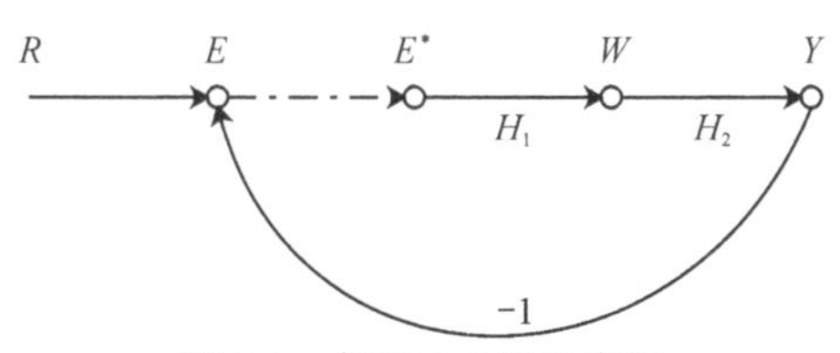

图 3-9　例题 3-6 的梅森图

由方程得

$$Y=WH_2=E^*H_1H_2=R-E$$

等式两边同时进行 Z 变换得

$$E^*\overline{H_1H_2}^* = R^* - E^*$$

于是

$$E^* = \frac{R^*}{1+\overline{H_1H_2}^*}$$

$$Y^* = R^* - E^* = \frac{\overline{H_1H_2}^*}{1+\overline{H_1H_2}^*}R^*$$

所以，系统脉冲传递函数

$$\Phi(z) = \frac{Y(z)}{R(z)} = \frac{Y^*}{R^*} = \frac{\overline{H_1H_2}^*}{1+\overline{H_1H_2}^*} = \frac{H_1H_2(z)}{1+H_1H_2(z)}$$

计算 $H_1H_2(z)$，得

$$H_1H_2(z) = Z\left[\frac{1-\mathrm{e}^{-Ts}}{s}\frac{K}{s+1}\right] = \frac{K\left(1-\mathrm{e}^{-T}\right)z^{-1}}{1-\mathrm{e}^{-T}z^{-1}}$$

于是

$$\Phi(z) = \frac{H_1H_2(z)}{1+H_1H_2(z)} = \frac{K\left(1-\mathrm{e}^{-T}\right)z^{-1}}{1+\left[K-(K+1)\mathrm{e}^{-T}\right]z^{-1}}$$

第 4 章　计算机控制系统的性能

理想系统的输出完全随输入变化，但是，由于系统惯性、输出能力以及外部干扰的影响，实际系统的输出不可能完全跟随输入。在模拟控制系统的分析和设计中，考虑到阶跃输入的便利性，一般用阶跃响应描述模拟控制系统对外部指令的响应能力，即使很少系统能在实际运行时接收阶跃输入。同样，在计算机控制系统的分析和设计中，一般使用脉冲响应对系统的性能进行客观描述。

本章以脉冲响应为基础，讨论计算机控制系统的输出及主要性能指标，并重点讨论采样周期的影响。主要内容包括：

- 脉冲响应
- 频率响应
- 稳定性
- 鲁棒性
- 动态性能

4.1 指令响应

4.1.1 一般形式

作为线性时不变离散系统，计算机控制系统的输出可以利用脉冲传递函数计算

$$y(k)=Z^{-1}\left[Y(z)\right]=Z^{-1}\left[H(z)R(z)\right]$$

式中，$R(z)$是系统输入；$y(k)$是系统输出序列；$H(z)$是系统的脉冲传递函数。

【例题 4-1】 图 3-8 所示系统，若 $R(s)=\dfrac{1}{s}$，试求系统输出 $Y(z)$。

解　由例题 3-6 知，系统的闭环脉冲传递函数

仿真例程：利用 LabVIEW 计算阶跃响应

$$\varPhi(z)=\frac{Y(z)}{R(z)}=\frac{G(z)}{1+G(z)}=\frac{K(1-\mathrm{e}^{-T})z^{-1}}{1+\left[K-(K+1)\mathrm{e}^{-T}\right]z^{-1}}$$

于是，系统输出

$$Y(z)=\varPhi(z)R(z)=\frac{K\left(1-\mathrm{e}^{-T}\right)z^{-1}}{1+\left[K-(K+1)\mathrm{e}^{-T}\right]z^{-1}}R(z)$$

已知 $R(s)=\dfrac{1}{s}$，故 $R(z)=\dfrac{1}{1-z^{-1}}$。代入上式得

$$Y(z)=\varPhi(z)R(z)=\frac{K(1-\mathrm{e}^{-T})z^{-1}}{(1-z^{-1})\left[1+(K-K\mathrm{e}^{-T}+\mathrm{e}^{-T})z^{-1}\right]}$$

4.1.2 脉冲响应

定义系统输入单位脉冲信号

$$\delta(k)=\delta^*(k)=\begin{cases}1 & k=0\\ 0 & k\neq 0\end{cases}$$

时的输出序列为脉冲响应，记为 $h(k)$。

脉冲响应可以利用脉冲传递函数计算

$$h(k)=Z^{-1}\left[H(z)\right]$$

式中，$Z^{-1}[\ ]$表示 Z 反变换。

【**例题 4-2**】 试求图 3-8 所示闭环系统的脉冲响应。

仿真例程：利用 LabVIEW 计算脉冲响应

解 由例题 3-6 知，系统的闭环脉冲传递函数

$$\Phi(z)=\frac{G(z)}{1+G(z)}=\frac{K(1-\mathrm{e}^{-T})z^{-1}}{1+\left[K-(K+1)\mathrm{e}^{-T}\right]z^{-1}}$$

于是，系统的脉冲响应

$$h(k)=Z^{-1}\left[H(z)\right]=Z^{-1}\left[\frac{K(1-\mathrm{e}^{-T})z^{-1}}{1+\left[K-(K+1)\mathrm{e}^{-T}\right]z^{-1}}\right]$$

求 Z 反变换得

$$h(k)=\frac{\delta(kT)-\left[K-(K+1)\mathrm{e}^{-T}\right]^k\cos(kT)}{K-(K+1)\mathrm{e}^{-T}}$$

考虑到脉冲传递函数 $H(z)$ 是传递函数 $H(s)$ 在频域的采样，计算机控制系统的脉冲响应 $h(k)$ 可以看作模拟控制系统阶跃响应 $h(t)$ 的采样。于是，与模拟控制系统类似，有

$$y(k)=r(k)*h(k)$$

式中，$*$表示卷积运算；$r(k)$是系统输入；$y(k)$是系统输出。

实际应用中，由于人们关心的多是有限时间内的系统响应，所以上式一般写为

$$y(k)=r(k)*h(k)=\sum_{m=0}^{k}h(m)r(k-m)$$

【**例题 4-3**】 已知系统脉冲响应 $h(k)$=[0 0.6 1 0.4 0.2 0.1 0.05 0.03 0.01 0.003 0]，输入为单位阶跃信号。试求解相应的系统输出序列 $y(k)$ (k=0, 1,⋯, 9)。

解 已知系统输入为单位阶跃信号，则 $r(k)$=[1 1 1⋯]。于是

仿真例程：利用 LabVIEW 求解差分方程

$$y(0)=h(0)r(0)=0$$

$$y(1)=h(0)r(1)+h(1)r(0)=0.6$$

$$y(2)=h(0)r(2)+h(1)r(1)+h(2)r(0)=1.6$$

$$\vdots$$

$$y(9)=\sum_{m=0}^{9}h(m)r(9-m)=2.393$$

整理得

$$y(k)=\left[0\quad 0.6\quad 1.6\quad 2\quad 2.2\quad 2.3\quad 2.35\quad 2.38\quad 2.39\quad 2.393\right]$$

4.1.3 频率响应

脉冲响应描述了计算机控制系统对外部输入指令的反应能力。为进一步描述系统对外部输入中特定分量的反应，引入频率响应。

考虑系统输入离散复指数信号 $\mathrm{e}^{\mathrm{j}k\omega T}$($T$ 是采样周期)的情况。若脉冲传递函数已知，则系统输出

$$Y(z)=R(z)H(z)=\frac{H(z)}{1-\mathrm{e}^{\mathrm{j}\omega T}z^{-1}}$$

整理成有理分式形式，有

$$Y(z)=\frac{z}{z-\mathrm{e}^{\mathrm{j}\omega T}}\frac{N(z)}{\prod_{i=1}^{n}(z-p_i)}=\frac{Az}{z-\mathrm{e}^{\mathrm{j}\omega T}}+\sum_{i=1}^{n}\frac{B_i z}{(z-p_i)}$$

式中，p_i 为系统极点；A、B_i 为待定系数。

对 $Y(z)$ 求 Z 反变换，得

$$y(k)=A\mathrm{e}^{\mathrm{j}k\omega T}+\sum_{i=1}^{n}B_i p_i^k$$

式中，第一项代表系统的稳态响应；第二项代表系统的暂态响应。据此可定义计算机控制系统的频率响应

$$H(\mathrm{e}^{\mathrm{j}\omega T})=A=\left.\frac{Y(z)}{R(z)}\right|_{z=\mathrm{e}^{\mathrm{j}\omega T}}=H(z)\big|_{z=\mathrm{e}^{\mathrm{j}\omega T}}$$

由 3.2 节知，$H(z)=H^*(s)\big|_{s=\frac{1}{T}\ln z}$。代入上式，得

$$H(\mathrm{e}^{\mathrm{j}\omega T})=H^*(s)\big|_{s=\frac{1}{T}\ln \mathrm{e}^{\mathrm{j}\omega T}}=H^*(\mathrm{j}\omega)$$

可见，引入数学变换 $z=\mathrm{e}^{sT}$ 后，计算机控制系统的频率响应可以通过对模拟控制系统的频率响应进行周期 T 的采样获得。

需要注意的是，变换 $z=\mathrm{e}^{sT}$ 不是双向可逆的线性变换。因此，s 平面的 $H(\mathrm{j}\omega)$ 与 z 平面的 $H(\mathrm{e}^{\mathrm{j}\omega T})$ 不能一一对应。

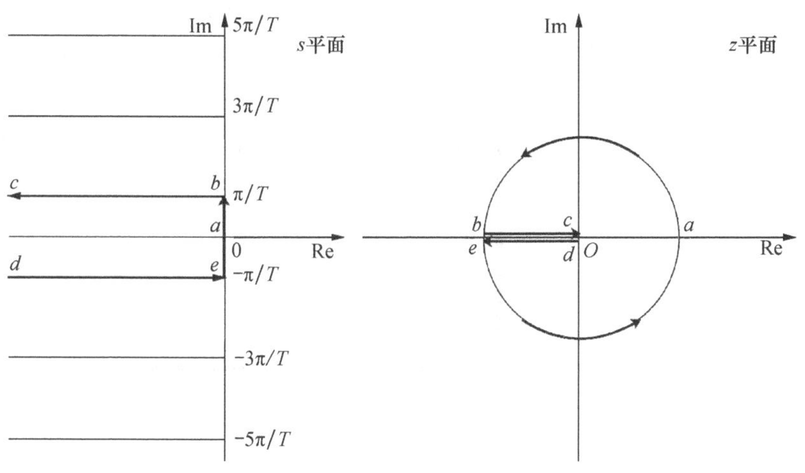

图 4-1　s 平面到 z 平面的映射

考虑图 4-1 中的 s 平面。当 $H(\mathrm{j}\omega)$ 的相位角 ω 由 $-\dfrac{\pi}{T}$ 变化到 $\dfrac{\pi}{T}$（沿图 4-1 中 s 平面的 $d \to e \to a \to b \to c$ 变化）时，$H(\mathrm{e}^{\mathrm{j}\omega T})$ 的相位角 $\angle H(\mathrm{e}^{\mathrm{j}\omega T})$ 将由 $-\pi$ 变化到 π（沿图 4-1 中 z 平面的 $d \to e \to a \to b \to c$ 变化），s 平面的点正好沿 z 平面单位圆逆时针运动一周。当 $H(\mathrm{j}\omega)$ 的相位角 ω 由 $-\dfrac{3\pi}{T}$ 变化到 $-\dfrac{\pi}{T}$ 时，$H(\mathrm{e}^{\mathrm{j}\omega T})$ 的相位角 $\angle H(\mathrm{e}^{\mathrm{j}\omega T})$ 从 -3π 变化到 $-\pi$，s 平面的点在 z 平面上沿相同轨迹运动。以此类推，当 $H(\mathrm{j}\omega)$ 的相位角由 $-\infty$ 变化到 ∞ 时，$H(\mathrm{e}^{\mathrm{j}\omega T})$ 的相位角 $\angle H(\mathrm{e}^{\mathrm{j}\omega T})$ 也从 $-\infty$ 变化到 ∞，但 s 平面上不同的点将沿 z 平面单位圆做相同的圆周运动。

这表明，s 平面可以划分成无数个周期带，如图 4-1 所示。每一个周期带的虚轴都会映射为 z 平面的单位圆，虚轴的左半部分都会映射到 z 平面单位圆的内侧，右半部分都会映射到 z 平面单位圆外侧。

延伸：傅里叶变换、拉普拉斯变换和 Z 变换

一般称 s 平面 $-\dfrac{\pi}{T} \sim \dfrac{\pi}{T}$ 的周期带为主频带，其他周期带为副频带。对于计算机控制系统，副频带不应包含需要处理的信号。

4.2 性 能 分 析

由前面的分析可知，与模拟控制系统相比，计算机控制系统的数学模型在形式上没有变化，只是从 s 平面转换为 z 平面。因此，其性能分析方法与模拟控制系统基本相同，只是转换到 z 平面而已。

4.2.1 时域分析

与模拟控制系统相同，计算机控制系统的时域特性用零初始条件下对单位阶跃输入的响应表示。主要是因为单位阶跃输入信号容易产生，且系统响应可以提供动态和稳态两方面的信息。

工程需要的单位阶跃响应曲线多通过实验获得；理论研究中，则可以利用相关软件通过脉冲响应函数绘制。

【例题 4-4】 利用 LabVIEW 仿真二阶离散系统的单位阶跃响应。

打开仿真程序 EX404 的程序面板，得到图 4-2。图中 SimTime Waveform Function 用于计算单位阶跃响应。

延伸：基于 LabVIEW 的时域分析

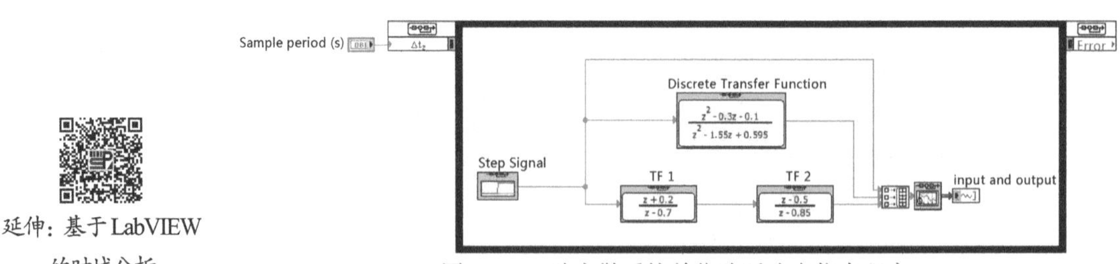

图 4-2　二阶离散系统单位阶跃响应仿真程序

在前面板(图 4-3)选择采样周期为 0.1s，运行程序，可以得到单位阶跃响应的仿真曲线(图 4-4)。

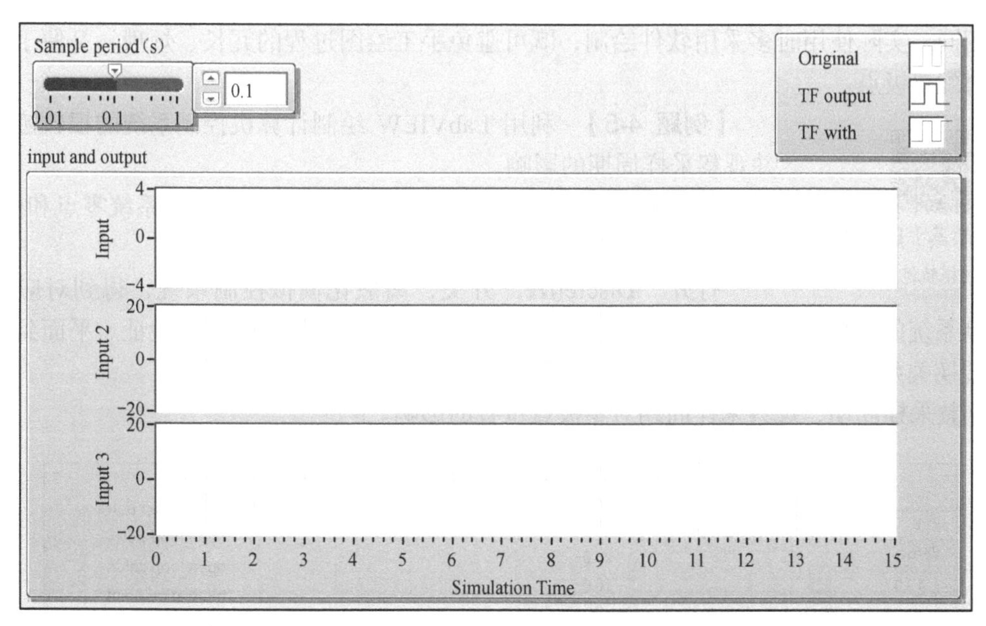

图 4-3　二阶离散系统单位阶跃响应仿真前面板

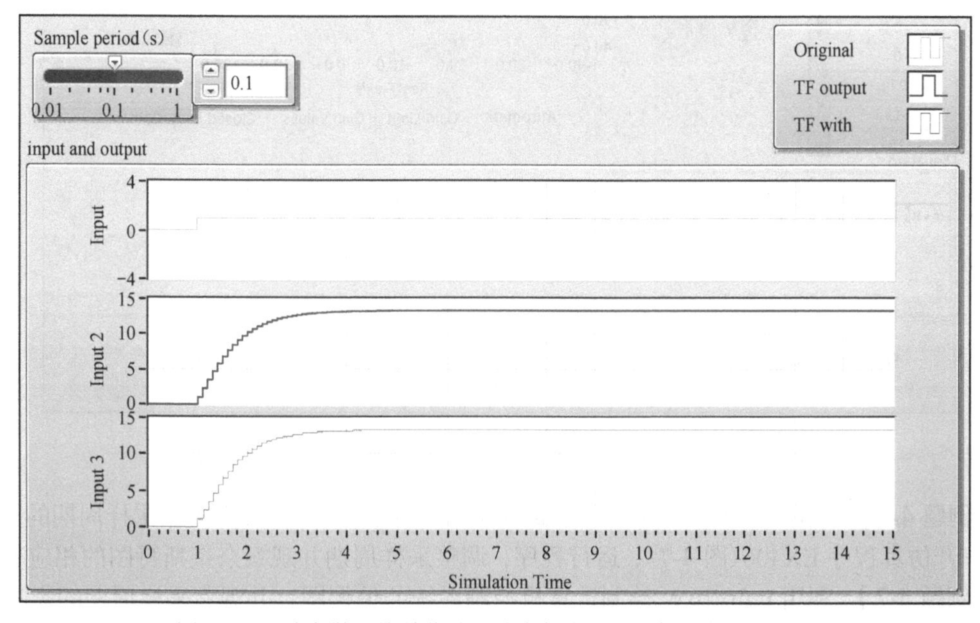

图 4-4　二阶离散系统单位阶跃响应仿真结果(采样周期为 0.1s)

调整采样周期，观察不同采样周期下响应曲线的变化情况，并比较两种结构的控制器输出有何异同。

执行“Discrete Transfer Function”命令，可以在弹出的对话框中改变脉冲传递函数，以仿真其他系统。

4.2.2 频域分析

计算机控制系统同样有根轨迹图、伯德图和奈奎斯特图，其绘制和分析方法与模拟控制系统相同。实际使用时多采用软件绘制，既可避免手工绘图过程的冗长、烦琐，又便于系统设计时配置极点。

仿真例程：基于 LabVIEW 的根轨迹图

【例题 4-5】 利用 LabVIEW 绘制计算机控制系统的根轨迹图，并观察采样周期的影响。

打开仿真程序 EX405，运行程序，在前面板配置系统零点和极点，得到模拟控制系统的根轨迹图(图 4-5)。

打开“Discretize”开关，离散化模拟控制系统，得到对应计算机控制系统的根轨迹图(图 4-6)。观察图 4-5 和图 4-6 中坐标系的变化，验证 *s* 平面到 *z* 平面的转换关系。

调整采样周期，观察采样周期对零极点位置的影响。

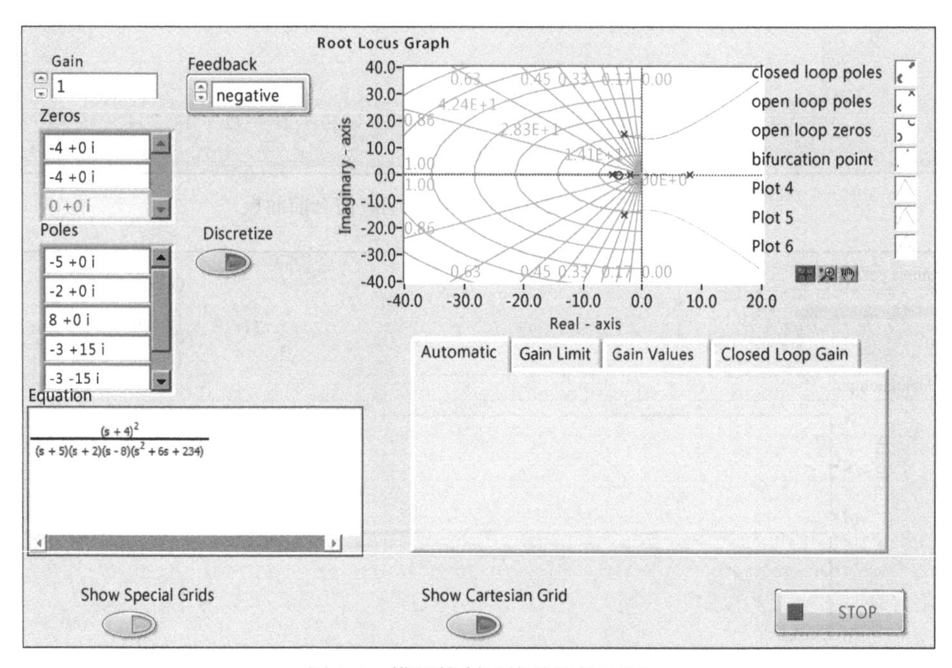

图 4-5 模拟控制系统的根轨迹图

【例题 4-6】 利用 LabVIEW 绘制计算机控制系统的奈奎斯特图，并观察采样周期的影响。

打开仿真程序 EX406(图 4-7)，运行程序，调整采样周期并观察奈奎斯特图的相应变化。

【例题 4-7】 利用 LabVIEW 绘制计算机控制系统的伯德图，并观察采样周期的影响。

打开仿真程序 EX407(图 4-8)，运行程序，调整采样周期并观察伯德图的相应变化。

仿真例程：基于 LabVIEW 的奈奎斯特图

仿真例程：基于 LabVIEW 的伯德图

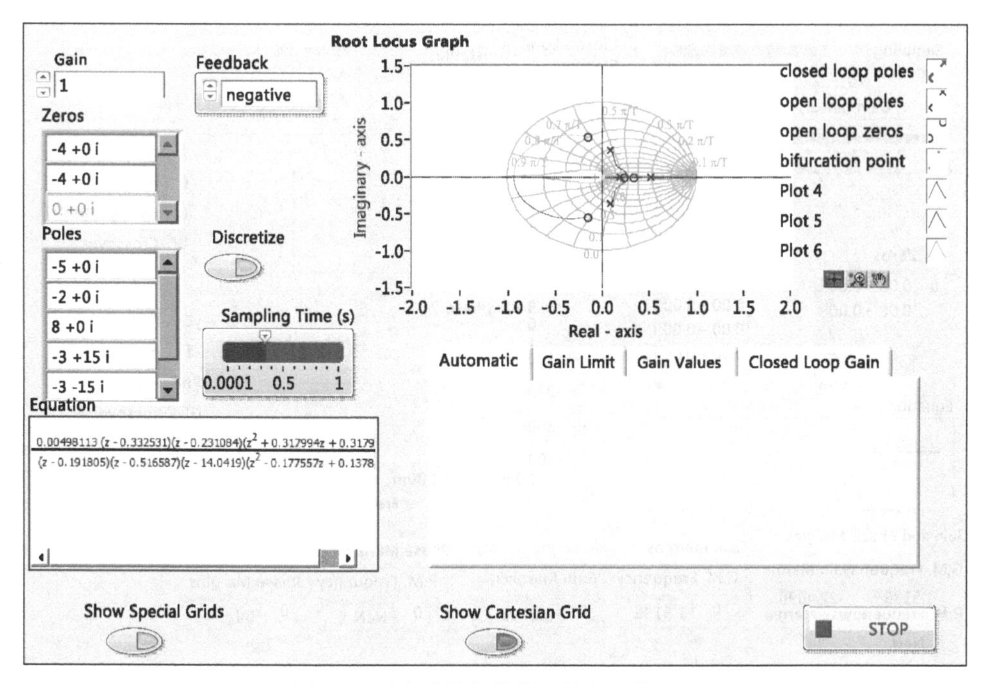

图 4-6　对应计算机控制系统的根轨迹图

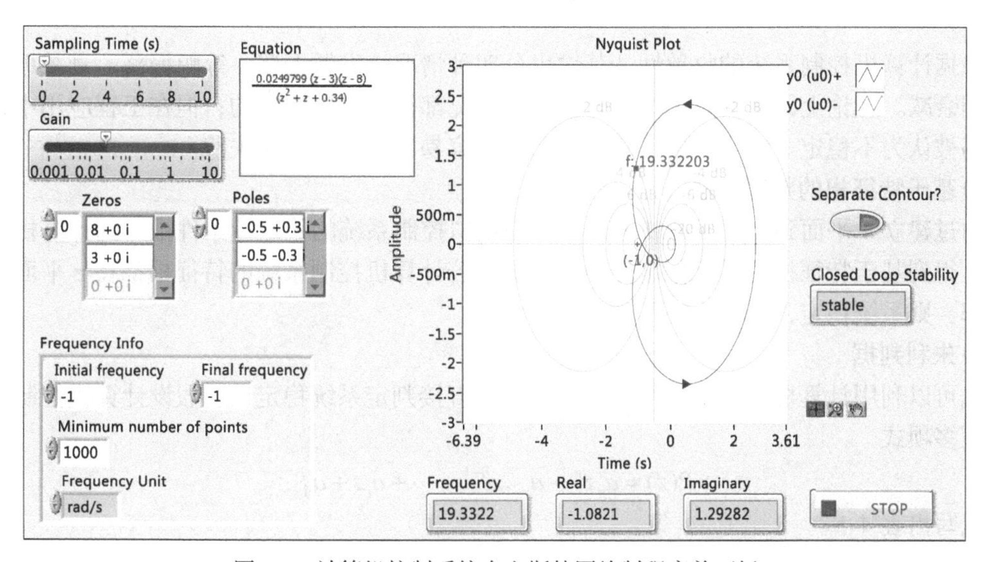

图 4-7　计算机控制系统奈奎斯特图绘制程序前面板

4.2.3　主要性能指标

为了描述系统响应外部指令的能力，引入稳定性、鲁棒性和快速性指标。这三方面的指标通常相互制约，在系统设计和校准时，应根据实际情况，兼顾各方面要求并有所侧重。

1. 稳定性

稳定性是描述系统输出长期趋势的指标，反映系统自由运动的收敛性，是系统再平衡能力的定量指标，也是决定系统能否正常工作的首要条件。

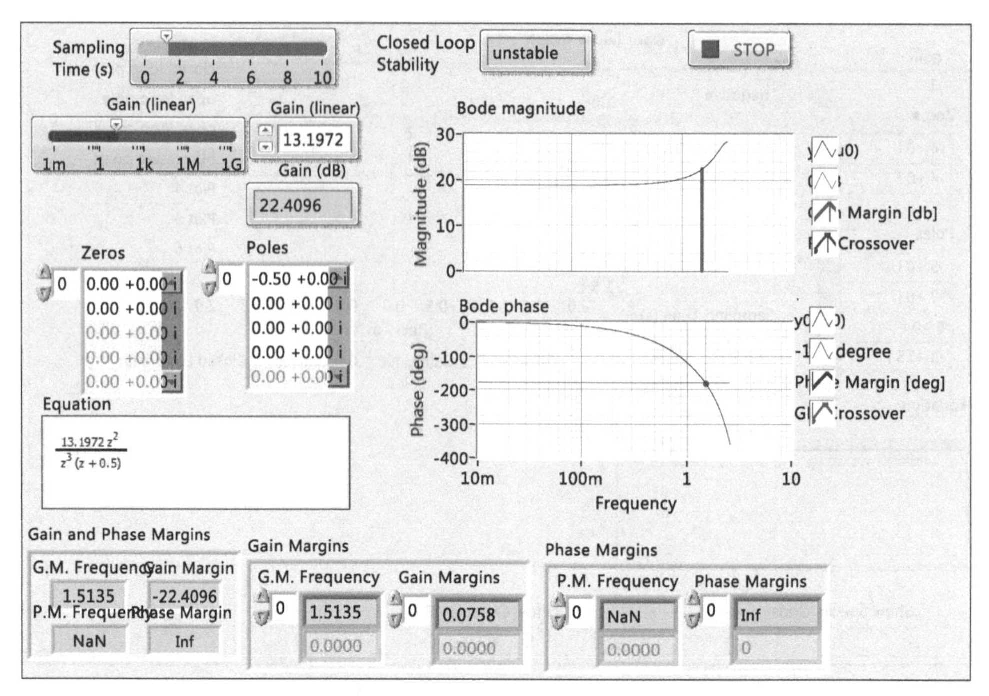

图 4-8　计算机控制系统伯德图绘制程序前面板

根据计算机控制系统的收敛性，其输出分四种情况：发散振荡、等幅振荡、衰减振荡和非周期衰减。理论上，除发散振荡以外的三种情况都被认为是稳定的；但在工程应用中，等幅振荡被认为不稳定。因为它处于临界状态，很容易因环境扰动而失稳。

1) 基于特征根的判别方法

通过建立 s 平面到 z 平面的映射，可以把模拟控制系统的稳定性条件推广到计算机控制系统，得到基于特征根的系统稳定性判别方法：若计算机控制系统的特征根都在 z 平面单位圆内部，则系统稳定，否则系统不稳定。

2) 朱利判据

也可以利用计算机控制系统特征方程的系数直接判定系统稳定性。假设计算机控制系统的特征多项式

$$P(z) = a_n z^n + a_{n-1} z^{n-1} + \cdots + a_1 z + a_0$$

则可以写出表 4-1。

表 4-1　朱利稳定性表的一般形式

行	z^0	z^1	z^2	…	z^{n-1}	z^n
1	a_0	a_1	a_2	…	a_{n-1}	a_n
2	a_n	a_{n-1}	a_{n-2}	…	a_1	a_0
3	b_0	b_1	b_2	…	b_{n-1}	
4	b_{n-1}	b_{n-2}	b_{n-3}	…	b_0	
5	c_0	c_1	c_2	…		
6	c_{n-2}	c_{n-3}	c_{n-4}	…		
…	…	…	…	…		
$2n-3$	q_0	q_1	q_2			

表 4-1 中，第 1 行和第 2 行是系统特征方程的系数，但第 1 行元素按 z 的升幂次序排列，第 2 行元素按 z 的降幂次序排列；从第 3 行开始，每两行一组，奇数行按 z 的升幂次序排列，偶数行按 z 的降幂次序排列，各行元素计算公式如下：

$$b_k = \begin{vmatrix} a_0 & a_{n-k} \\ a_n & a_k \end{vmatrix} \qquad k = 0,1,2,\cdots,n-1$$

$$c_k = \begin{vmatrix} b_0 & b_{n-1-k} \\ b_{n-1} & b_k \end{vmatrix} \quad k = 0,1,2,\cdots,n-2$$

$$\vdots$$

若计算结果满足条件：

(1) $|a_0| < |a_n|$；

(2) $P(z)\big|_{z=1} > 0$；

(3) $P(z)\big|_{z=-1} < 0$（n 为奇数）或 $P(z)\big|_{z=-1} > 0$（n 为偶数）；

(4) $|b_0| > |b_{n-1}|$，$|c_0| > |c_{n-2}|,\cdots,|q_0| > |q_2|$；

则系统稳定。

【例题 4-8】 假设系统特征方程 $P(z) = z^4 - 1.2z^3 + 0.07z^2 + 0.3z - 0.08 = 0$，试判断系统的稳定性。

解 由系统特征方程知 a_4=1，a_3=−1.2，a_2=0.07，a_1=0.3，a_0=−0.08。作朱利稳定性表，有

	z^0	z^1	z^2	z^3	z^4
1	−0.08	0.3	0.07	−1.2	1
2	1	−1.2	0.07	0.3	−0.08
3	−0.994	−1.176	−0.076	−0.204	
4	−0.204	−0.076	−1.176	−0.994	
5	0.946	−1.153	−0.164		

延伸：基于 LabVIEW 的稳定性分析

检验条件(1)，$|a_0| = |-0.08| < |1| = |a_n|$，条件满足。

检验条件(2)，$P(z)\big|_{z=1} = 0.09 > 0$，条件满足。

检验条件(3)，$P(z)\big|_{z=-1} = 1.89 > 0$，条件满足(因为 $n = 4$ 为偶数)。

检验条件(4)，$|b_0| = |-0.994| > |b_3| = |-0.204|$，$|c_0| = |0.946| > |c_2| = |-0.164|$，条件满足。故系统稳定。

3) 奈奎斯特判据

工程应用中，系统准确的特征方程通常无法得到。所以，人们在更多情况下会利用奈奎斯特判据判别系统的稳定性。

考虑脉冲传递函数为 $H(z)$ 的计算机控制系统。令 N 为 z 沿顺时针方向周游奈奎斯特围线时 $H(z)$ 环绕(−1，0)点的次数，P 为其奈奎斯特围线包围区域中的极点数，则闭环系统不稳定极点的个数 $Z=N+P$。若 $Z=0$，则系统稳定。

4) 基于伯德图的判别方法

稳定性也可以由系统的伯德图获得。对于大多数系统，系统增益随频率的增加而减小。如果系统增益在开始减小前增大，则表明系统临界稳定。这种现象称为凸峰，其值可以作为

稳定性的量度。对于实际系统，一般允许的凸峰是 0～4dB。

2. 鲁棒性

延伸：基于LabVIEW的鲁棒性分析

工程实际中，仅仅知道系统稳定是不够的，还必须知道系统保持稳定的程度，以评估控制系统对变化的对象模型及干扰信号的适应能力。

系统对扰动的适应能力称为系统的鲁棒性，通常用幅值裕度、相位裕度或稳定裕度表示。

1）幅值裕度和相位裕度

幅值裕度（ΔG）定义为相角位移-180°时对应频率幅值增益的倒数，反映闭环系统不稳定之前，开环增益允许增加的最大值

$$\Delta G = \frac{1}{\left|H_{ol}(\mathrm{e}^{-\mathrm{j}\omega_{180}})\right|}$$

相位裕度（$\Delta\phi$）定义为系统截止频率处相角与-180°的差，反映系统到达稳定极限所需要增加的相位滞后

$$\Delta\phi = 180^\circ + \angle\phi(\omega_{\mathrm{cr}})$$

式中，ω_{cr} 是截止频率。

幅值裕度和相位裕度是经典的鲁棒尺度，可以在伯德图中确定（图 4-9），也可以在奈奎

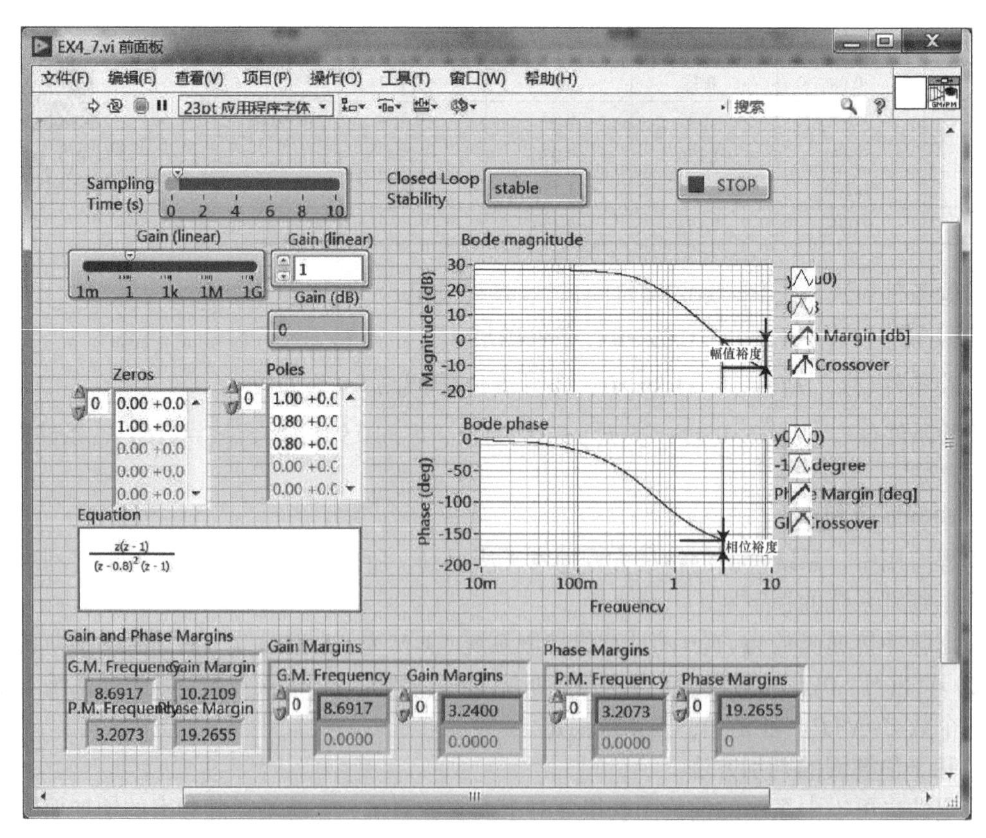

图 4-9　幅值裕度和相位裕度在伯德图中的表示

斯特图中确定(图 4-10)。描述系统鲁棒性时，幅值裕度和相位裕度必须同时给出，其值一般取 2～5dB 和 30°～60°。需要注意的是，即使幅值裕度和相位裕度都是合理的，系统鲁棒性仍有不够的可能。

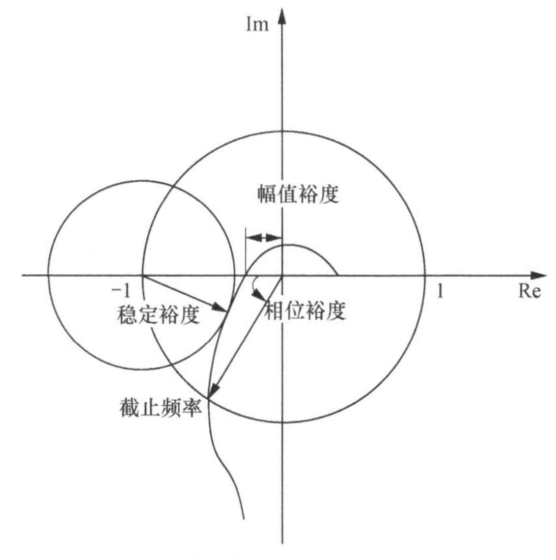

图 4-10　鲁棒性指标在奈奎斯特图中的表示

2) 稳定裕度

鲁棒性也可以用稳定裕度(ΔM)表示。稳定裕度定义为以[−1, j0]点为圆心且与奈奎斯特曲线相切的圆的半径，反映奈奎斯特曲线到临界点的最短距离

$$\Delta M = \left|1 + H_{ol}(e^{-j\omega})\right|_{\min}$$

稳定裕度能用一个数值表示系统的鲁棒性，不仅定义了系统抑制扰动性能的下限，而且定义了系统对可能存在的非线性或时变特性的容忍度，在实际应用中非常重要。其值一般不小于−6dB。

3. 动态响应

动态响应描述系统输出跟随输入信号变化而变化的能力，反映系统对外部指令的响应速度，一般用单位阶跃响应(图 4-11)描述。常用指标包括以下几个。

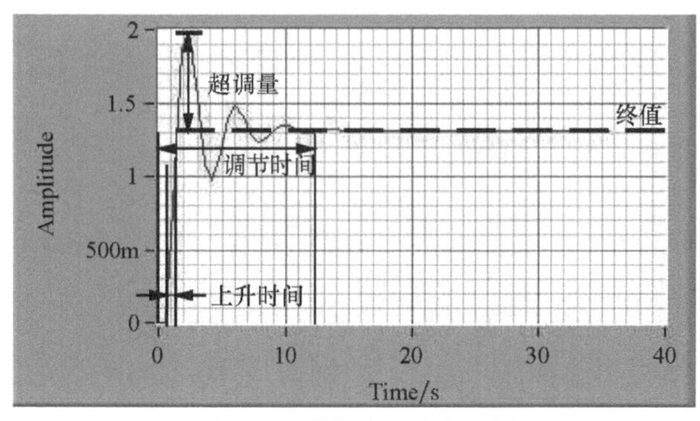

图 4-11　单位阶跃响应示例

1) 上升时间

系统输出从终值的 10%第一次上升到终值的 90%所需要的时间。

2) 调节时间

系统输出第一次到达并稳定在终值可允许误差带范围内(±10%、±5%或±2%)所需要的时间。

3) 超调量

系统输出第一次超出终值的百分比。

【**例题 4-9**】利用 LabVIEW 绘制计算机控制系统的单位阶跃响应、伯德图和奈奎斯特图，观察采样周期对响应曲线的影响，观察时域和频域的关联性。

延伸：基于 LabVIEW 的时间响应分析

打开并运行仿真程序 EX409，如图 4-12 所示，在前面板调节极点位置，观察系统特性在时域和频域的关联；调节采样周期，观察采样周期对系统性能的影响。

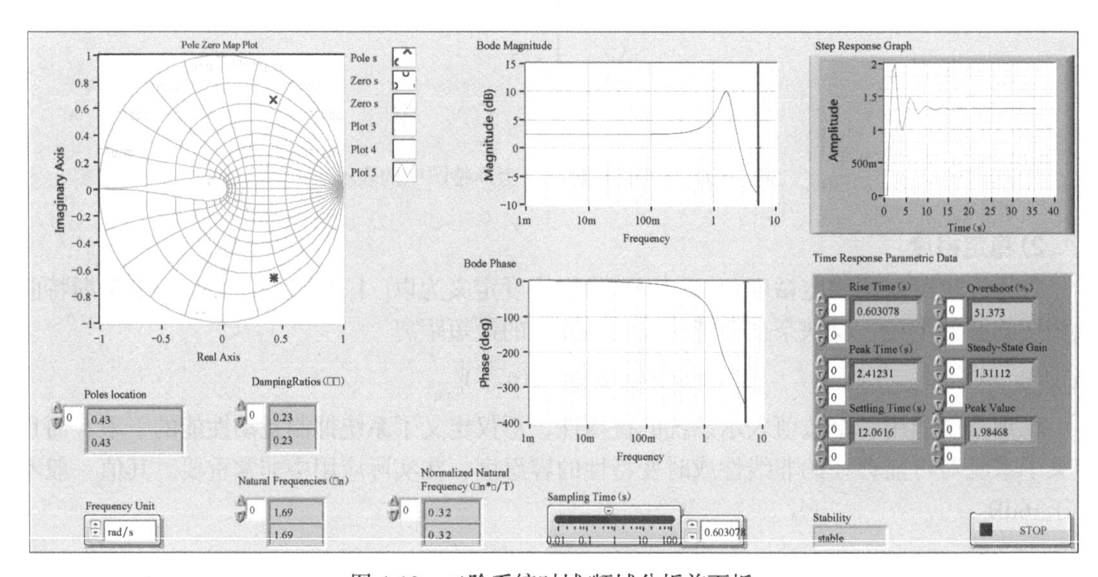

图 4-12　二阶系统时域/频域分析前面板

设 计 篇

系统设计是系统分析的目的，是构建系统并使其行为满足给定要求的系统架构过程。这个过程包括确定理想回路的结构、选择合适的控制方法以及确定合理的控制器参数。

与模拟控制相比，计算机控制系统设计需要解决的基本问题没有变化，但解决方案有根本不同。总的来说，这些解决方案可以归纳为两大类：模拟设计方案和数字设计方案。前者将计算机控制器等效为模拟控制器的采样，而后者则通过采样技术将模拟对象等效为数字对象进行处理。

无论采用哪一种设计方案，计算机控制都可以：

- 更好地消除噪声，使精确性大为改善
- 使用更复杂有效的控制算法，提供更多的控制策略选择
- 对模型参数的变化不敏感，提高系统的鲁棒性
- 简化控制器参数的调节过程

借助低成本的数字处理设备，这些特点使计算机控制占领了许多行业，成为当前控制工程的主流。以致工程人员在开发和使用计算机控制时，常常意识不到它会增大系统的时间延迟，产生额外的相位滞后，导致控制器回路增益低于同等的模拟控制器，使实际性能低于预期。

第 5 章　模拟设计方法

5.1　模拟化设计

对于图 1-5 所示的计算机控制系统，可以将反馈回路的 ADC 移至前向通路，得到图 5-1。不失一般性，假设 ADC 和 DAC 的增益为 1，并忽略数字量与模拟量之间的转换误差，可以得到图 5-2(a)所示的简化计算机控制系统。图中 $G(s)$ 为被控对象的传递函数(假设执行单元与测量单元的传递函数为 1)。

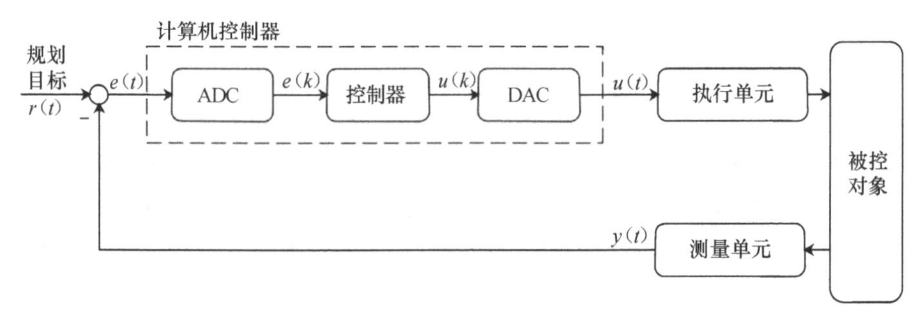

图 5-1　典型计算机控制系统

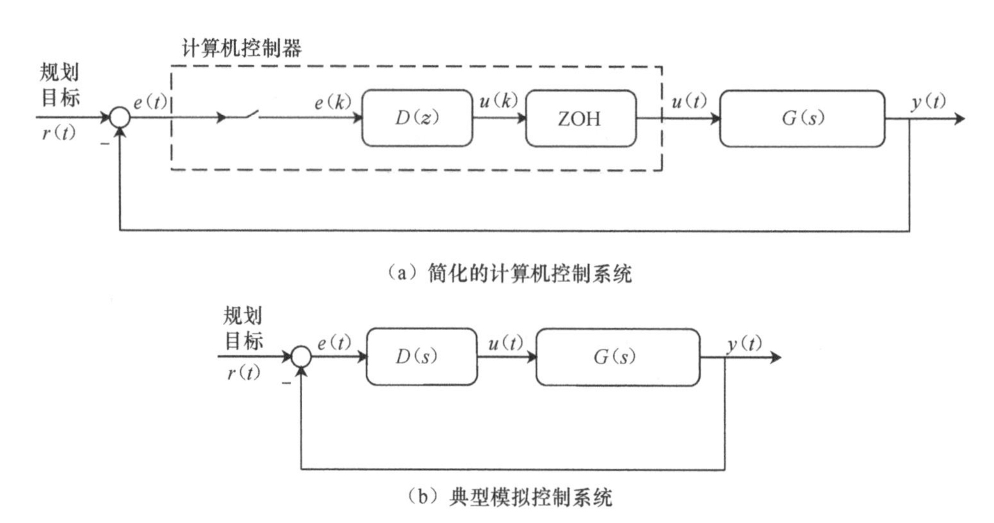

（a）简化的计算机控制系统

（b）典型模拟控制系统

图 5-2　简化的计算机控制系统及其等效的模拟控制系统

将其与模拟控制系统(图 5-2(b))比较，可以发现，采样开关、数字控制器 $D(z)$ 和采样保持器 ZOH 串联构成的系统等价于模拟控制器 $D(s)$。因此，数字控制器可以等效为模拟控制器的采样，对计算机控制系统的设计也可以在完成模拟控制器设计后采样获得。具体步骤如下：

(1)将计算机控制系统看作连续控制系统，根据给定性能指标设计模拟控制器 $D(s)$。

(2)选择离散化方法，对模拟控制器采样，得到等效的数字控制器 $D(z)$。

(3)使用数字控制器构建计算机控制系统，检验其闭环性能是否满足要求。

(4)如果满足要求，则设计结束，否则提高采样频率并重复以上步骤，直到满足要求。

这种以模拟控制器设计为基础的数字控制器设计称为计算机控制的模拟设计方法。

考虑到人们对模拟控制器的设计比较熟悉，模拟设计方法是易于理解和掌握的。但它把数字控制器看作模拟控制器的采样，隐含了对计算机采样频率下限的要求，故不适合实现复杂控制策略或控制快速变化对象。

这个问题在实际应用中并不突出。因为工程中的大多数控制都是简单控制，而且大部分工业对象的响应速度都比计算机慢得多，所以，在多数情况下，只要选择合适的采样周期，就可以使用模拟设计方法获得令人满意的计算机控制器。

5.2　离散化方法

模拟设计方法中，数字控制器是对模拟控制器采样得到的，这个采样过程可以看作某种数字滤波过程。于是，数字控制器模拟化设计的关键问题就转化为滤波器设计。

实际应用中，有多种离散化方法可以对模拟控制器进行滤波，如数值积分法、响应不变法、Z 变换法、零极点匹配法等。但是，任何一种离散化方法都不能保证模拟控制器在滤波前后具有完全相同的脉冲响应特性和频率响应特性。多数情况下，设计者必须作出选择：保留时域性能，还是保留频域性能。

5.2.1　前向差分法

前向差分法是一种基于数值积分的离散化方法。

设模拟控制器 $D(s)$ 的输出和输入分别是 $u(t)$ 和 $e(t)$，则有

$$u(k)=u(k-1)+\mathrm{d}u(k)$$

式中，$\mathrm{d}u(k)$ 是系统输出在一个采样周期内的增量，可以用矩形近似(图 5-3)

$$\mathrm{d}u(k)=u(k)-u(k-1)=\int_{(k-1)T}^{kT}e(\tau)\mathrm{d}\tau\approx e(k-1)T$$

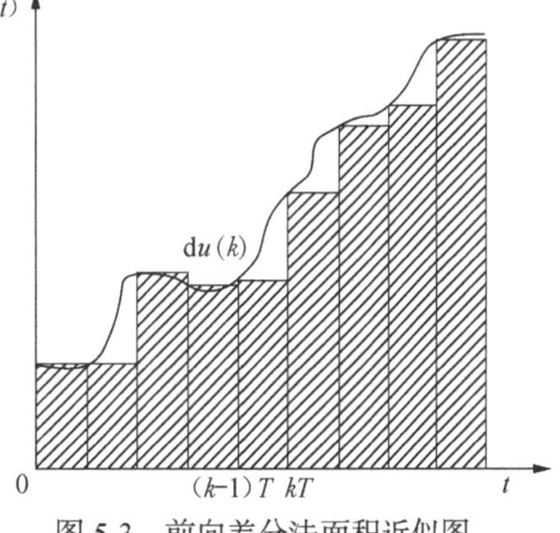

图 5-3　前向差分法面积近似图

对上式作 Z 变换，有

$$U(z)-z^{-1}U(z)=z^{-1}E(z)T$$

于是

$$D(z)=\frac{U(z)}{E(z)}=\frac{z^{-1}T}{1-z^{-1}T}$$

考虑到积分环节的传递函数

$$D(s)=\frac{U(s)}{E(s)}=\frac{1}{s}$$

可以得到 $D(s)$ 与 $D(z)$ 的关系

$$D(z)=D(s)\big|_{s=\frac{1-z^{-1}}{z^{-1}T}} \tag{5-1}$$

这就是利用前向差分法对 $D(s)$ 进行离散化的公式。

稳定性　在 s 平面任取一点 $\sigma+\mathrm{j}\omega$，离散化后，该点将映射为 z 平面上的点

$$z=(1+\sigma T)+\mathrm{j}\omega T$$

其幅值和相角分别为

$$|z|=\sqrt{(1+\sigma T)^2+(\omega T)^2}$$

$$\angle z=\arctan\frac{\omega T}{1+\sigma T}$$

考虑左半 s 平面。此时 $\sigma<0$，但 $|z|$ 未必小于 1。说明即使是稳定的模拟控制器，经前向差分法离散后也有可能变得不稳定，如图 5-4 所示。这一点在使用前向差分法时务必注意。

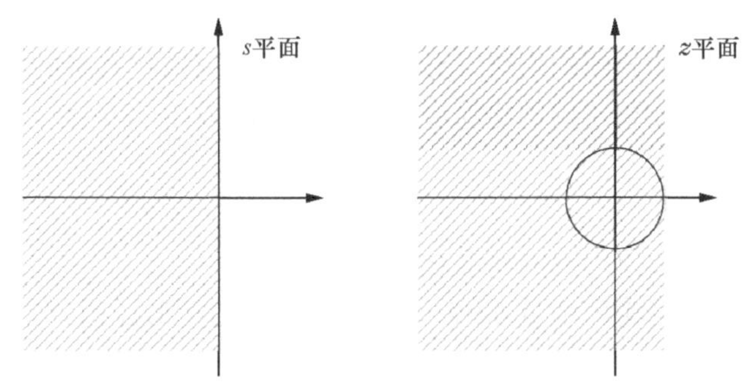

图 5-4　s 平面到 z 平面的映射(前向差分法)

【例题 5-1】 利用 LabVIEW 观察二阶模拟控制系统离散化前后的时域特性和频域特性。

仿真例程：离散化方法

打开 LabVIEW 的“NI 范例查找器”，搜索并打开“CDEx Continuous to Discrete Conversion.vi”。

在前面板（图 5-5）设置二阶模拟控制系统的数学模型（Fixed Model），并选择离散化方法（Discretization Method）为前向差分法（Forward）。

图 5-5 中，设定采样周期为 1s，则可以在前面板右侧得到离散化后的数字控制器的脉冲传递函数。同时，前面板下方显示控制器在离散化前后的伯德图。

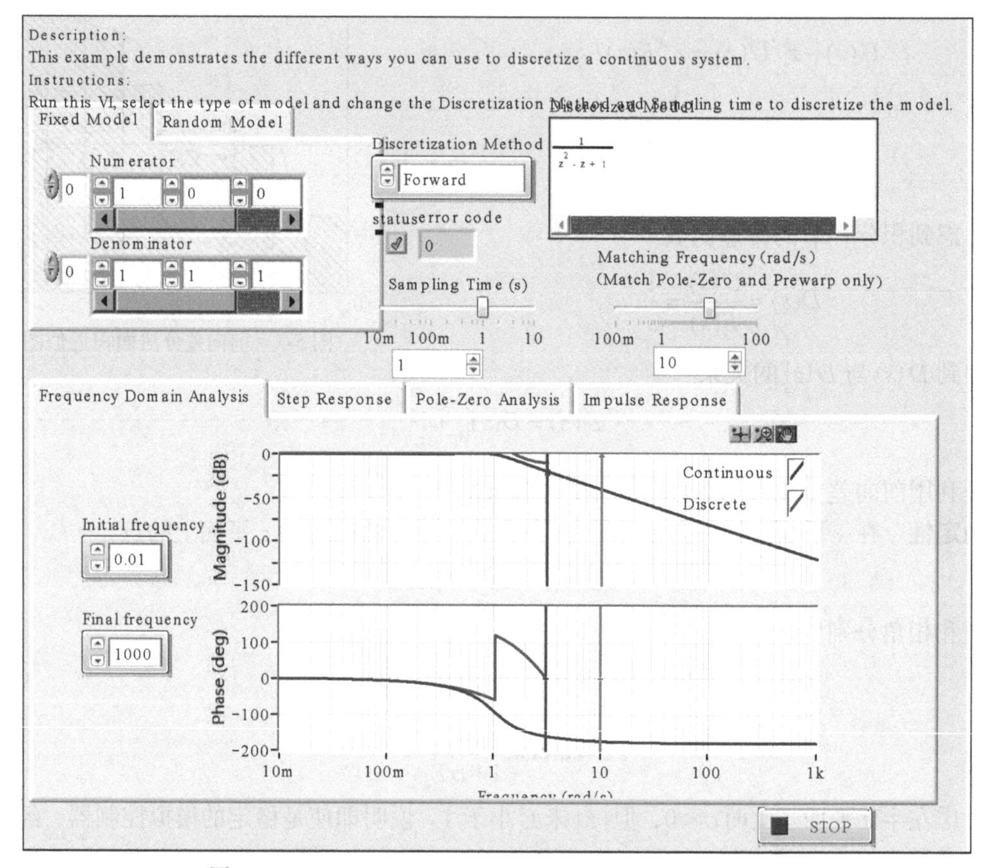

图 5-5 CDEx Continuous to Discrete Conversion.vi 前面板

改变采样周期，观察伯德图的变化，分析采样周期对离散化效果的影响。

切换标签，依次观察控制器离散化前后在时域和频域发生的变化。

5.2.2 后向差分法

后向差分法也是基于数值积分的离散化方法。

在后向差分法中，系统输出增量 $\mathrm{d}u(k)$ 采用图 5-6 中的矩形近似。于是

$$\mathrm{d}u(k)=u(k)-u(k-1)=\int_{(k-1)T}^{kT}e(\tau)\mathrm{d}\tau\approx e(k)T$$

经 Z 变换后，有

$$U(z)-z^{-1}U(z)=E(z)T$$

于是

$$D(z)=\frac{U(z)}{E(z)}=\frac{T}{1-z^{-1}}$$

考虑到积分环节的传递函数，得到

$$D(z)=D(s)\Big|_{s=\frac{1-z^{-1}}{T}} \tag{5-2}$$

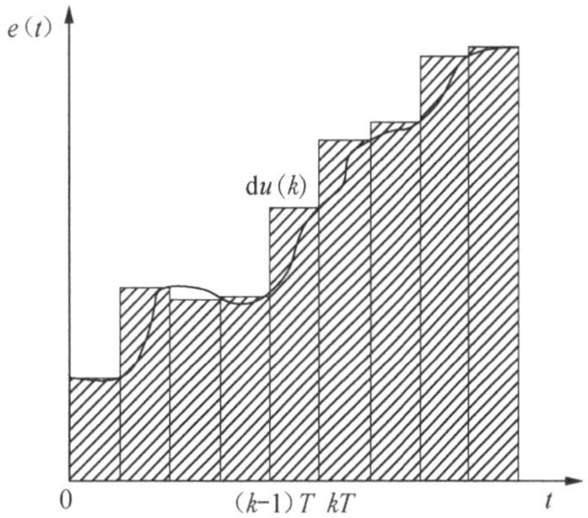

图 5-6　后向差分法面积近似图

【例题 5-2】 已知模拟控制器

$$D(s)=\frac{4(s+1)}{s+2}$$

试用后向差分法求其等效数字滤波器。

解

$$D(z)=D(s)\Big|_{s=\frac{1-z^{-1}}{T}}=\frac{4\left[z+(T-1)\right]}{z+(2T-1)}$$

稳定性　在 z 平面取一点 $\sigma+\mathrm{j}\omega$，则该点对应 s 平面上的点

$$s=\frac{z-1}{Tz}=\frac{(\sigma-1)+\mathrm{j}\omega}{T(\sigma+\mathrm{j}\omega)}$$

其实部

$$\mathrm{Re}(s)=\mathrm{Re}\left[\frac{(\sigma-1)+\mathrm{j}\omega}{T(\sigma+\mathrm{j}\omega)}\right]$$

考虑左半 s 平面，此时

$$\mathrm{Re}(s)=\mathrm{Re}\left[\frac{(\sigma-1)+\mathrm{j}\omega}{T(\sigma+\mathrm{j}\omega)}\right]<0$$

因 $T>0$，故

$$\mathrm{Re}\left[\frac{(\sigma-1)+\mathrm{j}\omega}{(\sigma+\mathrm{j}\omega)}\right]=\mathrm{Re}\left(\frac{\sigma^2-\sigma+\omega^2}{\sigma^2+\omega^2}\right)<0$$

即

$$\sigma^2-\sigma+\omega^2<0$$

$$\left(\sigma-\frac{1}{2}\right)^2+\omega^2<\left(\frac{1}{2}\right)^2$$

上式说明，s 平面的稳定区域经后向差分法映射为 z 平面的一个圆，圆心为(1/2, 0)，半径是 1/2。这说明，只要模拟控制器是稳定的，经后向差分法离散得到的数字控制器就一定是稳定的。

【例题 5-3】 利用 LabVIEW 观察二阶模拟控制系统离散化前后的时域特性和频域特性。

在图 5-7 中，选择离散化方法为后向差分法(Backward)。重复例题 5-1 的步骤，观察后向差分法在时域和频域引起的特性变化。

总体来说，后向差分法计算简单，容易实现，是实际应用中经常使用的离散化算法。其主要特点如下：

(1)若 $D(s)$ 稳定，则 $D(z)$ 必然稳定。

(2)离散化前后保持稳态增益不变。

(3)与 $D(s)$ 相比，等效数字控制器 $D(z)$ 的时间响应与频率响应有较大改变。为了减小其影响，应选择足够小的采样周期。

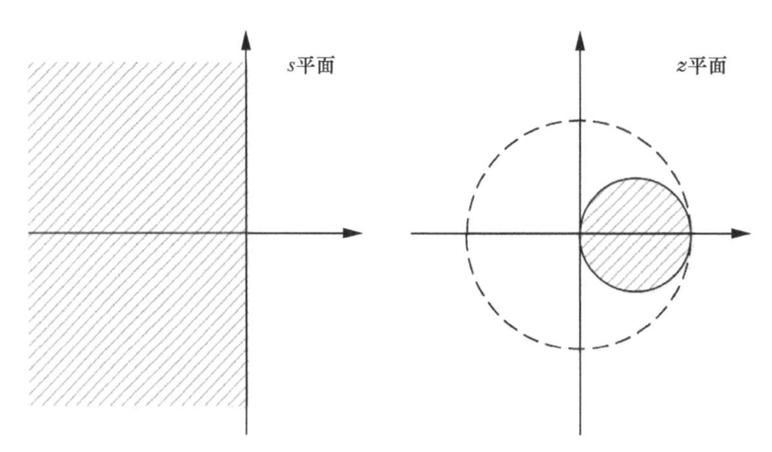

图 5-7 s 平面到 z 平面的映射(后向差分法)

5.2.3 双线性变换法

双线性变换法也称梯形积分法或 Tustin 变换法，是另一种基于数值积分的常用离散化方法。它用梯形面积近似计算系统输出增量(图 5-8)

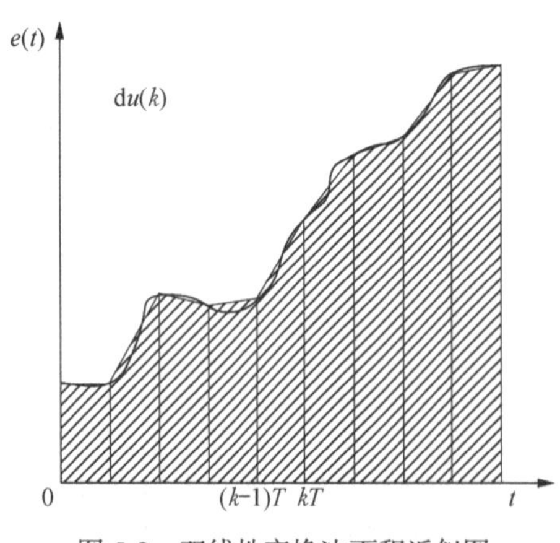

图 5-8 双线性变换法面积近似图

$$\mathrm{d}u(k)=u(k)-u(k-1)$$
$$=\int_{(k-1)T}^{kT}e(\tau)\mathrm{d}\tau\approx\frac{e(k-1)+e(k)}{2}T$$

经 Z 变换后，有

$$U(z)-z^{-1}U(z)=\frac{z^{-1}E(z)+E(z)}{2}T$$

于是

$$D(z)=\frac{U(z)}{E(z)}=\frac{T}{2}\frac{1+z^{-1}}{1-z^{-1}}=D(s)\Big|_{s=\frac{2}{T}\frac{1-z^{-1}}{1+z^{-1}}} \tag{5-3}$$

【例题 5-4】 试用双线性变换法求例题 5-2 中模拟控制器的等效数字滤波器。

解

$$D(z)=D(s)\Big|_{s=\frac{2}{T}\frac{1-z^{-1}}{1+z^{-1}}}=\frac{2\left[(2+T)z+(2-T)\right]}{(1+T)z-(1-T)}$$

稳定性 考虑左半 s 平面，此时

$$\mathrm{Re}(s)=\mathrm{Re}\left(\frac{2}{T}\frac{1-z^{-1}}{1+z^{-1}}\right)<0$$

令 $z=\sigma+\mathrm{j}\omega$，有

$$\mathrm{Re}\left(\frac{1-z^{-1}}{1+z^{-1}}\right)=\mathrm{Re}\left(\frac{\sigma+\mathrm{j}\omega-1}{\sigma+\mathrm{j}\omega+1}\right)<0$$

整理得

$$\mathrm{Re}\left(\frac{\sigma^2-1+\omega^2+2\mathrm{j}\omega}{\sigma^2+1+2\sigma+\omega^2}\right)<0$$

上式等价于

$$\sigma^2+\omega^2<1$$

说明左半 s 平面经双线性变换后会映射为 z 平面的单位圆。因此，稳定的模拟控制器经双线性变换后必然得到稳定的数字控制器。

需要注意的是，双线性变换是把整个左半 s 平面映射为 z 平面的单位圆，而 z 变换是把左半 s 平面映射为 z 平面无数个重叠的单位圆。因此，双线性变换不会产生频率混叠，是应用中最常采用的一种离散化方法。

【例题 5-5】 利用 LabVIEW 观察二阶模拟控制系统离散化前后的时域特性和频域特性。

在图 5-5 中，选择离散化方法为双线性变换法。重复例题 5-1 的步骤，观察双线性变换法在时域和频域引起的特性变化。

双线性变换法的主要特点如下：

(1) 若 $D(s)$ 稳定，则 $D(z)$ 必然稳定。

(2) 离散化会引入一定的衰减。

(3) 与 $D(s)$ 相比，等效数字控制器 $D(z)$ 的暂态响应有显著畸变，频率响应也有一定畸变。

5.2.4 脉冲响应不变法

脉冲响应不变法也称 Z 变换法，要求等效数字控制器 $D(z)$ 的脉冲响应与原模拟控制器 $D(s)$ 的脉冲响应在采样时刻相等，即

$$Z^{-1}\left[D(z)\right]=T\,L^{-1}\left[D(s)\right]\Big|_{t=kT}$$

式中，T 表示采样周期；L^{-1} 表示拉普拉斯逆变换。

对上式作 Z 变换，得

$$D(z)=TZ\left[D(s)\right] \tag{5-4}$$

可见，脉冲响应不变法得到的数字控制器 $D(z)$ 与 $D(s)$ 的 Z 变换成正比，其频率响应是 $D(s)$ 频率响应的无限重叠，故有发生频率混叠的可能。所以，脉冲响应不变法只适用于 $D(s)$ 衰减大且为有限带宽信号的场合。

稳定性 由前述知，Z 变换会把左半 s 平面映射为 z 平面无数个重叠的单位圆。所以，只要模拟控制器稳定，脉冲响应不变法不存在稳定性问题。

【例题 5-6】 利用 LabVIEW 观察二阶模拟控制系统离散化前后的时域特性和频域特性。

在图 5-5 中，选择离散化方法为 Z 变换法。重复例题 5-1 的步骤，观察离散化前后控制器的特性变化。

5.2.5 阶跃响应不变法

阶跃响应不变法要求等效数字控制器 $D(z)$ 的阶跃响应与对应模拟控制器 $D(s)$ 的阶跃响应在采样瞬时相等，即

$$Z^{-1}\left[\frac{D(z)}{1-z^{-1}}\right]=Z^{-1}\left[\frac{D(s)}{s}\right]_{t=kT}$$

对上式作 Z 变换，得

$$\frac{D(z)}{1-z^{-1}}=Z\left[\frac{D(s)}{s}\right]$$

整理后得

$$D(z)=(1-z^{-1})Z\left[\frac{D(s)}{s}\right]=Z\left[\frac{1-z^{-1}}{s}D(s)\right] \tag{5-5}$$

它表示 $D(z)$ 是通过串联零阶保持器与模拟控制器得到的，所以也称零阶保持等效法。该方法可以很好地保持模拟控制器的动态特性，但脉冲响应和频率响应都会产生畸变。

与脉冲响应不变法相同，阶跃响应不变法也会产生频率混叠，也仅限于有限信号带宽的场合使用。不同的是，由于积分项的存在，阶跃响应不变法增加了对高频分量的衰减，由此引起的误差较小。

稳定性 与脉冲响应不变法相同，只要模拟控制器稳定，阶跃响应不变法不存在稳定性问题。

【例题 5-7】 利用 LabVIEW 观察二阶模拟控制系统离散化前后的时域特性和频域特性。

在图 5-5 中，选择离散化方法为零阶保持法。重复例题 5-1 的步骤，观察离散化前后控制器的特性变化。

5.2.6 零极点匹配法

零极点匹配法要求等效数字控制器 $D(z)$ 的零极点分布与模拟控制器 $D(s)$ 相同，从而保证二者具有相同的动态性能。

假设模拟控制器

$$D(s)=\frac{U(s)}{E(s)}=K\frac{\prod_{i=1}^{m}(s-z_i)}{\prod_{j=1}^{n}(s-p_j)}$$

式中，z_i 表示 $D(s)$ 的零点；p_j 表示 $D(s)$ 的极点；$m \leqslant n$。

根据关系式 $z=\mathrm{e}^{st}$，将 $D(s)$ 的零点 z_i 和极点 p_j 映射到 z 平面相应位置。具体为

$$s=z_i \Rightarrow z=\mathrm{e}^{z_i T}$$

$$s=p_j \Rightarrow z=\mathrm{e}^{p_j T}$$

以 $\mathrm{e}^{z_i T}$ 为零点，$\mathrm{e}^{p_j T}$ 为极点，在 z 平面构建数字控制器

$$D(z)=K'(z+1)^{n-m}\frac{\prod_{i=1}^{m}(z-\mathrm{e}^{z_i T})}{\prod_{j=1}^{n}(z-\mathrm{e}^{p_j T})} \tag{5-6}$$

上式即利用零极点匹配法获得的数字控制器。

为了完成设计，还需要调整 K'，使 $D(z)$ 和 $D(s)$ 在特定频率处具有相同的增益。基本原则如下：

(1) 如果重视低频段的特性，则调整 K' 使 $D(z)\big|_{z=1}=D(s)\big|_{s=0}$。

(2) 如果重视高频段的特性，则调整 K' 使 $D(z)\big|_{z=-1}=D(s)\big|_{s=\infty}$。

(3) 如果重视某特定频率处的特性，则调整 K' 使 $D(z)\big|_{z=\mathrm{e}^{\mathrm{j}\omega T}}=D(s)\big|_{s=\mathrm{j}\omega}$。

与其他几种方法相比，零极点匹配法具有如下特点。

(1) 若 $D(s)$ 稳定，则 $D(z)$ 一定稳定。

(2) $D(z)$ 与 $D(s)$ 有近似的系统特性，能保证某处频率的增益相同。

(3) 可防止频率混叠。

(4) 需要获得全部零极点，有时不太方便。

【例题 5-8】 利用 LabVIEW 观察二阶模拟控制系统离散化前后的时域特性和频域特性。

在图 5-5 中，选择离散化方法为零极点匹配法(Matched)，并设定匹配频率(Matching Frequency)。重复例题 5-1 的步骤，观察离散化前后控制器的特性变化。

5.2.7 不同离散化方法的比较

在例题 5-1、例题 5-3 以及例题 5-5～例题 5-8 中，选择模拟控制器

$$D(s)=\frac{1}{s^2+s+1}$$

设定采样周期为 1s，不同离散化方法得到数字控制器的时域特性和频域特性汇总如表 5-1 所示。

表 5-1　不同离散化方法的特性比较

	伯德图	阶跃响应	脉冲响应	零极点分布
前向差分法	Magnitude (dB) 0 -50 -100 -150 Phase (deg) 200 100 0 -100 -200 Continuous Discrete 10m 100m 1 10 100 1k Frequency (rad/s)	Step Response Amplitude 0 0.25 0.5 0.75 1 1.25 1.5 1.75 2 Continuous TF Discrete TF 0 5 10 15 20 25 30 35 40 45 50 Time	Impulse Response Amplitude -1 -0.75 -0.5 -0.25 0 0.25 0.5 0.75 1 Continuous TF Discrete TF 0 5 10 15 20 25 30 35 40 45 50 Time	Pole-Zero Map Discrete Poles Discrete Zeros 1 0.75 0.5 0.25 0 -0.25 -0.5 -0.75 -1 -1 -0.5 0 0.5 1 Real Axis
后向差分法	Magnitude (dB) 0 -50 -100 -150 Phase (deg) 0 -50 -100 -150 -200 Continuous Discrete 10m 100m 1 10 100 1k Frequency (rad/s)	Step Response Amplitude 0 0.2 0.4 0.6 0.8 1 1.2 Continuous TF Discrete TF 0 2.5 5 7.5 10 12.5 15 17.5 20 22.5 25 Time	Impulse Response Amplitude -0.1 0 0.1 0.2 0.3 0.4 0.5 0.6 Continuous TF Discrete TF 0 2.5 5 7.5 10 12.5 15 17.5 20 22.5 25 Time	Pole-Zero Map Discrete Poles Discrete Zeros 1 0.75 0.5 0.25 0 -0.25 -0.5 -0.75 -1 -1 -0.5 0 0.5 1 Real Axis
双线性变换法	Magnitude (dB) 0 -50 -100 -150 Phase (deg) 0 -50 -100 -150 -200 Continuous Discrete 10m 100m 1 10 100 1k Frequency (rad/s)	Step Response Amplitude 0 0.2 0.4 0.6 0.8 1 1.2 Continuous TF Discrete TF 0 2 4 6 8 10 12 14 16 18 20 22 24 26 28 30 32 Time	Impulse Response Amplitude -0.1 0 0.1 0.2 0.3 0.4 0.5 0.6 Continuous TF Discrete TF 0 2 4 6 8 10 12 14 16 18 20 22 24 26 28 30 32 Time	Pole-Zero Map Discrete Poles Discrete Zeros 1 0.75 0.5 0.25 0 -0.25 -0.5 -0.75 -1 -1 -0.5 0 0.5 1 Real Axis

续表

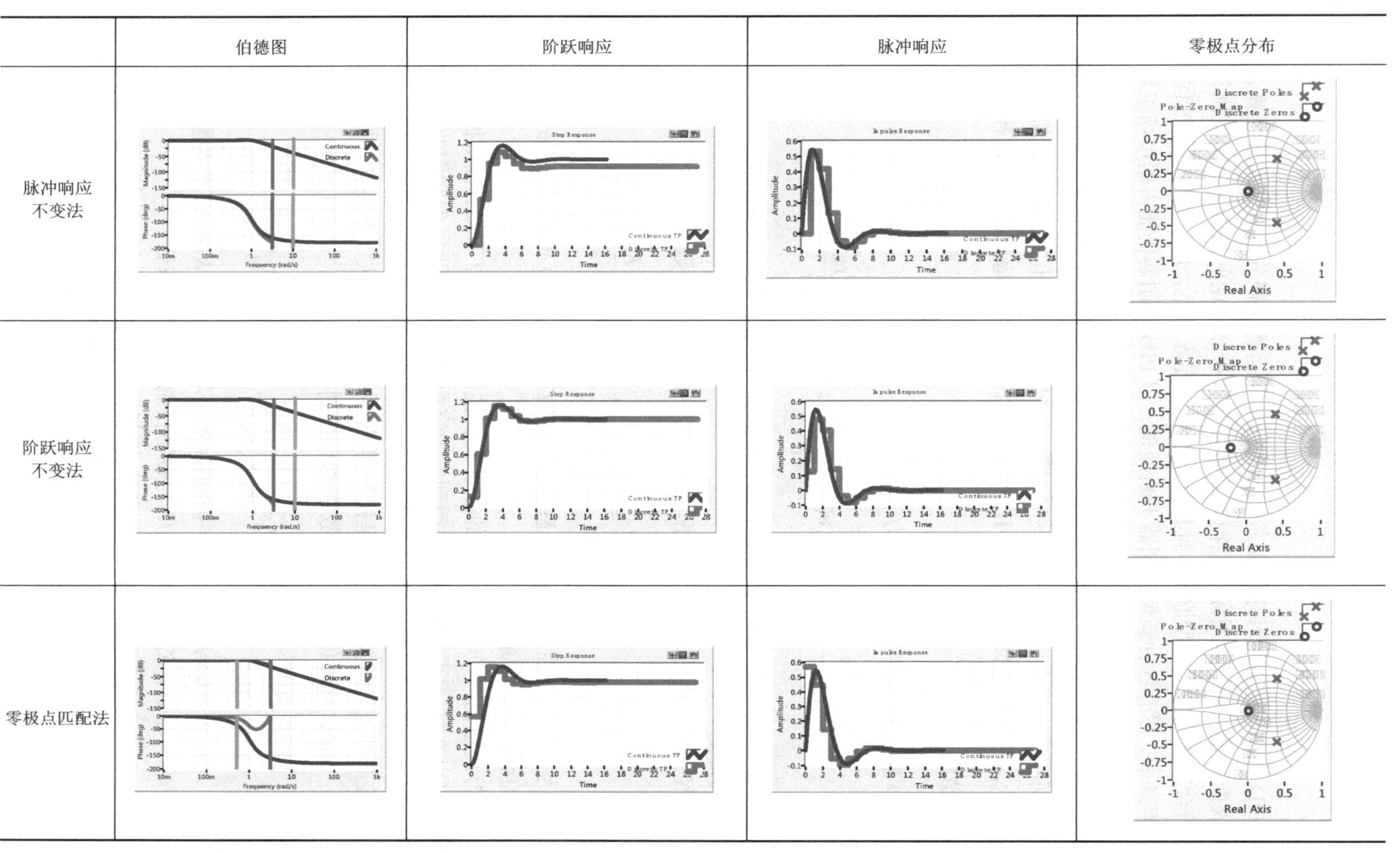

	伯德图	阶跃响应	脉冲响应	零极点分布
脉冲响应不变法				
阶跃响应不变法				
零极点匹配法				

注：表中零极点匹配法的匹配频率设为 0.5rad/s。

5.3 数字 PID 控制

所谓 PID 控制，是对闭环系统偏差信号进行比例运算、积分运算和微分运算，并通过线性组合构成控制量，对被控对象实施控制。根据现代控制理论的观点，PID 控制具有本质的鲁棒性、符合二次型最优选型原则，且具有智能化的专家特色，是一种理想的过程控制方案。因此，多年以来，尽管各种新型控制器不断涌现，但 PID 控制器仍能占据市场主导地位，在电力、冶金、机械、化工等行业得到广泛应用。

随着计算机技术的发展，数字 PID 控制器已经基本取代了模拟 PID 控制器。尽管二者要解决的控制问题没有根本区别，但某些针对数字 PID 控制提出的解决方案却不适用于模拟 PID 控制设计，一些性能良好的数字 PID 控制器也没有与之对应的模拟 PID 控制器。

5.3.1 基本结构

模拟 PID 控制器的微分方程描述为

$$u(t)=K\left[e(t)+\frac{1}{T_i}\int_0^t e(\tau)\mathrm{d}\tau+T_d\frac{\mathrm{d}e(t)}{\mathrm{d}t}\right] \tag{5-7}$$

式中，$e(t)$为控制器的偏差输入；$u(t)$为控制器的输出；K 为比例系数；T_i为积分时间常数；T_d为微分时间常数。

式(5-7)经拉氏变换后，可以得到模拟 PID 控制器的传递函数

$$D(s)=\frac{U(s)}{E(s)}=K\left(1+\frac{1}{T_i s}+T_d s\right)=K_P+\frac{K_I}{s}+K_D s \tag{5-8}$$

式中，$K_P=K$ 为模拟 PID 控制器的比例系数；$K_I=K/T_i$ 为模拟 PID 控制器的积分系数；$K_D=KT_d$ 为模拟 PID 控制器的微分系数。

将式(5-7)离散化，可以得到相应的数字 PID 控制器。由 5.2 节知，模拟控制器离散化时有多种方法可以选择，不同离散化方法得到的数字控制器参数不同，但它们的结构是一样的，都由比例、积分和微分三个控制环节构成。

考虑到控制器设计最关心的问题是控制器的结构构建，不失一般性，我们采用后向差分法进行说明。于是，与式(5-7)等效的数字 PID 控制器可以写为

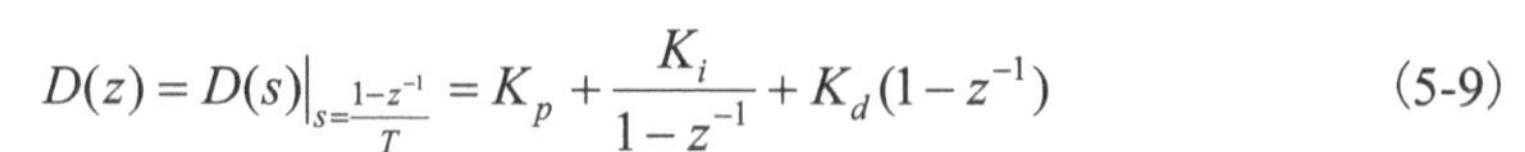

$$D(z)=D(s)\Big|_{s=\frac{1-z^{-1}}{T}}=K_p+\frac{K_i}{1-z^{-1}}+K_d(1-z^{-1}) \tag{5-9}$$

延伸：LabVIEW 中的 PID 控制

式中，$K_p=K_P=K$ 为数字控制器的比例系数；$K_i= K_I T=KT/T_i$ 为数字控制器的积分系数；$K_d=K_D/T=KT_d/T$ 为数字控制器的微分系数。

式(5-9)表明，数字 PID 控制器由三部分组成：比例控制 K_p、积分控制 $K_i/(1-z^{-1})$和微分控制 $K_d(1-z^{-1})$。其中，比例控制决定了控制器性能的边界，积分控制可以改善控制器的低频性能，而微分控制则对控制器的高频性能进行修正。各组成部分的作用讨论如下。

1. 比例控制

比例控制也称 P 控制，是最基本的控制器。其控制规律为

$$D(z)=\frac{U(z)}{E(z)}=K_p$$

$$u(k)=K_p e(k)$$

从图 5-9 可以看出，比例控制是一个纯粹的放大环节，其输出 $u(k)$ 对于输入偏差 $e(k)$ 的变化是即时反应的。也就是说，偏差 $e(k)$ 一旦出现，控制器立即产生控制作用，使被控量朝着减小偏差的方向变化，变化的速度则取决于比例系数 K_p。

比例控制的主要缺点是存在稳态误差。因为比例控制是一个纯粹的增益，只有在输入偏差存在时，控制器才会产生输出。一旦输入偏差为零，其控制作用也相应消失，导致偏差迅速增大。

在许多应用场景中，稳态误差是不允许存在的。这种情况下，如果采用比例控制，只能尽可能地增大比例系数以使稳态误差减小到可以忽略的程度，但无法完全消除。而且，如果比例系数过大，系统可能会产生振荡，失去稳定性。

2. 积分控制

积分控制也称 I 控制，一般与 P 控制联合使用，主要作用是提高系统在低频段的抗扰动能力，消除稳态误差。

积分控制的控制规律为

$$D(z)=\frac{U(z)}{E(z)}=\frac{K_i}{1-z^{-1}}$$

$$u(k)=u(k-1)+K_i e(k)$$

可以看出，积分控制除了与当下的输入偏差 $e(k)$ 有关外，还与上一个时刻的控制输出 $u(k-1)$ 有关。在零初始条件下，其输出 $u(k)$ 正比于历史输入偏差的和，即

$$u(k)=K_i\sum_{j=1}^{k}e(j)$$

从图 5-10 可以看出，控制器的控制输出变化落后于偏差输入变化，控制幅度与输入偏差当下的值也没有关系，而是正比于历史上输入偏差的和，比例系数为 K_i。

积分控制最大的特点是能消除稳态误差。一般来说，积分系数越大，控制器消除稳态误差的能力越强，系统恢复稳态的时间越短。但是，相对于比例控制，积分控制额外增加了一个增益，同时引入了相位滞后，这都会减小稳定裕度，给控制带来一定的麻烦。

3. 微分控制

微分控制也称 D 控制，通常与 P 控制或 I 控制联合使用，能够提升系统的快速响应能力，但容易引起高频振荡。

微分控制的控制规律为

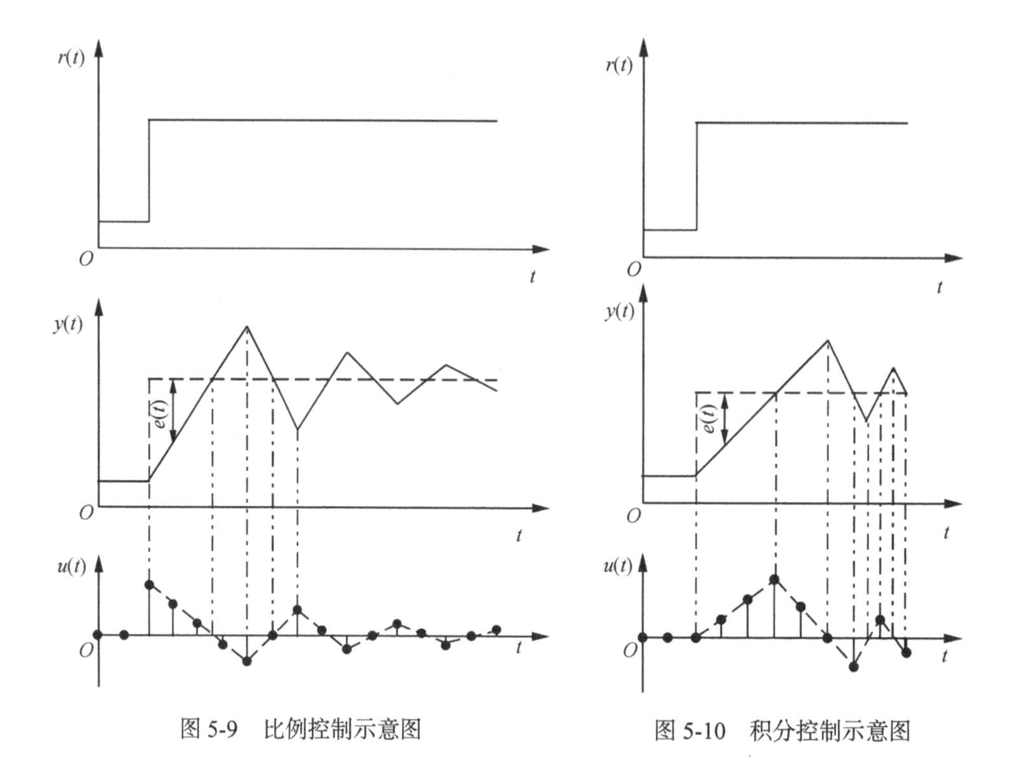

图 5-9　比例控制示意图　　　图 5-10　积分控制示意图

$$D(z)=\frac{U(z)}{E(z)}=K_d(1-z^{-1})$$

$$u(k)=u(k-1)+K_d\left[e(k)-e(k-1)\right]$$

上式表明，微分控制的强弱主要由上一个采样周期的变化决定。考虑到采样周期通常很短，因此，即使偏差不大，只要有突变，微分控制也一样可以产生很大的输出。

图 5-11 表明，微分控制的输出变化要比比例控制和积分控制大得多。而且，从图中可以看出，微分控制的输出变化领先于输入偏差的变化，说明微分控制会在系统中引入一个超前相位。超前相位的引入能够增加系统相位裕度，改善其在高频段的表现；但同时增大了穿越频率处的增益，也会损害增益裕度。

【例题 5-9】 利用 LabVIEW 观察不同离散化方法对数字 PID 控制器的影响，并考察采用后向差分法时，比例控制、积分控制、微分控制输出与系数的关系。

仿真例程：不同选择对 PID 控制器的影响

打开 LabVIEW 的“NI 范例查找器”，搜索并打开“CDEx Discretizing a PID Controller.vi”。

在图 5-12 中，选择离散化方法(Method for Discretization Controllers)，观察 Discretized PID 给出的数字 PID 控制器脉冲传递函数，考虑离散化方法对控制器结构和参数的影响。

选定后向差分法，并设置采样时间(Sampling Time)为 1s，将积分增益(Integral Gain)和微分增益(Derivative Gain)调为零，观察比例控制的阶跃响应曲线。

固定采样时间，改变比例系数，观察阶跃响应曲线的变化，验证比例系数对系统性能的影响。

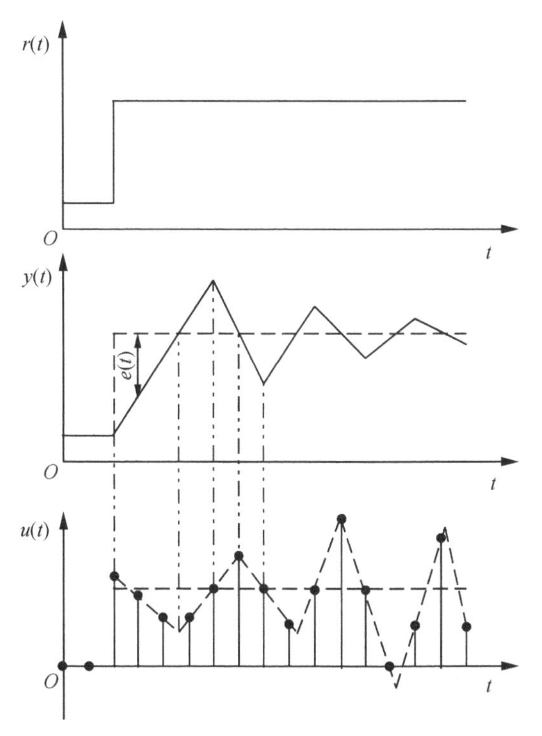

图 5-11　微分控制示意图

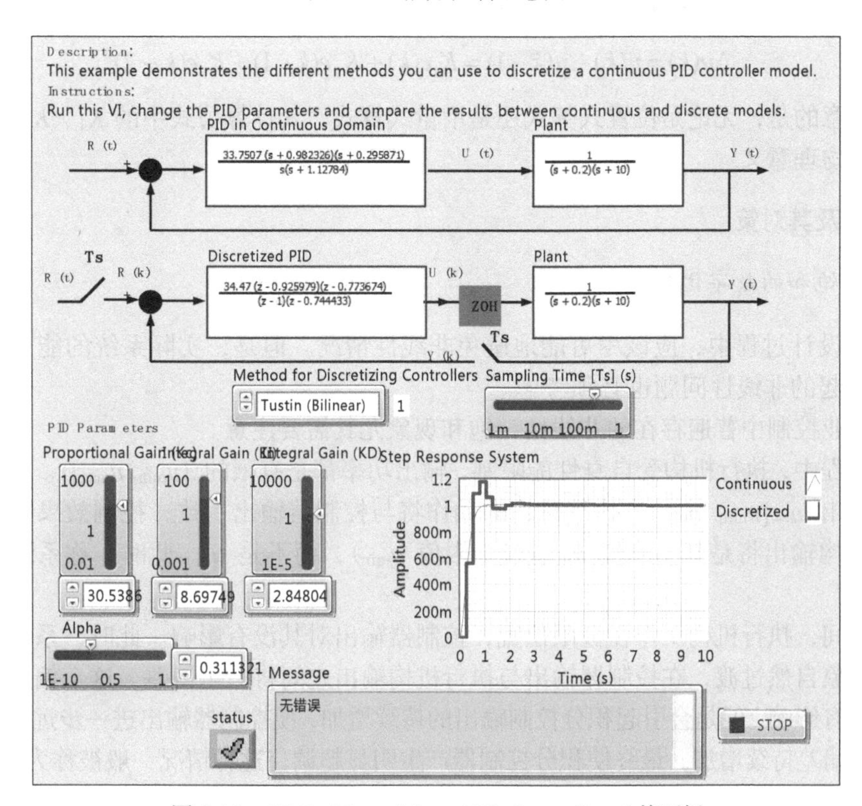

图 5-12　CDEx Discretizing a PID Controller.vi 前面板

固定比例系数，改变采样时间，观察阶跃响应曲线的变化，考虑比例系数和采样周期对系统性能的影响。

依次重复上述过程，验证积分系数和微分系数对系统性能的影响。

5.3.2 基本算式

式(5-9)可以写为

$$\frac{U(z)}{E(z)}=K_p+\frac{K_i}{1-z^{-1}}+K_d(1-z^{-1})$$

将等式两端的分子和分母交叉相乘，可以得到数字 PID 控制器的差分方程描述

$$u(k)-u(k-1)=K_p\left[e(k)-e(k-1)\right]+K_ie(k)+K_d\left[e(k)-2e(k-1)+e(k-2)\right]$$

整理后，有

$$\begin{aligned}u(k)&=(K_p+K_i+K_d)e(k)-(K_p+2K_d)e(k-1)+K_de(k-2)+u(k-1)\\&=K_1e(k)+K_2e(k-1)+K_3e(k-2)+u(k-1)\end{aligned}\tag{5-10}$$

式(5-10)是数字 PID 控制器的基本算式，称为位置式 PID 算式。它给出了控制量的绝对大小，适于驱动要求绝对位置输出的机构(如阀门、晶闸管、伺服电机等)。

对于只要求控制量增量输出的机构(如步进电机等具有积分环节记忆的执行机构)，可以使用式(5-11)给出的增量式 PID 算式

$$\Delta u(k)=u(k)-u(k-1)=K_1e(k)+K_2e(k-1)+K_3e(k-2)\tag{5-11}$$

需要注意的是，无论是位置式算式还是增量式算式，其计算公式中的 K_1、K_2 和 K_3 都不具有明显的物理意义。

5.3.3 饱和及其对策

1. 积分饱和的数字化对策

控制器设计过程中，应该尽可能地避免非线性情况。但是，实际系统的能力都是有限的，由此引起的非线性问题也必须考虑。

作为工业控制中普遍存在的非线性，饱和现象尤其需要注意。

实际工程中，执行机构受自身性能限制，输出功率都是有限的($[u_{\min}, u_{\max}]$)。如果指令信号要求的输出 $u_k\in[u_{\min}, u_{\max}]$，执行机构的动作将与控制器输出一致，控制效果符合预期。否则执行机构输出将是其上限值 $u_{\max}$(或下限值 $u_{\min}$)，而不是 u_k。此时，称系统进入饱和状态。

饱和期间，执行机构工作在极限位置，控制器输出对其没有影响。此时，系统相当于开环，被控对象自然过渡，在控制器输出与执行机构输出之间将产生偏差。这个偏差对于比例控制几乎没有影响，但是会引起积分控制输出的持续增加，使控制器输出进一步远离执行机构输出，导致偏差持续增加，最终使积分控制器产生明显超调。这种情况一般被称为积分饱和，如图 5-13 所示。

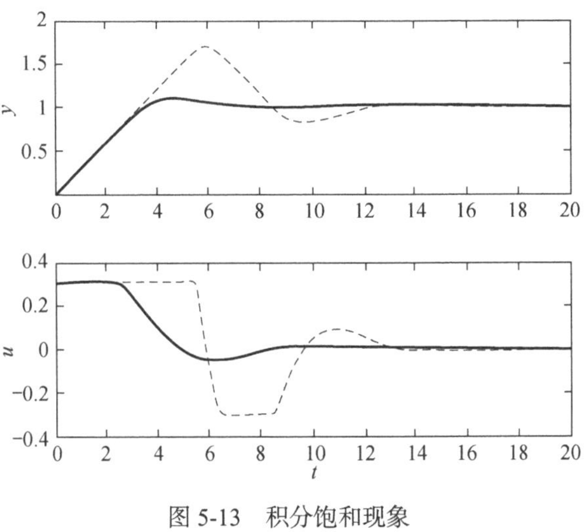

图 5-13　积分饱和现象

（虚线是产生积分饱和的情况）

【例题 5-10】 利用 LabVIEW 观察积分饱和。

打开 LabVIEW 的“NI 范例查找器”，搜索并打开“Manual-Automatic Control with Saturation.vi”。

在图 5-14 中，调节“输出控制器范围”的上限和下限，然后改变设定值（SP），在“含饱和输出”窗格观察积分饱和曲线。

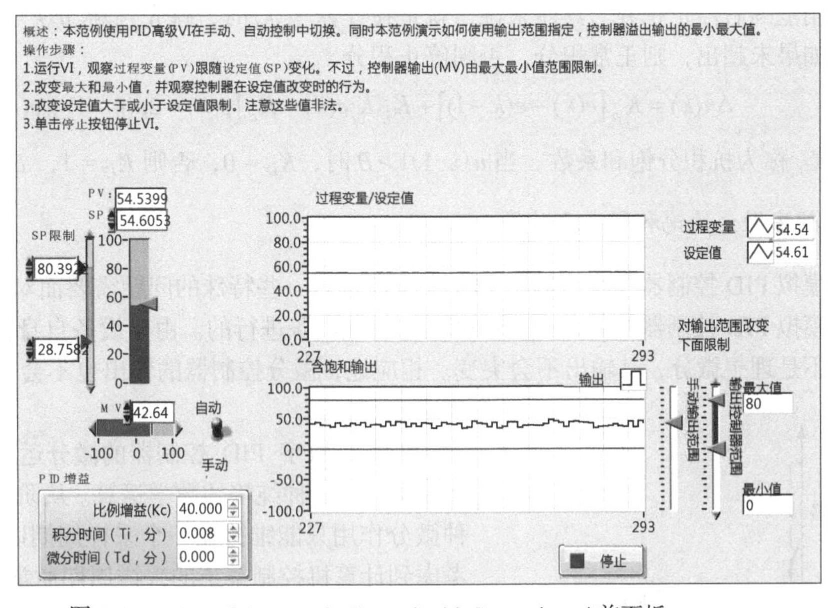

图 5-14　Manual-Automatic Control with Saturation.vi 前面板

积分饱和会使稳定系统不停地振荡，对于变化缓慢的对象尤其明显。为了克服积分饱和，最好的做法是把积分钳位在恰好饱和的位置，即（积分值 × K_i + 偏差）× K_p 刚好大于最大值。

为了钳位，模拟 PID 控制器一般会使用钳位二极管，而数字 PID 控制器则有更加灵活的解决方案。

1）遇限削弱积分 PID 算式

基本思想是：在 $u(k)$ 饱和后，只执行削弱积分项的运算，停止增大积分项的运算。为此可以在计算 $u(k)$ 之前判断 $u(k-1)$ 是否进入饱和状态，如果进入，则根据 $e(k)$ 的符号进一步判断系统是否停留在饱和状态，再据此决定是否计算积分项。具体算式为

$$\Delta u(k)=K_p\left[e(k)-e(k-1)\right]+K_{i\alpha}K_i e(k)+K_d\left[e(k)-2e(k-1)+e(k-2)\right] \tag{5-12}$$

式中

$$K_{i\alpha}=\begin{cases}0, & \begin{array}{c}u(k-1)\geqslant u_{\max}\text{且}e(k)>0\\ \text{或者}\\ u(k-1)\leqslant u_{\min}\text{且}e(k)<0\end{array}\\ 1, & \text{其他}\end{cases}$$

2）积分分离 PID 算式

消除积分饱和的关键在于不能使积分项积累过大。为了达到这一目的，可以在系统偏差较大时取消积分作用，而在偏差达到一定阈值后再进行积分，即采用积分分离 PID 算式

$$\Delta u(k)=K_p\left[e(k)-e(k-1)\right]+K_{i\beta}K_i e(k)+K_d\left[e(k)-2e(k-1)+e(k-2)\right] \tag{5-13}$$

式中，$K_{i\beta}$称为积分分离系数，当$|e(k)|>A$ 时，$K_{i\beta}=0$，否则 $K_{i\beta}=1$，A 为输入的阈值。

3）抗积分饱和 PID 算式

抗积分饱和 PID 算式的思路恰好与积分分离 PID 算式相反。它在一开始进行积分，但在进入限制范围后停止积分。具体来说，就是在计算 $u(k)$时，首先判断 $u(k-1)$是否超出允许范围。如果未超出，则正常积分，否则停止积分

$$\Delta u(k)=K_p\left[e(k)-e(k-1)\right]+K_{i\gamma}K_i e(k)+K_d\left[e(k)-2e(k-1)+e(k-2)\right] \tag{5-14}$$

式中，$K_{i\gamma}$ 称为抗积分饱和系数。当$|u(k-1)|>B$ 时，$K_{i\gamma}=0$，否则 $K_{i\gamma}=1$，B 为输出饱和值。

2. 数字微分的饱和影响及对策

与模拟 PID 控制器相比，数字 PID 控制器还有一些特殊的问题需要面对，如数字微分。

在模拟 PID 控制器中，微分运算是通过物理设备进行的。由于设备自身惯性的影响，微分运算不是理想微分，其输出不会突变。相应地，微分控制器的输出也不会突变，如图 5-15 所示。

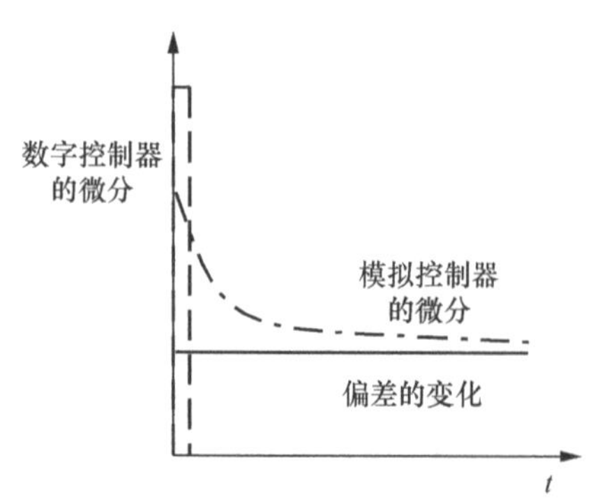

图 5-15　微分运算的比较

但是，数字 PID 控制器的微分运算是通过计算机实现的，是一种纯粹的数学运算。从阶跃响应来看，这种微分作用只能维持在一个采样周期以内（图 5-15）。考虑到计算机控制系统的采样周期通常很小，数字 PID 的微分控制环节即使在偏差不大的情况下也很有可能产生巨大的输出。

与积分饱和类似，数字微分引起的控制器突变也会迫使系统饱和，并产生超调。为了消除影响，基本思想是修正数字微分算法以模拟物理设备的微分过程。

具体方法是对数字微分结果进行低通滤波(图 5-16),以把一个采样周期内产生的突变分配到多个(通常为 3～10 个)采样周期,从而使微分控制作用能够逐步下降,达到减弱振荡的目的。

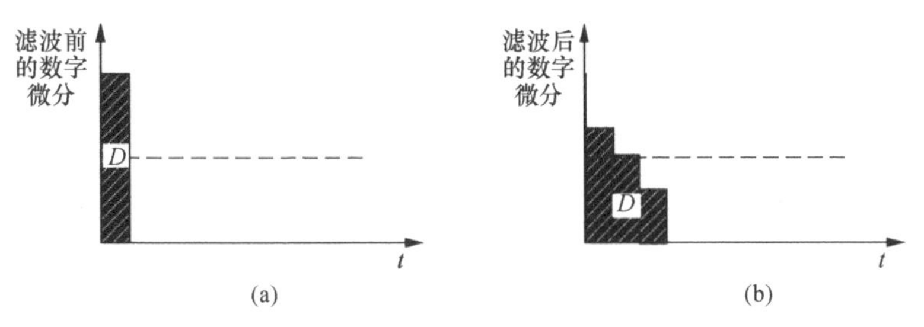

图 5-16　数字微分与不完全微分

图 5-17 给出了修正后的 PID 控制器框图，其传递函数

$$D(s)=\frac{U(s)}{E(s)}=K_P+\frac{K_I}{s}+\frac{K_D s}{1+\frac{T_d}{N}s}$$

式中，K_P、K_I、K_D 和 T_d 的含义与式(5-8)相同；N 为滤波参数，一般取 3～10。

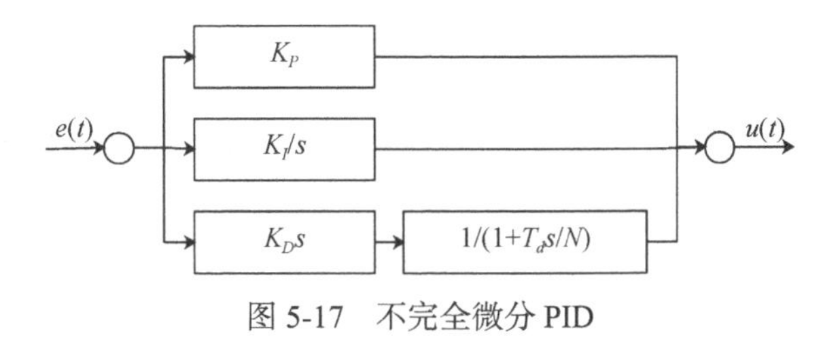

图 5-17　不完全微分 PID

将其离散化，得到等效数字 PID 控制器的脉冲传递函数

$$D(z)=D(s)\Big|_{s=\frac{1-z^{-1}}{T}}=K_p+K_i\frac{1}{1-z^{-1}}+K_d\frac{\left(1-\dfrac{T_d}{NT+T_d}\right)(1-z^{-1})}{1-\dfrac{T_d}{NT+T_d}z^{-1}}$$

式中，K_p、K_i、K_d 的含义与式(5-9)相同。

令 $\alpha=\dfrac{T_d}{NT+T_d}$，则有

$$D(z)=K_p+K_i\frac{1}{1-z^{-1}}+K_d\frac{(1-\alpha)(1-z^{-1})}{1-\alpha z^{-1}}$$

整理后，得到修正 PID 控制器的增量算式(式(5-15))。其形式与一般 PID 控制器的增量算式相同，只是多了一个修正项

$$\Delta u(k)=K_1e(k)+K_2e(k-1)+K_3e(k-2)+\alpha\Delta u(k-1) \tag{5-15}$$

式中，$K_1=K_p+K_i+(1-\alpha)K_d$；$K_2=-\left[(1+\alpha)K_p+\alpha K_i+2(1-\alpha)K_d\right]$；$K_3=\alpha K_p+(1-\alpha)K_d$。

考虑到偏差 $e(t)=r(t)-y(t)$，指令信号 $r(t)$ 和反馈信号 $y(t)$ 的突变都可能引起偏差信号 $e(t)$ 的突变。因此，在给定值频繁升降的场合，可以只对反馈信号 $y(t)$ 进行微分，以避免控制器输出因指令输入的频繁变动而产生超调；而在高频干扰严重的场合，则可以只对指令信号 $r(t)$ 微分，并对 $y(t)$ 进行滤波以抑制高频干扰。

5.3.4 PID 参数整定

虽然 PID 控制适用于多种场合，但如果控制参数选择不当，控制效果未必令人满意。PID 参数整定就是根据被控对象选择比例度（比例系数的倒数）、积分时间常数和微分时间常数的过程。

对于数字 PID 控制，除了需要整定以上参数，还需要确定采样周期。

1. 选择控制规律

不同应用对控制器的要求是不相同的。在选定控制规律时，设计者必须根据应用实际需要的性能来选择。选择的控制算式越复杂，所需要的数字处理能力就越高，需要的外部资源就越昂贵，调试的难度也越大。设计者必须在性能和费用之间进行平衡，以决定值得付出的代价是多少。

针对不同的被控对象和负载，选择 PID 控制规律的一般原则如下：

(1) 若被控对象为一阶惯性环节，且负荷变化不大，工艺要求不高，则可采用纯比例 (P) 控制。

(2) 若被控对象为具有纯滞后特性的一阶惯性环节，虽然负荷变化不大，但是工艺要求较高，则可以采用比例积分 (PI) 控制。

(3) 若被控对象纯滞后时间长，负荷变化大，工艺要求高，则采用比例积分微分 (PID) 控制。

(4) 对于具有纯滞后特性的高阶（二阶以上）惯性环节，当负荷变化大、控制要求高时，可以采用多回路控制（如串级控制、前馈-反馈控制、前馈-串级控制或纯滞后补偿控制等）。

2. 选择采样周期

从理论上说，采样周期可以根据采样定理计算得到。但在工程实践中，采样周期受各种因素影响，必须根据具体应用环境和实际控制要求进行选择。一般原则如下：

(1) 采样周期应远小于被控对象的时间常数，否则无法实时反映被控对象的瞬变过程。

(2) 采样周期应远小于被控对象的扰动周期，并与系统主要扰动呈整倍数关系，以便抑制干扰。

(3) 采样周期应考虑执行机构的响应速度，如果执行机构响应较慢，过短的采样周期反而达不到控制目的。

(4) 采样周期应满足控制品质的要求。

(5) 对于具有纯滞后特性的系统，采样周期应根据纯滞后时间选择，并尽量使其与滞后时间呈整倍数关系。

具体选择时，可以先按照经验数据选取，再根据现场试验进行修正，表 5-2 所示为采样周期经验数据表。

表 5-2　采样周期经验数据表

被控参数	采样周期	被控参数	采样周期
温度	15～20s	成分	15～20s
压力	3～10s	速度	5～20ms
流量	1～5s	电流	1～5ms
液位	6～8s	位置	10～50ms

需要注意的是，计算机控制系统往往含有多个不同的控制回路，此时应按响应速度最快的控制回路选取采样周期。

3. 参数整定

延伸：基于 LabVIEW 的 PID 参数整定

进行 PID 参数整定之前，需要熟悉各系数变化对系统响应的影响。概括来说，增加比例系数有利于减小稳态误差，加快系统响应，但过大时会引起系统振荡；增加积分时间可以减小超调，有利于系统稳定，但会使系统响应速度变慢；增加微分时间可以加快系统响应，减小超调，增加系统稳定性，但会使系统抗干扰能力减弱。

数字 PID 控制的参数整定是参考模拟 PID 参数整定方法进行的，常用的方法包括扩充临界比例度法和经验整定法。

1）扩充临界比例度法

扩充临界比例度法又称闭环振荡法，使用时不需要预先获得被控对象的动态特性，可以直接在闭环控制系统中进行整定。常用于自衡对象，但在某些不允许振荡的场合则无法使用。具体步骤如下：

（1）选择足够短的采样周期。通常可选择采样周期为被控对象纯滞后时间的 1/10。

（2）采用纯比例控制，即把控制器的积分时间设置为最大，微分时间设置为零。

（3）给系统施加阶跃输入信号，观察由此引起的输出振荡。

（4）按照由大到小的顺序减小比例度（比例系数的倒数），观察输出变化是发散的还是衰减的。如果输出是衰减的，则继续减小比例度，否则放大比例度。

（5）重复第（3）步和第（4）步，直到输出产生恒定幅度和周期的振荡，即持续 4～5 次等幅振荡。此时的比例度示值就是临界比例度，振荡波形的周期就是临界振荡周期。记录临界比例度δ_u及临界振荡周期 T_u。

（6）选择控制度。所谓控制度，就是以模拟 PID 控制为基准给出的控制效果评价函数，用于评价数字 PID 控制器对于模拟 PID 控制器的近似度。

（7）根据选定的控制度，查表 5-3 得数字控制器的 K_p、T_i、T_d 及采样周期 T。

表 5-3　按扩充临界比例度法整定参数

控制度	控制规律	T	K_p	T_i	T_d
1.05	PI	$0.03T_u$	$0.53\delta_u$	$0.88T_u$	—
	PID	$0.014T_u$	$0.63\delta_u$	$0.49T_u$	$0.14T_u$

续表

控制度	控制规律	T	K_p	T_i	T_d
1.2	PI	$0.05T_u$	$0.49\delta_u$	$0.91T_u$	—
	PID	$0.043T_u$	$0.47\delta_u$	$0.47T_u$	$0.16T_u$
1.5	PI	$0.14T_u$	$0.42\delta_u$	$0.99T_u$	—
	PID	$0.09T_u$	$0.34\delta_u$	$0.43T_u$	$0.20T_u$
2.0	PI	$0.22T_u$	$0.36\delta_u$	$1.05T_u$	—
	PID	$0.16T_u$	$0.27\delta_u$	$0.40T_u$	$0.22T_u$

(8)按选择的参数在线运行并观察控制效果。如果不能满足控制要求，则可以重复以上步骤，直到获得满足要求的输出。

2)经验整定法

经验整定法是工程上应用最广泛的参数整定方法。它根据各参数的作用进行整定，具体步骤如下：

(1)采用纯比例控制。令给定值作阶跃扰动，按照由小到大的顺序调节比例系数 K_p，直至获得反应快、超调小的响应曲线。此时若系统无稳态误差或稳态误差已在允许范围内，且动态响应满足要求，则参数整定结束，控制器使用比例调节器即可。

(2)若稳态误差不满足设计要求，则加入积分控制环节。整定时可将积分时间 T_i设置为较大值，并将经第(1)步整定得到的 K_p减小些，然后减小 T_i，并使系统在保持良好动态响应的情况下，消除稳态误差。期间可根据响应曲线状态反复改变 K_p及 T_i，直到得到满意的输出。

(3)若系统动态过程仍不能满意，可加入微分控制环节。需在第(2)步的基础上逐步增大 T_d，同时相应地改变 K_p和 T_i，逐步试凑以获得满意的结果。

第 6 章　数字设计方法

第 5 章在假设模拟控制器已经设计完成的基础上，可以通过模拟设计方法获得其等效数字形式。本章进一步讨论计算机控制的数字设计方法，即如何根据控制要求直接构造数字控制器的脉冲传递函数。具体内容包括：

- 数字设计方法的基本步骤
- 基于频率响应和根轨迹的数字控制器设计
- 基于极点配置的数字控制器设计

6.1　数字化设计

对于图 5-2 给出的典型计算机控制系统，如果把连续被控对象和零阶保持器看作一个整体，则可以将其等效为图 6-1(a)的形式。将其与模拟控制系统(图 6-1(b))比较，可以发现，如果把连续被控对象 $G(s)$ 和零阶保持器看作一个数字化对象 $G_d(z)$，则计算机控制系统和模拟控制系统形式完全相同。因此，对计算机控制系统的设计可以直接在数字域进行，这样的设计方法称为数字设计方法。

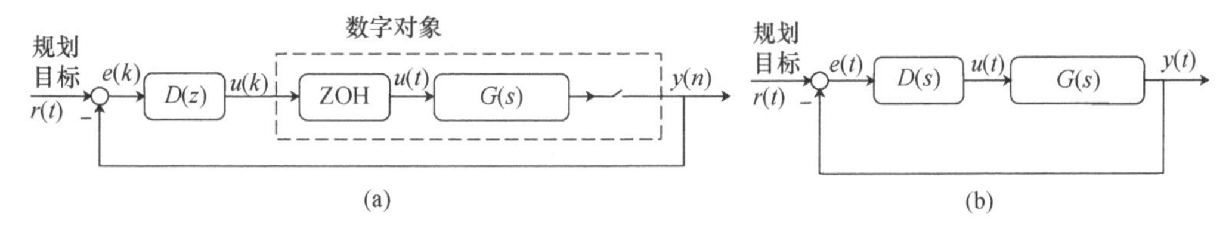

图 6-1　简化的计算机控制系统及其等效的模拟控制系统

可见，数字化设计方法是根据控制要求直接在数字域求解方程，不存在近似求解的问题。因此，能够充分发挥计算机控制的优势，获得比模拟控制品质更好的解决方案。但是，数字化设计方法建立在对数字对象(也就是物理系统的精确数字模型)求解的基础上，因此，其结果仅针对特定的物理系统模型成立。如果数字对象的参数或结构严重偏离实际对象，预定的控制性能将不会实现。从这个角度讲，数字化设计方法获得的计算机控制器只能是仿真结果，必须经过多次试验调整之后才能真正应用于物理系统。

6.1.1　基于时间响应的数字化设计

对于图 6-1(a)所示的系统，选择合适的采样频率和离散化方法，可以获得被控对象的数字化模型

$$G_d(z)=Z\left[\frac{1-\mathrm{e}^{-Ts}}{s}G(z)\right]=\frac{z^{-w}K\prod_{i=1}^{m}(1-a_i z^{-1})}{\prod_{j=1}^{n}(1-b_j z^{-1})} \tag{6-1}$$

假设数字控制器 $D(z)$ 已知，可以写出系统的闭环脉冲传递函数

$$\Phi(z)=\frac{D(z)G_d(z)}{1+D(z)G_d(z)} \tag{6-2}$$

1. 因果性的考虑

由式(6-2)有

$$D(z)=\frac{1}{G_d(z)}\frac{\Phi(z)}{1-\Phi(z)} \tag{6-3}$$

由于 $D(\infty)$ 必然是有限值或零，因此，$\Phi(z)$ 在无穷远处有足够多的零点，以抵消 $G_d(z)$ 在无穷远处零点的影响。也就是说，$\Phi(z)$ 至少应具有与 $G_d(z)$ 同样多的延迟环节，或 $\Phi(z)$ 至少应包含 w 个 z^{-1} 环节。

2. 稳定性的考虑

考虑系统的特征方程

$$1+D(z)G_d(z)=0$$

令 $D(z)=\dfrac{c(z)}{d(z)}$，则有

$$1+D(z)G(z)=1+\frac{c(z)}{d(z)}\frac{z^{-w}K\prod_{i=1}^{m}(1-a_i z^{-1})}{\prod_{j=1}^{n}(1-b_j z^{-1})}=0$$

$$d(z)\prod_{j=1}^{n}(1-b_j z^{-1})+z^{-w}Kc(z)\prod_{i=1}^{m}(1-a_i z^{-1})=0$$

可见，即使 $D(z)$ 包含 $G_d(z)$ 的不稳定极点，这些不稳定极点仍然是系统特征方程的根，系统仍然无法保证稳定。

因此，考虑

$$D(z)=\frac{1}{G_d(z)}\frac{\Phi(z)}{1-\Phi(z)}=\frac{1}{z^{-w}K}\frac{\Phi(z)}{\prod_{i=1}^{m}(1-a_i z^{-1})}\frac{1}{\Phi_e(z)\Big/\prod_{j=1}^{n}(1-b_j z^{-1})}$$

只要令 $\Phi(z)$ 的零点包含 $G_d(z)$ 所有的不稳定零点，$\Phi_e(z)=1-\Phi(z)$ 的零点包含 $G_d(z)$ 所有的不稳定极点，就一定可以保证系统的稳定性。

3. 瞬态响应的考虑

瞬态响应决定了系统的特征方程。使用同样的离散化方法和采样频率，可以将基于预期瞬态响应的系统特征方程离散化，获得数字控制系统的特征方程，即 $\Phi(z)$ 的分母。

4. 稳态响应的考虑

利用稳态误差可以确定$\Phi(z)$的分子。令输入为$R(z)$，则有

$$E(z)=R(z)-Y(z)=\left[1-\Phi(z)\right]R(z)=\Phi_e(z)R(z)$$

$$e(\infty)=\lim_{z\to1}\left[(1-z^{-1})E(z)\right]=\lim_{z\to1}\left[(1-z^{-1})\frac{R(z)}{1+D(z)G_d(z)}\right] \tag{6-4}$$

1) 0 型系统

对于单位阶跃输入$R(z)=\dfrac{z}{z-1}$，有

$$e(\infty)=\lim_{z\to1}\left[(1-z^{-1})\frac{\dfrac{z}{z-1}}{1+D(z)G_d(z)}\right]=\lim_{z\to1}\frac{1}{1+D(z)G_d(z)}=\lim_{z\to1}\left[1-\Phi(z)\right]$$

若$K_p=\lim\limits_{z\to1}\left[D(z)G(z)\right]$，则

$$\Phi(z)\Big|_{z=1}=\frac{K_p}{1+K_p} \tag{6-5}$$

2) 1 型系统

对于单位阶跃输入$R(z)=\dfrac{z}{z-1}$，有

$$e(\infty)=1-\Phi(z)\Big|_{z=1}=0$$

于是

$$\Phi(z)\Big|_{z=1}=1 \tag{6-6}$$

对于单位等速度输入$R(z)=\dfrac{Tz}{(z-1)^2}$，有

$$e(\infty)=\lim_{z\to1}\left[(1-z^{-1})\frac{\dfrac{Tz}{(z-1)^2}}{1+D(z)G_d(z)}\right]=\lim_{z\to1}\left[\frac{T}{z-1}\frac{1}{1+D(z)G_d(z)}\right]=\lim_{z\to1}\left[\frac{1-\Phi(z)}{\dfrac{z-1}{T}}\right]$$

利用洛必达法则，有

$$e(\infty)=\lim_{z\to1}\left[\frac{1-\Phi(z)}{\dfrac{z-1}{T}}\right]=-T\frac{\mathrm{d}\Phi(z)}{\mathrm{d}z}\bigg|_{z=1}$$

若$K_v=\lim\limits_{z\to1}\left[\dfrac{z-1}{T}D(z)G(z)\right]$，则

$$-T\frac{\mathrm{d}\Phi(z)}{\mathrm{d}z}\bigg|_{z=1}=\frac{1}{K_v} \tag{6-7}$$

解式(6-6)和式(6-7)联立的方程组可以确定$\Phi(z)$。

3) 2 型以上的系统

以此类推，可以采用同样的方法确定 2 型以上系统的$\Phi(z)$。

延伸：基于 LabVIEW 的离散系统时域辅助设计

【例题 6-1】 图 6-1(a) 中，假设 $G(s)=\dfrac{32}{0.06s+1}$，试设计数字控制器 $D(z)$，使系统上升时间为 2.5s，且超调量小于 25%。要求采用数字化方法完成设计，采样时间为 0.01s。

为提高效率，考虑利用 LabVIEW 进行辅助设计。

打开程序 Ex601，按照图 6-2 设置 $G(s)$，选择离散化方法为双线性变换法(Tustin)，采样周期设置为 0.01s，得到 $G_d(z)=\dfrac{2.46154z+2.46154}{z-0.846154}$。

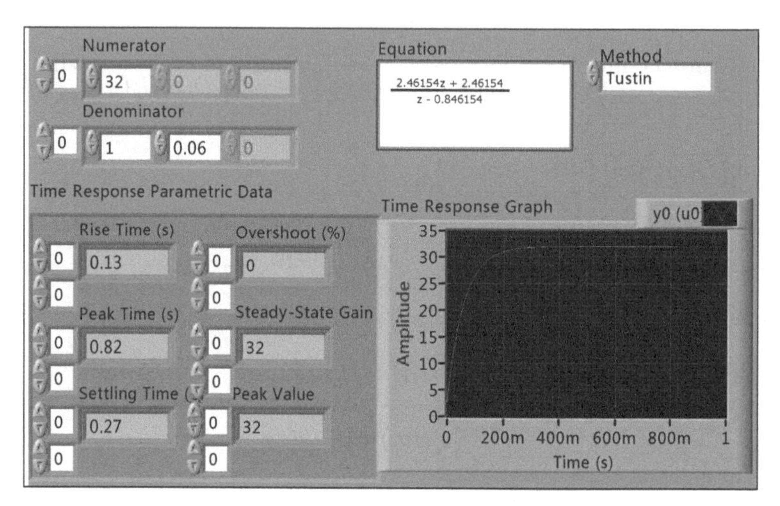

图 6-2　使用 LabVIEW 辅助完成计算机控制器设计

精细调整时间响应曲线，使其上升时间(Rise Time)为 2.5s，超调量为 23.7%。读出对应的传递函数

$$\Phi_0(s)=\frac{9}{s^2+2.5s+9}$$

同样使用双线性变换法进行离散化处理，采样周期亦取 0.01s，得到

$$\Phi_0(z)=\frac{2.22173\times10^{-4}z^2+4.44346\times10^{-4}z+2.22173\times10^{-4}}{z^2-1.97443z+0.975314}$$

据此得到$\Phi(z)$的分母为 $z^2-1.97443z+0.975314$。

考虑到因果性，$\Phi(z)$在无穷远处没有零点。同时，由于 $G_d(z)$ 没有不稳定的零极点，对$\Phi(z)$的分子也没有特别的限制。设

$$\Phi(z)=\frac{\varphi_0}{z^2-1.974z+0.975}$$

解方程 $\Phi(z)\big|_{z=1}=1$ 得 $\varphi_0=0.000884$，于是

$$\Phi(z)=\frac{0.000884}{z^2-1.974z+0.975}$$

$$D(z)=\frac{1}{G_d(z)}\frac{\Phi(z)}{1-\Phi(z)}=\frac{0.000361z-0.0003055}{z^3-0.9744z^2-z+0.9744}$$

6.1.2 基于频率响应的数字控制器设计

频率响应设计是另一种常用的直接数字设计方法。它的设计机制与模拟控制器频率响应设计相同，但设计过程在 w 平面完成，而非 z 平面。

☛ w 变换

自动控制原理中，针对模拟控制器设计的频率响应法需要处理整个左半 s 平面。而 Z 变换会把左半 s 平面的主带和次带映射到 z 平面单位圆内的同一位置，导致伯德图无法直接应用于 z 平面。因此，在进行频率响应设计时，需要对 z 平面的脉冲传递函数进行 w 变换，使其在 w 平面与 s 平面主带建立一一对应关系，以便应用伯德图进行频率响应设计。

w 变换是一种双线性变换，定义为

$$w=\frac{2}{T}\frac{z-1}{z+1}$$

式中，T 为采样周期。

经 Z 变换和 s 变换后，左半 s 平面的主带先映射到 z 平面的单位圆内部，再映射到左半 w 平面。左半 s 平面内的点与左半 w 平面内的点一一对应，且 s 平面的虚轴对应 w 平面的虚轴，如图 6-3 所示。

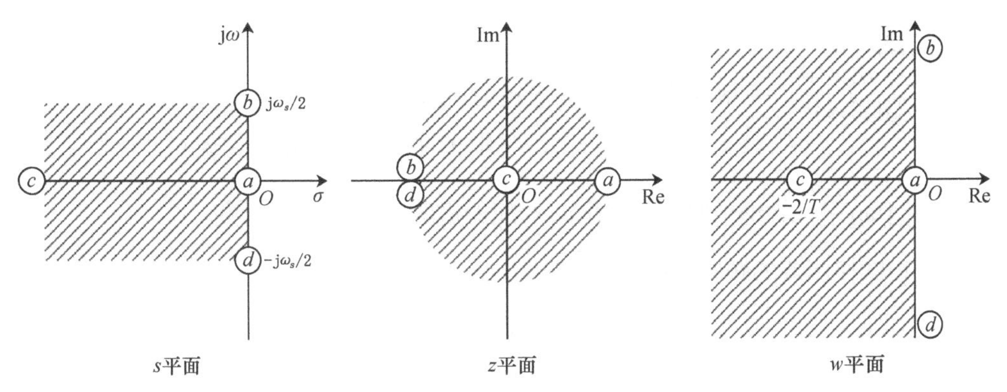

图 6-3　从 s 平面到 w 平面的映射关系

以图 6-1(a)系统为例，基于频率响应的数字化设计方法步骤如下。

(1)选择合适的采样周期，对广义被控对象 $G_d(z)$ 进行 w 变换，得到

$$G_d(w)=G_d(z)\Big|_{z=\frac{1+(T/2)w}{1-(T/2)w}} \tag{6-8}$$

(2)令 $w=\mathrm{j}v$，绘制 $G_d(w)$ 的伯德图，确定其稳态误差系数、相位裕量和增益裕量。

(3)在 w 平面，令数字控制器

$$D(w)=\frac{a_0(1+w/w_o)}{1-w/w_p} \tag{6-9}$$

得到系统的开环传递函数 $D(w)G_d(w)$。

(4)将期望的频域设计指标转换到 w 平面。

由于 w 变换中，虽然数字控制系统在 w 平面的稳定域与模拟控制系统在 s 平面的稳定域相同，两个平面同坐标极点的瞬态响应却不一样。因此，为了获得期望的频率响应，必须将 s 平面的频域设计指标等效变换到 w 平面上，变换公式为

$$w = \frac{2}{T}\frac{z-1}{z+1}\bigg|_{z=e^{sT}} = \frac{2}{T}\frac{e^{sT}-1}{e^{sT}+1} \tag{6-10}$$

(5)在 w 平面应用频率响应法确定 $D(w)$ 的低频增益 a_0、零点 w_o 和极点 w_p。

(6)对 $D(w)$ 进行逆变换，得到

$$D(z) = D(w)\big|_{w=\frac{2}{T}\frac{z-1}{z+1}} = \frac{K_d(z-z_o)}{z-z_p} \tag{6-11}$$

式中

$$K_d = \frac{a_0 w_p(w_o+2/T)}{w_o(w_p+2/T)},\quad z_o = \frac{2/T-w_o}{2/T+w_o},\quad z_p = \frac{2/T-w_p}{2/T+w_p}$$

【例题 6-2】 图 6-1(a)中，假设 $D(z)$ 是 PID 控制器。试确定 PID 控制器参数，使系统在指定频率 ω_1 处的增益为 0dB，相位裕度为 ϕ_m。

延伸：基于 LabVIEW 的离散系统频域辅助设计

假设 PID 控制器在 w 平面的传递函数

$$D(w) = K_P + \frac{K_I}{w} + K_D w$$

则设计问题可以表述为：选择 K_P、K_I 和 K_D，使在指定频率 v_1 处有

$$D(\mathrm{j}v_1)G_d(\mathrm{j}v_1) = 1\angle(-180^\circ+\phi_m)$$

式中，$v_1 = \frac{2}{T}\mathrm{j}\tan\frac{\omega_1 T}{2}$ 是 w 平面上与频率 ω_1 对应的虚频率。

考虑到 PID 控制器的频率响应

$$D(\mathrm{j}v) = K_P + \mathrm{j}\left(K_D v - \frac{K_I}{v}\right) = |D(\mathrm{j}v)|e^{\mathrm{j}\theta}$$

则有

$$D(\mathrm{j}v_1)G_d(\mathrm{j}v_1) = \left[K_P + \mathrm{j}\left(K_D v_1 - \frac{K_I}{v_1}\right)\right]G_d(\mathrm{j}v_1) = 1\angle(-180^\circ+\phi_m)$$

于是，有

$$\theta = \angle D(\mathrm{j}v_1) = -180^\circ + \phi_m - \angle G_d(\mathrm{j}v_1)$$

$$K_P = |D(\mathrm{j}v_1)|\cos\theta = \frac{\cos\theta}{|G_d(\mathrm{j}v_1)|}$$

$$K_D v_1 - \frac{K_I}{v_1} = \frac{\sin\theta}{|G(\mathrm{j}v_1)|}$$

由于最后一个方程有两个未知数，所以无法唯一确定 K_D 和 K_I。倘若将其中一个设置为

0，则可以唯一确定另外一个的值。此时，得到的是PI控制器或PD控制器。

6.1.3 基于根轨迹的数字控制器设计

数字控制器 $D(z)$ 也可以通过改造 z 平面的根轨迹直接获得。

由于数字控制系统的根轨迹作图方法和模拟控制系统相同，基于根轨迹的数字控制器设计方法与模拟控制器的根轨迹设计方法没有区别。唯一需要注意的是不同平面对根轨迹的解释，如 z 平面的系统稳定区域在单位圆内部，而 s 平面的系统稳定区域在左半 s 平面；z 平面的等阻尼轨迹是以原点为圆心的同心圆；而 s 平面的等阻尼轨迹则是平行于虚轴的直线系。

6.2 极点配置与状态估计

针对虚拟的数字化对象，6.1 节从时间响应和频率响应两个角度介绍了数字控制器的直接设计方法。在这个过程中，物理对象的工作状态由一个来自数字化对象的反馈信号描述。可以想象，如果获得更多的反馈信号，并将它们作为补充信息，对系统当前状态进行更细致的描述，就有可能得到更好的控制结果。由此推断，如果检测到系统的全状态向量，便可以得到系统状态的完整描述，以此为反馈，便可能获得数学上的最佳控制效果。

遗憾的是，对于绝大部分物理系统，全状态向量检测是不可能的或不经济的。但是，可以利用计算机构建数字化对象，通过有限的可检测信息对物理对象全部状态进行动态估计，并以此为基础实现近似的全状态反馈控制。其设计过程分成两个阶段：在第一阶段，假设所有系统状态可测，并以此为基础完成数字控制器设计；在第二阶段，完成状态观测器的设计，获得所有系统状态的估计。

简单起见，本节仅讨论极点配置方法应用于单输入单输出调节系统的情况，即仅介绍在系统初始状态不为零的情况下，使系统状态在零输入条件下衰减到零的数字控制器设计。

6.2.1 极点配置

图 6-4 中，假设控制对象是 n 阶的，其描述方程为

$$\boldsymbol{x}(k+1)=\boldsymbol{F}\boldsymbol{x}(k)+\boldsymbol{G}u(k) \tag{6-12}$$

式中，$\boldsymbol{x}(k)$ 是第 k 次采样时刻的 n 维状态向量；$u(k)$ 是第 k 次采样时刻的控制输出；$\boldsymbol{F}$ 是 $n\times n$ 维矩阵；$\boldsymbol{G}$ 是 $n\times 1$ 维列向量。

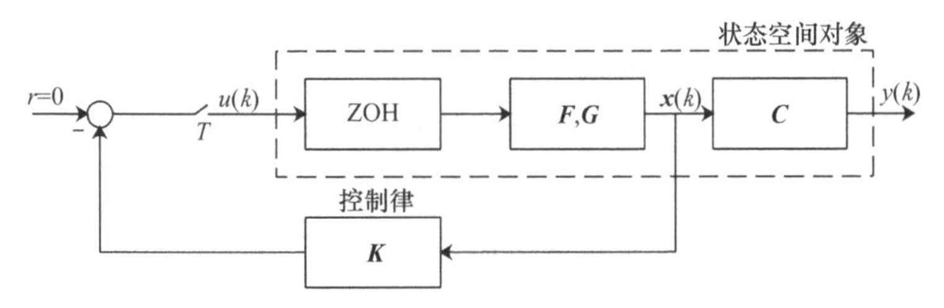

图 6-4 带状态反馈的单输入单输出系统

选择控制输出

$$u(k)=-\begin{bmatrix}K_1 & K_2 & \cdots & K_n\end{bmatrix}\boldsymbol{x}(k)=-\boldsymbol{Kx}(k) \tag{6-13}$$

式中，$\boldsymbol{K}$ 为状态反馈增益矩阵。

将 $u(k)=-\boldsymbol{Kx}(k)$ 代入状态方程，得

$$\boldsymbol{x}(k+1)=(\boldsymbol{F}-\boldsymbol{GK})\boldsymbol{x}(k)$$

求 Z 变换，有

$$z\boldsymbol{X}(z)=(\boldsymbol{F}-\boldsymbol{GK})\boldsymbol{X}(z)$$

由此得到闭环系统的特征方程

$$\alpha_c(z)=\left|z\boldsymbol{I}-\boldsymbol{F}+\boldsymbol{GK}\right|=0 \tag{6-14}$$

选择系统的期望极点为

$$z_i=\beta_i \quad i=1,2,\cdots,n$$

得到系统的期望特征方程

$$\alpha_c(z)=(z-\beta_1)(z-\beta_2)\cdots(z-\beta_n)=0 \tag{6-15}$$

比较式(6-14)和式(6-15)，令二式对应系数相等，即可解得未知增益。

可见，极点配置法的实质是通过状态反馈矩阵 $\boldsymbol{K}$ 移动系统闭环极点到期望位置，从而改善系统动态特性，获得理想的控制效果。

【例题 6-3】 对于单输入系统，给定二阶系统的状态方程

延伸：基于 LabVIEW 的状态反馈

$$\begin{bmatrix}x_1(k+1)\\x_2(k+1)\end{bmatrix}=\begin{bmatrix}0 & 0.1\\0 & 1\end{bmatrix}\begin{bmatrix}x_1(t)\\x_2(t)\end{bmatrix}+\begin{bmatrix}0.005\\1\end{bmatrix}u(t)$$

试设计状态反馈控制规律，使闭环极点为

$$z_{1,2}=0.8\pm0.25\text{j}$$

解 由题目知，系统期望的闭环特征方程

$$\alpha_c(z)=(z-z_1)(z-z_2)=z^2-1.6z+0.7=0$$

设状态反馈控制规律 $\boldsymbol{K}=[K_1 \quad K_2]$，则有

$$\begin{aligned}\alpha(z)&=|z\boldsymbol{I}-\boldsymbol{F}+\boldsymbol{GK}|\\&=\left|z\begin{bmatrix}1&0\\0&1\end{bmatrix}-\begin{bmatrix}1&0.1\\0&1\end{bmatrix}+\begin{bmatrix}0.005\\1\end{bmatrix}\begin{bmatrix}K_1&K_2\end{bmatrix}\right|\\&=z^2-(2-0.005K_1-0.1K_2)z+1-0.005K_1-0.1K_2\\&=0\end{aligned}$$

取 $\alpha(z)=\alpha_c(z)$，比较等式两边同次幂的系数，有

$$\begin{cases}2-0.005K_1-0.1K_2=1.6\\1+0.005K_1-0.1K_2=0.7\end{cases}$$

解得 $K_1=10$，$K_2=3.5$。于是，所求状态反馈控制规律为

$$\boldsymbol{K}=\begin{bmatrix}10 & 3.5\end{bmatrix}$$

例题 6-3 的控制器可以通过图 6-5 给出的系统实现。在图 6-5(a)中，假定传感器的增益为

单位 1，而这些增益实际上可能并不为 1。因此，实际系统应该调整为图 6-5(b)的结构。

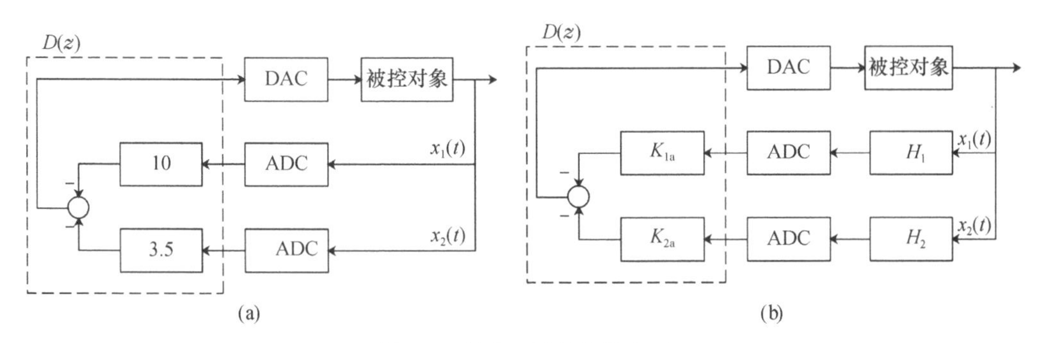

图 6-5　极点配置的硬件实现

在上面的设计过程中，反馈增益矩阵 $\boldsymbol{K}$ 是通过特征方程求解获得的，其计算过程相当烦琐。为了简化计算，引入第二能控标准型法，具体步骤如下。

(1)确定原系统的特征方程

$$\alpha(z)=\left|z\boldsymbol{I}-\boldsymbol{F}\right|=z^{n}+a_{n-1}z^{n-1}+a_{n-2}z^{n-2}+\cdots+a_{1}z+a_{0}=0 \tag{6-16}$$

(2)取变换矩阵

$$\boldsymbol{T}=\boldsymbol{M}\boldsymbol{W} \tag{6-17}$$

将原系统变换为第二能控标准型 $\hat{\boldsymbol{x}}(k+1)=\hat{\boldsymbol{F}}\hat{\boldsymbol{x}}(k)+\hat{\boldsymbol{G}}u(k)$。式中

$$\boldsymbol{M}=\begin{bmatrix}\boldsymbol{G} & \boldsymbol{F}\boldsymbol{G} & \cdots & \boldsymbol{F}^{n-1}\boldsymbol{G}\end{bmatrix}$$

$$\boldsymbol{W}=\begin{bmatrix} a_1 & a_2 & \cdots & a_{n-1} & 1\\ a_2 & a_3 & \cdots & 1 & 0\\ \vdots & \vdots & & \vdots & \vdots\\ a_{n-1} & 1 & \cdots & 0 & 0\\ 1 & 0 & \cdots & 0 & 0\end{bmatrix}$$

$$\hat{\boldsymbol{F}}=\boldsymbol{T}^{-1}\boldsymbol{F}\boldsymbol{T}=\begin{bmatrix} 0 & 1 & 0 & \cdots & 0\\ 0 & 0 & 1 & \cdots & 0\\ \vdots & \vdots & \vdots & & \vdots\\ 0 & 0 & 0 & \cdots & 1\\ -a_0 & -a_1 & -a_2 & \cdots & -a_{n-1}\end{bmatrix}$$

$$\hat{\boldsymbol{G}}=\boldsymbol{T}^{-1}\boldsymbol{G}=\begin{bmatrix}0\\0\\\vdots\\0\\1\end{bmatrix}$$

(3)对于变换后的系统，取状态反馈增益矩阵 $\boldsymbol{K}=[K_1 \quad K_2 \quad \cdots \quad K_n]$，可以写出其闭环特征方程

$$\begin{aligned}\alpha(z)&=\left|z\boldsymbol{I}-\hat{\boldsymbol{F}}+\hat{\boldsymbol{G}}\boldsymbol{K}\right|\\&=z^n+(a_{n-1}+K_n)z^{n-1}+(a_{n-2}+K_{n-1})z^{n-2}+\cdots+(a_1+K_2)z+(a_0+K_1)\end{aligned} \tag{6-18}$$

(4)写出系统的期望特征方程

$$\alpha_c(z)=(z-\beta_1)(z-\beta_2)\cdots(z-\beta_n)=z^n+\alpha_{n-1}z^{n-1}+\cdots+\alpha_1 z+\alpha_0=0 \tag{6-19}$$

式中，$\beta_i(i=1,2,\cdots,n)$是系统期望的极点。

(5)比较式(6-18)和式(6-19)，确定

$$\boldsymbol{K}=\begin{bmatrix}\alpha_0-a_0 & \alpha_1-a_1 & \cdots & \alpha_{n-1}-a_{n-1}\end{bmatrix} \tag{6-20}$$

【例题 6-4】 考虑线性定常系统

$$\boldsymbol{x}(k+1)=\boldsymbol{F}\boldsymbol{x}(k)+\boldsymbol{G}u(k)$$

式中

$$\boldsymbol{F}=\begin{bmatrix}0 & 1 & 0\\0 & 0 & 1\\-1 & -5 & -6\end{bmatrix} \qquad \boldsymbol{G}=\begin{bmatrix}0\\0\\1\end{bmatrix}$$

试设计状态反馈矩阵 $\boldsymbol{K}$，使闭环系统极点为$-2\pm4\mathrm{j}$ 和-10。

解 由题目知，系统是第二能控标准型，其特征多项式

$$\alpha(z)=\left|z\boldsymbol{I}-\boldsymbol{F}\right|=z^3+6z^2+5z+1$$

计算期望的闭环特征多项式

$$\alpha_c(z)=(z+2-4\mathrm{j})(z+2+4\mathrm{j})(z+10)=z^3+14z^2+60z+200$$

比较以上两式得到第二能控标准型下的状态反馈矩阵

$$\boldsymbol{K}=\begin{bmatrix}\alpha_0-a_0 & \alpha_1-a_1 & \alpha_2-a_2\end{bmatrix}=\begin{bmatrix}199 & 55 & 8\end{bmatrix}$$

基于第二能控标准型的极点配置简单易用，便于计算机求解。但遗憾的是，并非所有控制对象都可以用第二能控标准型描述。对于不能转换为第二能控标准型的系统，可以使用阿克曼(Ackermann)公式进行计算。

Ackermann 公式是建立在可控标准型基础上的一种计算反馈阵 $\boldsymbol{K}$ 的方法，对于高阶系统，便于用计算机求解，其状态反馈增益

$$\boldsymbol{K}=\begin{bmatrix}0 & 0 & \cdots & 0 & 1\end{bmatrix}\begin{bmatrix}\boldsymbol{G} & \boldsymbol{F}\boldsymbol{G} & \cdots & \boldsymbol{F}^{n-1}\boldsymbol{G}\end{bmatrix}^{-1}\alpha_c(\boldsymbol{F}) \tag{6-21}$$

式中，$\alpha_c(\boldsymbol{F})$是利用式(6-19)构建的矩阵多项式

$$\alpha_c(\boldsymbol{F})=\boldsymbol{F}^n+\alpha_{n-1}\boldsymbol{F}^{n-1}+\cdots+\alpha_1\boldsymbol{F}+\alpha_0\boldsymbol{I}$$

【例题 6-5】 用阿克曼公式重新求解例题 6-4。

解 确定系统期望的特征多项式

$$\alpha_c(z)=(z+2-4\mathrm{j})(z+2+4\mathrm{j})(z+10)=z^3+14z^2+60z+200$$

得到$\alpha_0=200$，$\alpha_1=60$，$\alpha_2=14$。

进而得到

$$
\begin{aligned}
\alpha_c(\boldsymbol{F}) &= \boldsymbol{F}^3 + \alpha_2 \boldsymbol{F}^2 + \alpha_1 \boldsymbol{F} + \alpha_0 \boldsymbol{I} \\
&= \boldsymbol{F}^3 + 14\boldsymbol{F}^2 + 60\boldsymbol{F} + 200\boldsymbol{I} \\
&= \begin{bmatrix} 199 & 55 & 8 \\ -8 & 159 & 7 \\ -7 & -43 & 117 \end{bmatrix}
\end{aligned}
$$

所以状态反馈矩阵

$$
\begin{aligned}
\boldsymbol{K} &= [0 \quad 0 \quad 1]\begin{bmatrix} \boldsymbol{G} & \boldsymbol{FG} & \boldsymbol{F}^2\boldsymbol{G} \end{bmatrix}^{-1} \alpha_c(\boldsymbol{F}) \\
&= [0 \quad 0 \quad 1]\begin{bmatrix} 0 & 0 & 1 \\ 0 & 1 & -6 \\ 1 & -6 & 31 \end{bmatrix}^{-1} \begin{bmatrix} 199 & 55 & 8 \\ -8 & 159 & 7 \\ -7 & -43 & 117 \end{bmatrix} \\
&= [0 \quad 0 \quad 1]\begin{bmatrix} 5 & 6 & 1 \\ 6 & 1 & 0 \\ 1 & 0 & 0 \end{bmatrix} \begin{bmatrix} 199 & 55 & 8 \\ -8 & 159 & 7 \\ -7 & -43 & 117 \end{bmatrix} \\
&= [199 \quad 55 \quad 8]
\end{aligned}
$$

不管使用哪种方法，在进行极点配置时都应注意以下几点。

(1)系统完全可控是极点配置的充分必要条件。

(2)实际应用极点配置法时，首先应把闭环系统期望特性转化到 z 平面相应位置。

(3)理论上，反馈增益越大，系统频带越宽，快速性越好。但也容易导致执行元件饱和，降低系统性能。因此，在选择状态反馈矩阵时需考虑反馈增益物理实现的可能性。

(4) n 维控制系统有 n 个期望极点。

(5)期望极点是物理上可实现的，为实数或共轭复数对。

(6)期望极点位置的选取，需考虑它们与零点分布状况的关系，以及对系统品质的影响(离虚轴的位置)。具体来说，离虚轴距离较近的主导极点收敛慢，对系统性能影响大；远极点收敛快，对系统只有极小的影响。

6.2.2 状态估计

极点配置法需要检测控制对象的所有状态，但在实际工程中，大多数系统只能测量输出变量，无法满足全状态反馈的要求。在这种情况下，需要对不能直接测量的状态变量进行估计。根据被控对象可用信息估计其状态的系统就称为状态观测器。

1. 状态观测器的原理

实际应用中，状态观测器是一组通过计算机求解的差分方程，可以根据系统输出和控制输出来观测或估计系统的状态变量。

构成状态观测器的方法依需要的不同而有差别。最简单的是开环状态观测器(图 6-6)。这种观测器实质上是一个按被观测系统复制的模型，其状态变量可以直接输出。

假设开环状态观测器的数学模型为

$$
\hat{\boldsymbol{X}}(k+1) = \boldsymbol{F}\hat{\boldsymbol{X}}(k) + \boldsymbol{G}u(k)
$$

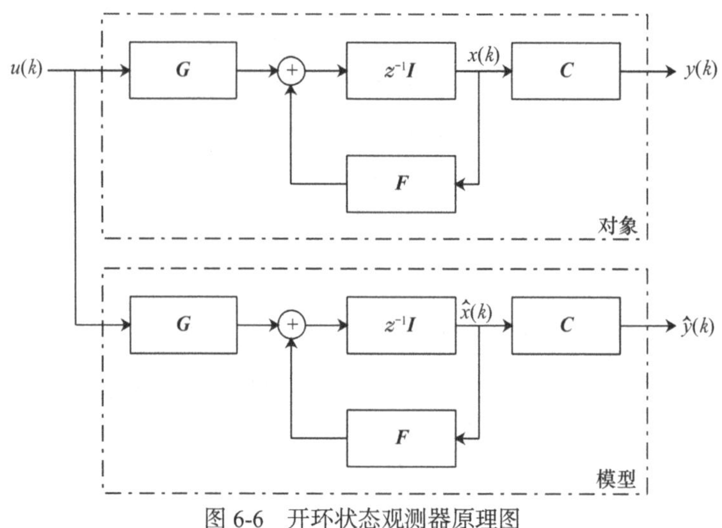

图 6-6　开环状态观测器原理图

则观测器的估计误差

$$
\begin{aligned}
\boldsymbol{E}(k+1) &= \boldsymbol{X}(k+1)-\hat{\boldsymbol{X}}(k+1) \\
&= \left[\boldsymbol{F X}(k)+\boldsymbol{G} u(k)\right]-\left[\boldsymbol{F} \hat{\boldsymbol{X}}(k)+\boldsymbol{G} u(k)\right] \\
&= \boldsymbol{F}\left[\boldsymbol{X}(k)-\hat{\boldsymbol{X}}(k)\right]
\end{aligned}
$$

可见，只要观测器的初始条件和被观测系统相同，观测器输出就可以作为系统状态的精确估计。

但是，这个条件往往很难满足。而且，开环观测器对外界的抗干扰性和对参数变动的灵敏度很差。这些因素都决定了开环观测器不可能产生良好的状态估计。实际上，很多系统同时用输出量 $y(k)$ 和控制量 $u(k)$ 估计系统状态 $\hat{\boldsymbol{X}}(k)$，并通过反馈控制估计质量，如图 6-7 所示。

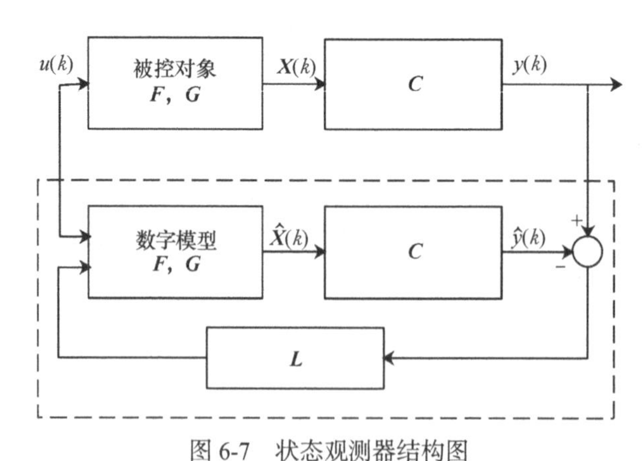

图 6-7　状态观测器结构图

图 6-7 确定的状态观测器为

$$
\begin{aligned}
\hat{\boldsymbol{X}}(k+1) &= \boldsymbol{F} \hat{\boldsymbol{X}}(k)+\boldsymbol{G} u(k)+\boldsymbol{L}\left[y(k)-\boldsymbol{C} \hat{\boldsymbol{X}}(k)\right] \\
&= (\boldsymbol{F}-\boldsymbol{L C}) \hat{\boldsymbol{X}}(k)+\boldsymbol{G} u(k)+\boldsymbol{L} y(k)
\end{aligned} \tag{6-22}
$$

实现无误差估计时，上式可化简为

$$\hat{\boldsymbol{X}}(k+1)=\boldsymbol{F}\hat{\boldsymbol{X}}(k)+\boldsymbol{G}u(k)$$
$$y(k)-\hat{y}(k)=0$$

它与系统的状态方程相同，因此，状态观测器的响应与原系统完全相同。

2. 带有状态观测器的控制器设计

现在将极点配置和状态观测器联系起来，考虑带有状态观测器的控制器设计。

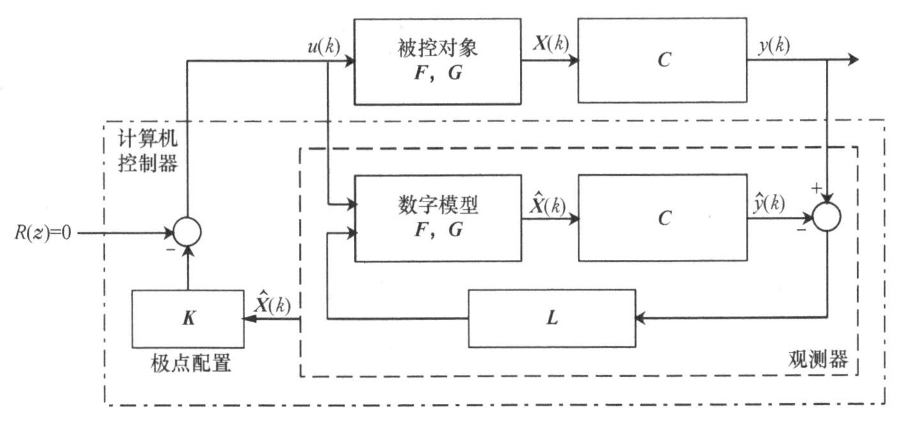

延伸：基于LabVIEW的状态观测器

图 6-8　状态观测器反馈控制系统

图 6-8 中，假设观测器方程为

$$\hat{\boldsymbol{X}}(k+1)=(\boldsymbol{F}-\boldsymbol{L}\boldsymbol{C})\hat{\boldsymbol{X}}(k)+\boldsymbol{G}u(k)+\boldsymbol{L}y(k)$$

控制律为

$$u(k)=-\boldsymbol{K}\hat{\boldsymbol{X}}(k+1)$$

于是，有

$$\hat{\boldsymbol{X}}(k+1)=(\boldsymbol{F}-\boldsymbol{L}\boldsymbol{C}-\boldsymbol{G}\boldsymbol{K})\hat{\boldsymbol{X}}(k)+\boldsymbol{L}y(k)$$

作 Z 变换得

$$z\hat{\boldsymbol{X}}(z)=\left(\boldsymbol{F}-\boldsymbol{L}\boldsymbol{C}-\boldsymbol{G}\boldsymbol{K}\right)\hat{\boldsymbol{X}}(z)+\boldsymbol{L}y(z)$$
$$\hat{\boldsymbol{X}}(z)=(z\boldsymbol{I}-\boldsymbol{F}+\boldsymbol{L}\boldsymbol{C}+\boldsymbol{G}\boldsymbol{K})^{-1}\boldsymbol{L}y(z)$$
$$u(z)=-\boldsymbol{K}\hat{\boldsymbol{X}}(z)=-\boldsymbol{K}(z\boldsymbol{I}-\boldsymbol{F}+\boldsymbol{L}\boldsymbol{C}+\boldsymbol{G}\boldsymbol{K})^{-1}\boldsymbol{L}y(z)$$

由此得到数字控制器的脉冲传递函数

$$D(z)=-\frac{u(z)}{y(z)}=\boldsymbol{K}(z\boldsymbol{I}-\boldsymbol{F}+\boldsymbol{L}\boldsymbol{C}+\boldsymbol{G}\boldsymbol{K})^{-1}\boldsymbol{L} \tag{6-23}$$

接下来讨论观测器对闭环系统特征方程的影响。

假设系统的状态方程和输出方程分别为

$$\boldsymbol{X}(k+1)=\boldsymbol{F}\boldsymbol{X}(k)+\boldsymbol{G}u(k)$$
$$\boldsymbol{y}(k)=\boldsymbol{C}\boldsymbol{X}(k)$$

观测器的状态方程和输出方程分别为

$$\hat{\boldsymbol{X}}(k+1)=\boldsymbol{F}\hat{\boldsymbol{X}}(k)+\boldsymbol{G}u(k)+\boldsymbol{L}\left[y(k)-\boldsymbol{C}\hat{\boldsymbol{X}}(k)\right]$$

$$\hat{y}(k)=\boldsymbol{C}\hat{\boldsymbol{X}}(k)$$

于是，状态重构误差

$$\boldsymbol{E}(k+1)=\boldsymbol{X}(k+1)-\hat{\boldsymbol{X}}(k+1)$$

继而得到观测误差的状态方程

$$\begin{aligned}\boldsymbol{E}(k+1)&=\boldsymbol{F}\boldsymbol{X}(k)+\boldsymbol{G}u(k)-\boldsymbol{F}\hat{\boldsymbol{X}}(k)-\boldsymbol{G}u(k)-\boldsymbol{L}\left[\boldsymbol{C}\boldsymbol{X}(k)-\boldsymbol{C}\hat{\boldsymbol{X}}(k)\right]\\&=(\boldsymbol{F}-\boldsymbol{L}\boldsymbol{C})\boldsymbol{E}(k)\end{aligned}$$

上式表明，误差信号的动态特性是特征方程的特征值决定的。或者说，状态重构误差的动态性能取决于特征方程根的分布。若 $\boldsymbol{F}$-$\boldsymbol{LC}$ 的特性是快速收敛的，则对于任何初始误差，$\boldsymbol{E}(k)$ 都将快速收敛到零。因此，只要适当地选择增益矩阵 $\boldsymbol{L}$，就可以获得要求的状态重构性能。

另一方面，如果把 $\boldsymbol{X}(k)$ 和 $\boldsymbol{E}(k)$ 联立，可以把系统的状态方程重新写为

$$\begin{bmatrix}\boldsymbol{X}(k+1)\\\boldsymbol{E}(k+1)\end{bmatrix}=\begin{bmatrix}\boldsymbol{F}-\boldsymbol{G}\boldsymbol{C} & \boldsymbol{G}\boldsymbol{C}\\0 & \boldsymbol{F}-\boldsymbol{L}\boldsymbol{C}\end{bmatrix}\begin{bmatrix}\boldsymbol{X}(k)\\\boldsymbol{E}(k)\end{bmatrix}$$

其特征方程为

$$\left|z\boldsymbol{I}-\boldsymbol{F}+\boldsymbol{G}\boldsymbol{C}\right|\left|z\boldsymbol{I}-\boldsymbol{F}+\boldsymbol{L}\boldsymbol{C}\right|=\alpha_c(z)\alpha_e(z)=0$$

上式说明，闭环系统特征方程的根由两部分组成，一部分通过极点配置获得，另一部分则由状态观测器决定。两部分相互独立，可以分别设置。

因此，在选择增益矩阵 $\boldsymbol{L}$ 时，可以只考虑状态观测器的需求，通常遵循以下原则。

(1) 通常选择观测器极点的最大时间常数为控制系统最小时间常数的 1/4～1/2，由此确定观测器的反馈增益 $\boldsymbol{L}$。

(2) 观测器极点时间常数越小，观测值可以越快地收敛到真实值，但要求反馈增益 $\boldsymbol{L}$ 越大。而过大的增益将增大测量噪声，降低观测器平滑滤波的能力，增大观测误差。

(3) 若观测器输出与对象输出十分接近，$\boldsymbol{L}$ 的修正作用较小，则 $\boldsymbol{L}$ 可以取得小些。

(4) 若对象的参数不准或干扰使观测值与真实值偏差较大，则 $\boldsymbol{L}$ 应取得大些。

(5) 若测量值中噪声干扰严重，则 $\boldsymbol{L}$ 应取得小些。

(6) 实际系统设计 $\boldsymbol{L}$ 时，最好的方法是采用真实的模型(包括作用于对象上的干扰及测量噪声)进行仿真研究。

3. 预测观测器

可以使用预测观测器构建 $\boldsymbol{L}$。

预测观测器通过 $y(k)$ 预估 $\hat{\boldsymbol{X}}(k+1)$，设计目标是及时获得状态的精确估计值，为此，需要使观测误差尽快地趋于零或达到最小。

由前述知，闭环观测器可以表示为

$$\hat{X}(k+1)=[F-LC]\hat{X}(k)+Gu(k)+Ly(k) \tag{6-24}$$

相应的估计误差状态方程为

$$E(k+1)=[F-LC]E(k)$$

可见，只要合理确定增益矩阵 L，就可以使观测器子系统的极点位于给定位置，加快观测误差的收敛速度。

下面介绍确定增益矩阵 L 的方法。

方法 1：系数匹配法

由 $E(k+1)=[F-LC]E(k)$ 可以确定观测器的特征方程

$$\alpha(z)=\left|zI-F+LC\right|=z^{n}+a_{n-1}z^{n-1}+a_{n-2}z^{n-2}+\cdots+a_{1}z+a_{0}=0$$

设期望特征方程

$$\alpha_{c}(z)=(z-\beta_{1})(z-\beta_{2})\cdots(z-\beta_{n})=z^{n}+\alpha_{n-1}z^{n-1}+\cdots+\alpha_{1}z+\alpha_{0}=0$$

式中，β_i 为期望极点位置。

令两式对应系数相等，得 n 个代数方程，可确定 n 个未知参量

$$L=[l_{1}\quad l_{2}\quad\cdots\quad l_{n}]$$

方法 2：阿克曼公式法

设观测器的期望特征方程

$$\alpha_{c}(z)=(z-\beta_{1})(z-\beta_{2})\cdots(z-\beta_{n})=z^{n}+\alpha_{n-1}z^{n-1}+\cdots+\alpha_{1}z+\alpha_{0}=0$$

可据其构建矩阵多项式

$$\alpha_{c}(F)=F^{n}+\alpha_{n-1}F^{n-1}+\cdots+\alpha_{1}F+\alpha_{0}=0$$

令

$$W_{o}=\left[C\ \ CF\cdots CF^{n-1}\right]^{\mathrm{T}}$$

则有

$$L=\alpha_{o}(F)W_{o}^{-1}[0\ \ 0\cdots 1]^{\mathrm{T}} \tag{6-25}$$

4. 实时观测器

预测观测器的估计主要依赖于 $y(k-1)$ 的测量，而实时观测器则使用 $y(k)$ 来观测系统当前的状态。

与前面一样，假设系统模型为

$$\begin{aligned}X(k+1)&=FX(k)+Gu(k)\\ y(k)&=CX(k)\end{aligned}$$

为了用 $\hat{X}(k)$ 估计 $X(k)$，构建方程组

$$\hat{X}(k+1)=F\hat{X}(k)+Gu(k) \tag{6-26}$$

$$X(k+1)=\hat{X}(k+1)+L\left[y(k+1)-C\hat{X}(k+1)\right] \tag{6-27}$$

式(6-26)表示基于当前时刻系统状态和控制输出而进行的预测估计；而式(6-27)则表示 $k+1$ 时刻，利用系统实测值对预测估计值的修正，式中，观测器增益 $\boldsymbol{L}$ 表现为测量值与期望值之间的差值在 $k+1$ 时刻的权重。

将式(6-26)代入式(6-27)得

$$\hat{\boldsymbol{X}}(k+1)=(\boldsymbol{F}-\boldsymbol{LCF})\hat{\boldsymbol{X}}(k)+(\boldsymbol{G}-\boldsymbol{LCG})u(k)+\boldsymbol{L}y(k+1) \tag{6-28}$$

可以看出，式(6-28)的估计是基于系统当前测量值的。

考虑其特征方程

$$\left|z\boldsymbol{I}-\boldsymbol{F}+\boldsymbol{LCF}\right|=0$$

可见，该观测器与预测观测器具有相同的性质。

进一步考虑其观测误差，有

$$\begin{aligned}\boldsymbol{E}(k+1)&=\boldsymbol{X}(k+1)-\hat{\boldsymbol{X}}(k+1)\\&=\left[\boldsymbol{FX}(k)+\boldsymbol{G}u(k)\right]-\left[(\boldsymbol{F}-\boldsymbol{LCF})\hat{\boldsymbol{X}}(k)+(\boldsymbol{G}-\boldsymbol{LCG})u(k)+\boldsymbol{L}y(k+1)\right]\\&=(\boldsymbol{F}-\boldsymbol{LCF})\left[\boldsymbol{X}(k)-\hat{\boldsymbol{X}}(k)\right]\\&=(\boldsymbol{F}-\boldsymbol{LCF})\boldsymbol{E}(k)\end{aligned}$$

可见，实时观测器的误差向量也是迭代完成的，且与观测器具有相同的特征方程。

同样，实时观测器也可以通过阿克曼公式法获得。具体方法是将预测观测器式(6-25)中的 $\boldsymbol{C}$ 置换成 $\boldsymbol{CF}$，得到

$$\begin{gathered}\boldsymbol{L}=\alpha_o(\boldsymbol{F})\boldsymbol{W}_o^{-1}\left[0\ \ 0\cdots1\right]^{\mathrm{T}}\\\alpha_c(\boldsymbol{F})=\boldsymbol{F}^n+\alpha_{n-1}\boldsymbol{F}^{n-1}+\cdots+\alpha_1\boldsymbol{F}+\alpha_0=0\\\boldsymbol{W}_o=[\boldsymbol{CF}\ \ \boldsymbol{CF}^2\cdots\boldsymbol{CF}^n]^{\mathrm{T}}\end{gathered} \tag{6-29}$$

6.2.3 能控性和能观性

在 6.2.2 节中，无论是极点配置还是观测器设计，都需要利用阿克曼公式完成。具体求解过程中，前者要求矩阵

$$\left[\boldsymbol{G}\quad \boldsymbol{FG}\quad \cdots\quad \boldsymbol{F}^{n-1}\boldsymbol{G}\right]$$

的逆必须存在，后者要求矩阵

$$\left[\boldsymbol{C}\ \ \boldsymbol{CF}\ \ \cdots\ \ \boldsymbol{CF}^{n-1}\right]^{\mathrm{T}}$$

的逆必须存在。而这两个矩阵的逆是否存在，可以通过系统的能控性和能观性来判断。

能控性和能观性是状态空间解析和设计的两个基本概念。前者是讨论系统可否在无约束控制向量的作用下，通过有限个采样周期，从初始状态转换到任意指定状态；而后者则是在系统输出和控制序列已经确定的条件下，讨论系统是否可以在有限个采样周期后，根据系统输出序列和控制序列的观测值估计系统状态。

1. 状态反馈的能控性

状态能控性讨论的是系统输入对状态空间中任意初始状态控制到坐标原点(平衡态)的能力。与线性连续系统状态能控性问题一样，对线性离散系统的能控性问题也可只考虑系统状态方程，与输出方程和输出变量无关。

能控性 对线性定常离散系统

$$\boldsymbol{X}(k+1)=\boldsymbol{F}\boldsymbol{X}(k)+\boldsymbol{G}u(k)$$

若对某个初始状态 $\boldsymbol{X}(0)$，存在控制序列$\{u(0),u(1),u(2),\cdots,u(n)\}$，使系统在第 n 步到达原点，即 $\boldsymbol{X}(n)=0$，则称状态能控。若状态空间中所有状态都能控，则称系统状态完全能控，否则称系统不完全能控。

在上述定义中，只要求在 n 步之内寻找控制作用，使得系统状态在第 n 步到达原点。可以证明：若离散系统在 n 步之内不存在满足要求的控制作用，则在 n 步以后也不存在控制作用使状态在有限步之内控制到原点。故在上述定义中，只要求系统在 n 步之内寻找控制作用。

对于前述系统，当且仅当矩阵$[\boldsymbol{G}\quad \boldsymbol{F}\boldsymbol{G}\quad \cdots\quad \boldsymbol{F}^{n-1}\boldsymbol{G}]$满秩时，系统才是完全能控的。

【例题 6-6】 判断离散系统的能控性。

$$\boldsymbol{X}(k+1)=\begin{bmatrix}1 & 2 & -2\\ 0 & 1 & 0\\ 1 & -4 & 3\end{bmatrix}\boldsymbol{X}(k)+\begin{bmatrix}0\\0\\1\end{bmatrix}u(k)$$

延伸：基于 LabVIEW 的能控性判断

解 能控性判别矩阵

$$\begin{bmatrix}\boldsymbol{G} & \boldsymbol{F}\boldsymbol{G} & \boldsymbol{F}^2\boldsymbol{G}\end{bmatrix}=\begin{bmatrix}0 & -2 & -8\\ 0 & 0 & 0\\ 1 & 3 & 7\end{bmatrix}$$

很明显，系统不满秩，因此判定该系统不能控。

2. 状态反馈的能观性

与线性连续系统一样，线性离散系统的状态能观性只与系统输出 $y(t)$、系统矩阵 $\boldsymbol{G}$ 和输出矩阵 $\boldsymbol{C}$ 有关，因此，只需考虑齐次状态方程和输出方程。

能观性 对线性定常离散系统

$$\boldsymbol{X}(k+1)=\boldsymbol{G}\boldsymbol{X}(k)$$
$$y(k)=\boldsymbol{C}\boldsymbol{X}(k)$$

若根据 n 个采样周期的输出序列$\{y(0),y(1),y(2),\cdots,y(n-1)\}$能唯一确定系统的初始状态 $\boldsymbol{X}(0)$，则称状态能观。若对状态空间中的所有状态都能观，则称系统状态完全能观；若存在某个状态不满足上述条件，称此系统是状态不完全能观的，简称系统状态不能观。

上述定义只要求依据 n 个采样周期内的输出来确定系统状态。可以证明：如果由 n 个采样周期内的输出序列不能唯一确定系统的初始状态，则由多于 n 个采样周期的输出序列也不能唯一确定系统初始状态。

对于前述系统，当且仅当矩阵$[\boldsymbol{C}\quad \boldsymbol{C}\boldsymbol{F}\quad \cdots\quad \boldsymbol{C}\boldsymbol{F}^{n-1}]^{\mathrm{T}}$ 满秩时，系统才是完全能观的。

【例题 6-7】 判断离散系统的能观性。

延伸：基于 LabVIEW 的能观性判断

$$X(k+1)=\begin{bmatrix}1 & 2 & -2\\ 0 & 1 & 0\\ 1 & -4 & 3\end{bmatrix}X(k)+\begin{bmatrix}0\\ 0\\ 1\end{bmatrix}u(k)$$

$$y(k)=\begin{bmatrix}0 & 0 & 1\end{bmatrix}X(k)$$

解 该系统为三阶矩阵，能观性判别矩阵为

$$\begin{bmatrix}\boldsymbol{C}\\ \boldsymbol{CF}\\ \boldsymbol{CF}^2\end{bmatrix}=\begin{bmatrix}0 & 0 & 1\\ 1 & -4 & 3\\ 4 & -14 & 7\end{bmatrix}$$

因为 $\operatorname{rank}\begin{bmatrix}\boldsymbol{C}\\ \boldsymbol{CF}\\ \boldsymbol{CF}^2\end{bmatrix}=3$，所以系统能观。

实 现 篇

系统实现是系统设计实例化的过程，是加工物理设备以获取控制器设计的制造行为。

系统设计是为解决具体控制问题而以离散时间动力学系统形式给出的确定的系统配置。但是，绝大多数的工程控制目标具有典型的不确定性。因此，如何使针对一般性问题的系统设计能够适用于不确定性的工程问题，就是控制系统实现的主要任务。

为此，需要考虑：

- 数值问题对控制器行为的影响
- 算法问题对控制器行为的影响
- I/O 操作对控制器行为的影响
- 并发任务的实时调度

第 7 章　从函数到算法

控制理论中，系统设计结果一般是脉冲响应函数表示的离散时间动力学系统。它要求参与控制运算的信息以无限精度的数表示，同时忽略函数运算的时间，即认为控制运算会在偏差信号采样的瞬间完成。

在工程实现时，这些假设都不成立。受硬件和软件限制，计算机的运算精度和运算速度都是有限的。前者相当于在理想控制器的输入端叠加脉冲干扰，后者则相当于将理想控制器与时间延迟环节串联。

本章重点讨论计算机控制器工程实现与理论设计之间的差异，并概要介绍抑制其影响的可能技术。具体内容包括：

- 数字控制器的可控实现形式
- 量化及量化误差
- 数值精度问题
- 计算时延及其影响因素

7.1　可控实现形式

在计算机控制系统中，为了精确求解，数字控制器通常不使用完整的脉冲传递函数，而是用可控实现形式表示。两者之间的转换过程如下。

(1) 把数字控制器的脉冲传递函数表示为有理分式形式，即

$$D(z)=\frac{U(z)}{E(z)}=\frac{\sum_{j=0}^{m}b_jz^{-j}}{1+\sum_{i=1}^{n}a_iz^{-i}}$$

(2) 将等式两边有理分式的分子和分母交叉相乘，得

$$U(z)\left(1+\sum_{i=1}^{n}a_iz^{-i}\right)=E(z)\sum_{j=0}^{m}b_jz^{-j}$$

(3) 考虑到 z 域中的因子 z^{-i} 意味着信号在时域中延迟 i 个采样周期，上面的方程可以用差分方程表示为

$$u(k)+\sum_{i=1}^{n}a_iu(k-i)=\sum_{j=0}^{m}b_je(k-j)$$

(4) 移位，得到计算当前控制器的可控实现形式

$$\begin{aligned}u(k)&=\sum_{j=0}^{m}b_je(k-j)-\sum_{i=1}^{n}a_iu(k-i)\\&=b_0e(k)+\sum_{j=1}^{m}b_je(k-j)+\sum_{i=1}^{n}a_iu(k-i)\end{aligned}$$

与脉冲传递函数形式不同，在计算控制器输出时，可控实现形式只需要有限时间内的偏差信号采样输入和控制信号历史输出，且只进行加法运算和乘法运算，因此，更便于计算机快速准确地实现。

【例题 7-1】 已知某数字控制器的脉冲传递函数

$$D(z)=\frac{21.8(1-0.5z^{-1})(1-0.368z^{-1})}{(1-z^{-1})(1+0.718z^{-1})}$$

试确定其控制输出 $u(k)$。

解 已知

$$D(z)=\frac{21.8(1-0.5z^{-1})(1-0.368z^{-1})}{(1-z^{-1})(1+0.718z^{-1})}$$

于是

$$(1-z^{-1})(1+0.718z^{-1})U(z)=21.8(1-0.5z^{-1})(1-0.368z^{-1})E(z)$$

展开得

$$u(k)-0.282u(k-1)-0.718u(k-2)=21.8\left[e(k)-0.868e(k-1)+0.184e(k-2)\right]$$

整理后得

$$u(k)=21.8e(k)-18.9224e(k-1)+4.0112e(k-2)+0.282u(k-1)+0.718u(k-2)$$

考虑到计算机字长固定，可控实现形式中的 a_i、b_j、$e(k-j)$和 $u(k-i)$在计算机中只能用固定精度的变量表示。这种情况必然会带来精度损失，产生数值精度问题。同时，考虑到计算

机程序执行需要一定的时钟周期，而非瞬时完成，也必然引入时间滞后。这些问题是数字控制器实现过程中无法避免的，需要设计者重点关注。

7.2 数值精度问题

数值精度问题主要由信息输入环节的量化过程产生，并在控制运算过程中积累放大。当模数转换的分辨率和控制算法的运算精度足够高时，其影响可以忽略。否则，就必须在控制器设计过程中加以考虑，或者运用统计方法修正。

7.2.1 量化

所谓量化，是把无限精度的数值近似表示为有限精度的数值，是连续信号在值域的离散化。具体到计算机控制系统，就是用有限字长的二进制数值表示参与控制运算的量程内可无限取值的物理量，如图 7-1 所示。

图 7-1 中，假设电压信号的量程是 0～10V，则量程内任意电压值都可以用[0，10]中的数值唯一表示。若将其等分为 8 个不重叠的区间(量化区间)，则量程内任意电压会落入唯一的量化区间。如果每个量化区间用一个唯一的二进制数值表示，则量程内任意电压可以唯一地表示为某个二进制数值。于是，输入电压信号的无限取值就被转化为有限的 8 个二进制数值：000、001、010、011、100、101、110、111。

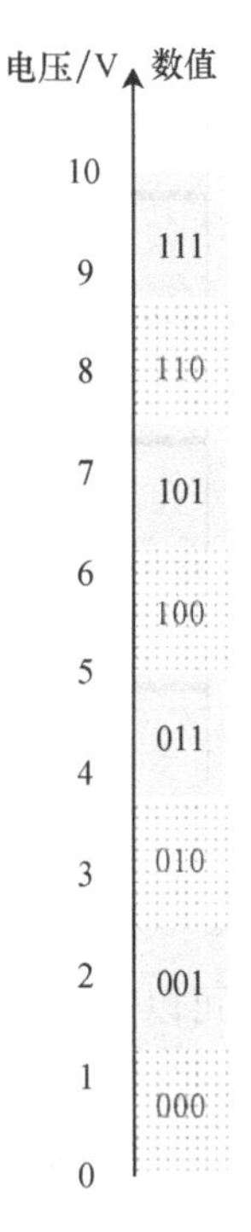

图 7-1 量化示意图

这种无限精度连续信号到有限精度离散数值的映射称为量化，表示为

$$N = \text{INTEGER}\left[\frac{M}{\text{FS}} \times (v_i - V_{RL})\right]$$

式中，N 是量化后的二进制数值(以十进制数表示)；M 是量化区间的数量，可以取 2^n 或 2^n-1 (n 是二进制数值的位数)；v_i 是量化前的连续信号；$\text{FS}=V_{\text{RH}}-V_{\text{RL}}$ 是其量程，V_{RH} 是量程上限，V_{RL} 是量程下限；函数 INTEGER()表示取整运算。

量化是计算机控制系统非线性效应的一种。它可能来自模数变换过程，也可能来自数字控制器内部的有限精度运算，其直接影响是导致量化噪声与极限环的产生。前者是一种类似电子噪声的背景干扰，后者是幅值比量化单位大许多的低频低强度振荡。

7.2.2 量化误差

量化过程中，连续信号的无限取值可能被有限的离散数值集合代替。考虑到一个离散数值只能对应一个连续信号，则信号在量化前后必然存在误差。这种误差称为量化误差，其大小除了与量化区间的数量有关外，还与量化过程的取整方式有关。

以图 7-1 为例，图中，1.25～2.50V 的电压都会表示为二进制数值 001，但数值 001 仅能与该量化区间中某个数字量(如 1.875V)对应。于是，原始信号与根据量化结果重构的信号可能存在不一致，即量化误差。

若函数 INTEGER()选择向下取整方法，即用量化区间下限与离散的二进制数值对应(图 7-2)，则数值 001 将对应 1.25V 电压，由此产生的量化误差为 0～1.25V，即 0～q，q=FS/2^n 为量化区间长度。很明显，当量化区间数量增加时，量化区间长度 q 必然减小，量化误差亦随之减小。

同理，若函数 INTEGER()选择向上取整方法，即用量化区间上限与离散二进制数值对应，可以得到图 7-3，其量化误差为$-q$～0。

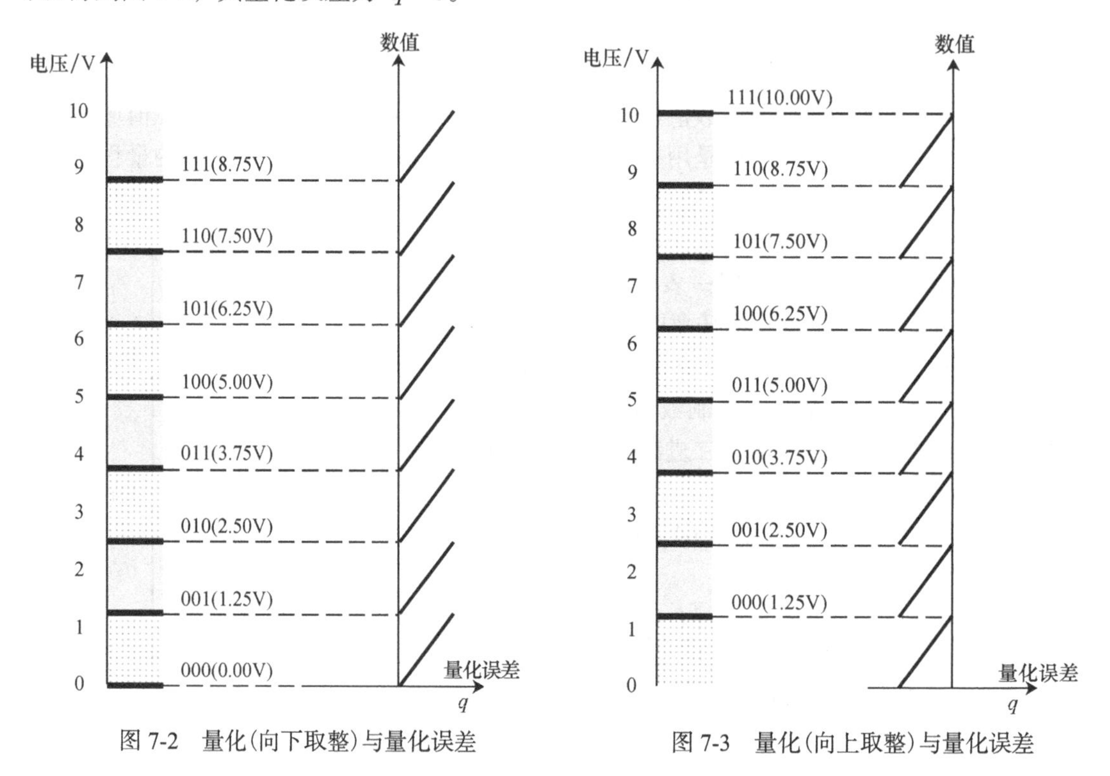

图 7-2　量化(向下取整)与量化误差　　图 7-3　量化(向上取整)与量化误差

也可以选择舍入取整的方法，即用量化区间平均值与离散二进制数值对应，如图 7-4 所示，其量化误差为$-q/2$～$q/2$。

对于计算机系统，不同编码的取整方式是不一样的，由此产生的量化误差也不相同，如图 7-5 所示。可见，即便是同样的模拟输入信号，在计算机内部的表达方式也可能是不同的，其量化误差具有显著差异。这一点需要初学者格外注意。

7.2.3　引入量化误差的主要环节

在计算机控制系统中，量化误差引起的数值精度问题主要存在于以下四个环节。

1)反馈信号输入环节

被控量的模数转换过程是量化误差的重要来源。相应地，反馈通道的 A/D 转换器是决定系统数值精度的关键部件。

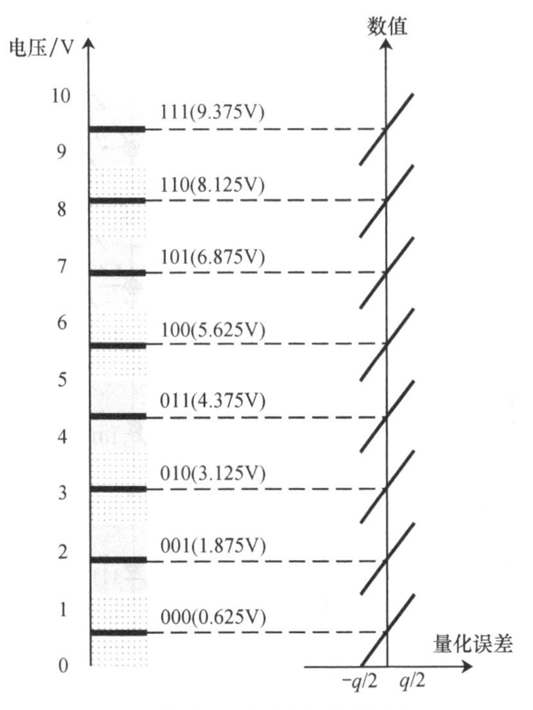

图 7-4　量化(舍入取整)与量化误差

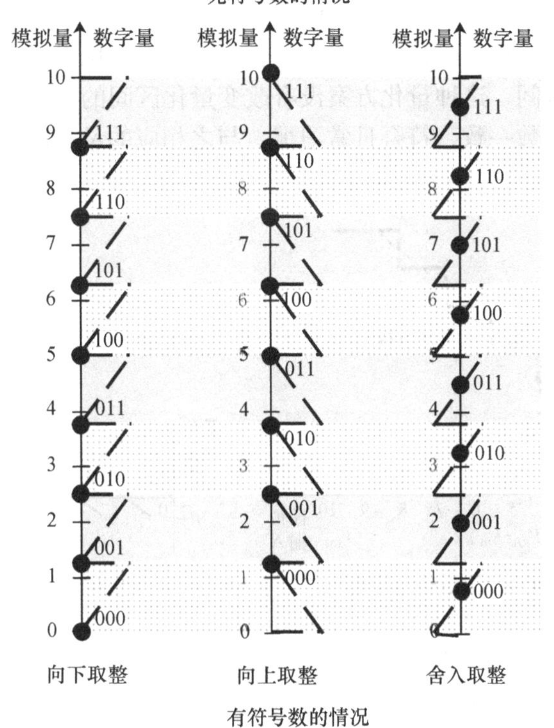

仿真例程：量化和量化误差

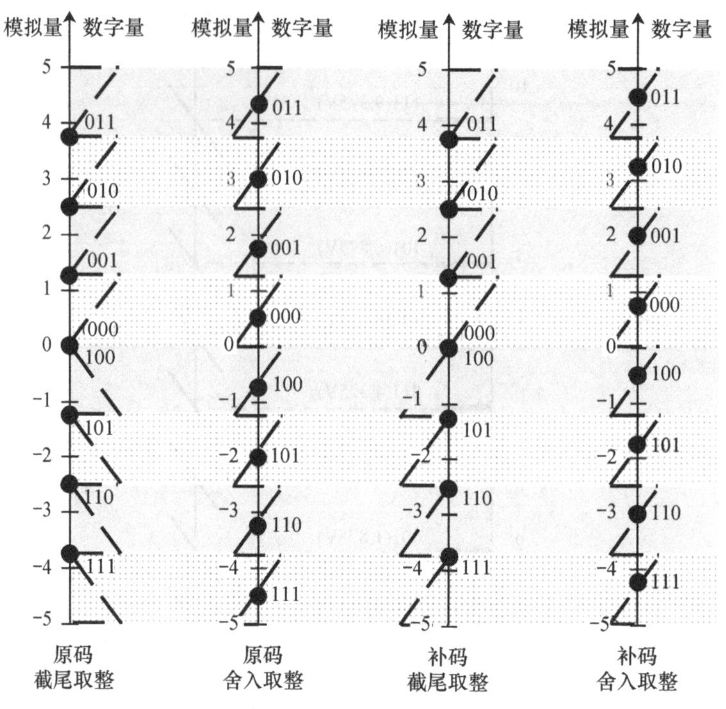

图 7-5　不同编码的量化误差

根据 IEEE 标准，理想 A/D 转换器的输入/输出特性是通过量程中点的均匀阶梯状直线(图 7-6)。可以看出，理想 A/D 转换器采用了舍入取整的量化方法，但在测量原点和满量程点都只用了半个量化区间。这种量化方案没有改变量化区间的数量，却可以保证数字输出信号与模拟输入信号的读数一致，符合日常习惯。与之相应的量化误差见图 7-7。

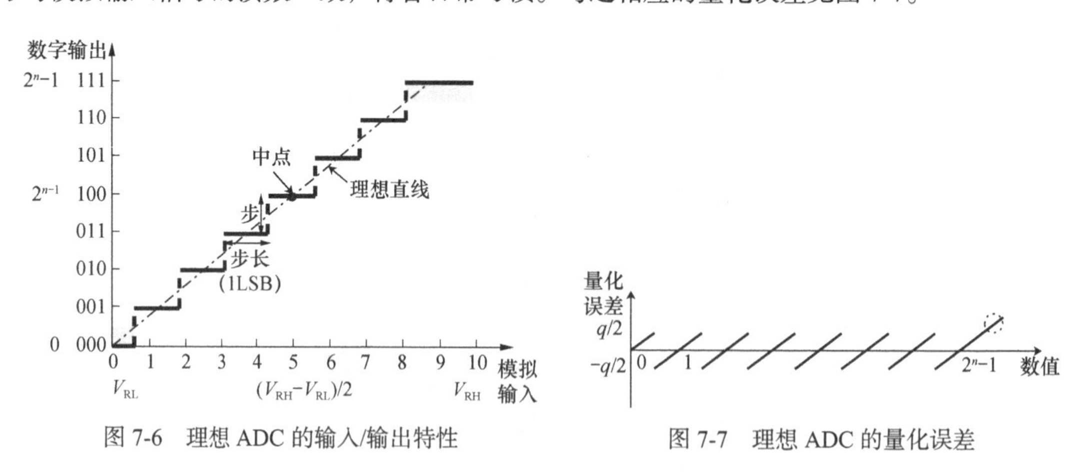

图 7-6　理想 ADC 的输入/输出特性

图 7-7　理想 ADC 的量化误差

常用 A/D 转换器的输出位数表示其量化误差，定义为分辨率。它能反映 ADC 在理想情况下识别的最小模拟量输入变化，见表 7-1。由表 7-1 可知，A/D 转换器的输出位数越高，满量程输入电压越小，其分辨率越高，越容易受到环境噪声的影响。

表 7-1　常见 A/D 转换器的分辨率

位数	分辨率/1LSB	占满刻度的百分比/%	能识别的模拟输入电压		
			20V 满量程输入	5V 满量程输入	2V 满量程输入
8	1/256	0.4	78.1mV	19.5mV	7.81mV
10	1/1024	0.1	19.5mV	4.88mV	1.95mV
12	1/4096	0.024	4.88mV	1.22mV	488μV
14	1/16384	0.006	1.22mV	305μV	122μV
16	1/65536	0.0015	305μV	76.3μV	30.5μV

工程中，一般用精度表示 A/D 转换器实际的量化误差。它定义为 A/D 转换器输出数字量对应模拟信号与实际输入模拟信号之间的偏差，是分辨率、偏置误差、增益误差、微分非线性误差和积分非线性误差的综合，反映了 A/D 转换器与其理想模型的接近程度。

需要注意的是，精度和分辨率是两个完全不同的技术指标。高精度的 A/D 转换器必然具有高分辨率，但高分辨率的 A/D 转换器未必具有高精度。

另外，若被控量变化速度过快，考虑到 A/D 转换器的工作速度有限，其精度会降低。这是因为被控量在一个采样周期内的变化超出了 A/D 转换器的跟踪能力，从而放大了量化误差。在这种情况下，可以通过选用更快速的 A/D 转换器或对模拟输入增加限速电路等措施减小反馈通道的量化误差。

2）控制信号输出环节

前向通道的控制量输出也会产生量化误差。在反馈控制系统中，控制器输出的数字信号经过 D/A 转换器还原为连续信号，量化误差则再生为量化噪声，大小为

$$U_{\varepsilon}(z)=D(z)\varepsilon(z)$$

该噪声经反馈通道引入控制器输入端，导致量化噪声产生。

如果系统使用的 D/A 转换器的位数比反馈通道 A/D 转换器的位数低，那么量化噪声的影响会格外明显。图 7-8 中，前向通道和反馈通道的模拟信号量程相同，但 A/D 转换器为 3 位，而 D/A 转换器只有 2 位。于是，在 D/A 转换器输出数值 1(01B)时，其实际输出的模拟电压可以是 1.25～3.75V 中的任意值，导致 A/D 转换器读入结果可能是 1(001B，对应 1.25～1.875V)、2(010B，对应 1.875～3.125V)和 3(011B，对应 3.125～3.75V)。这显然是不允许的。

为了避免这种情况，一般应在前向通道选择与 ADC 位数相同的 DAC。如果无法找到合适的 DAC，则有必要在数字控制器内部对控制量输出进行取整运算，以便抑制前向通道的量化噪声。

3）控制律数字化环节

控制律系数是有理实数，但计算机只能以字节为单位存储二进制整数。为了用计算机实现数字控制器，必须把有理实数表示的控制律系数转换为二进制整数表示。这种转换可以通过定点表示法或浮点表示法实现，但无论哪种表示法都会引入量化误差，如表 7-2 所示。

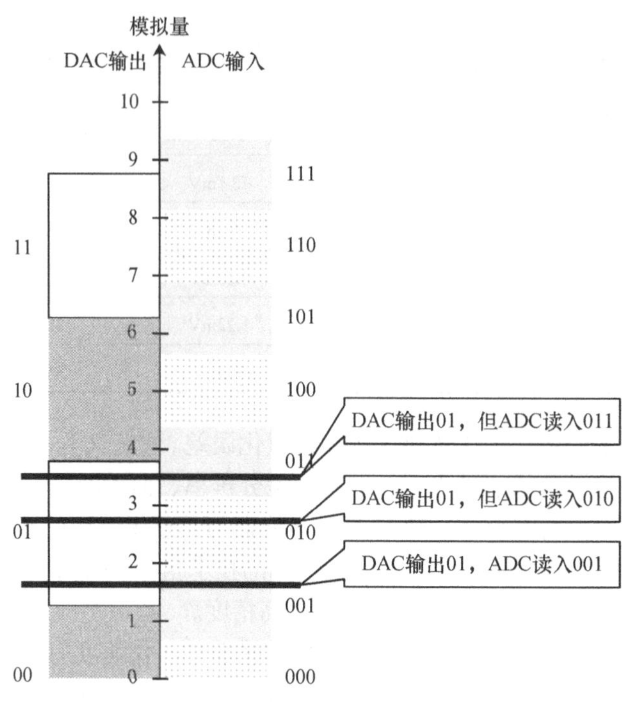

图 7-8　前向通道引入的量化误差

表 7-2　控制律数字化环节引入的量化误差

<table>
<tr><th colspan="3"></th><th>截尾误差(ε_T)</th><th>舍入误差(ε_R)</th></tr>
<tr><td rowspan="4">定点表示法</td><td colspan="2">正数</td><td>$-q \leqslant \varepsilon_T \leqslant 0$</td><td rowspan="4">$-\frac{q}{2} < \varepsilon_R < \frac{q}{2}$</td></tr>
<tr><td rowspan="3">负数</td><td>原码</td><td>$0 \leqslant \varepsilon_T \leqslant q$</td></tr>
<tr><td>补码</td><td>$-q \leqslant \varepsilon_T \leqslant 0$</td></tr>
<tr><td>反码</td><td>$0 \leqslant \varepsilon_T \leqslant q$</td></tr>
<tr><td rowspan="4">浮点表示法</td><td colspan="2">正数</td><td>$-2q \leqslant \varepsilon_T \leqslant 0$</td><td rowspan="4">$-q < \varepsilon_R < q$</td></tr>
<tr><td rowspan="3">负数</td><td>原码</td><td>$-2q \leqslant \varepsilon_T \leqslant 0$</td></tr>
<tr><td>补码</td><td>$0 \leqslant \varepsilon_T \leqslant 2q$</td></tr>
<tr><td>反码</td><td>$-2q \leqslant \varepsilon_T \leqslant 0$</td></tr>
</table>

☛定点表示法

定点表示法是指计算机中所有数的小数点位置固定不变，因此可以用整数形式表示小数，如图 7-9 所示。

定点纯小数：约定小数点位置固定在符号位之后，表示的数值范围为 $1-2^m \sim -(1-2^m)$。

定点纯整数：约定小数点位置固定在最低有效位之后，表示的数值范围为 $-(2^n-1) \sim 2^n-1$。

一般定点数：约定小数点位置固定在任意有效位之后，小数点位置之前的数位为整数位，小数点之后的数位为小数位，表示的数值范围为 $2^{n-m} \sim 2^{m-n}$。

☛ 浮点表示法

在浮点表示法中，计算机中的数表示为“尾数×$2^{指数}$”的形式，小数点位置可以自由“浮动”。

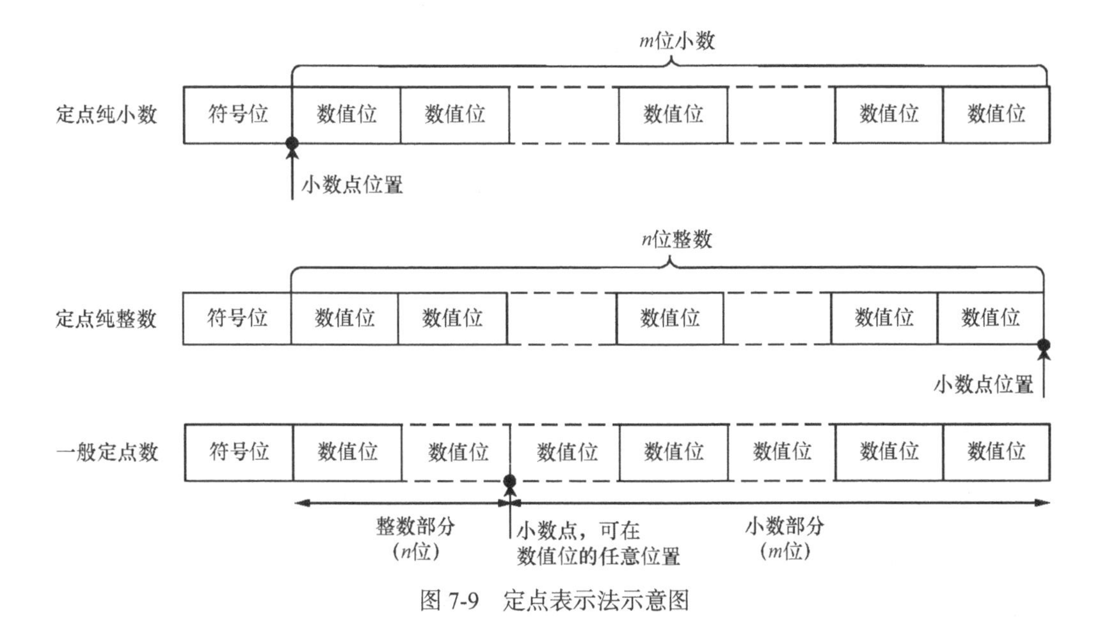

图 7-9　定点表示法示意图

根据 IEEE 标准，浮点数包括符号域、指数域和尾数域(图 7-10)。

符号域：固定为 1 位，表示数值的正负。

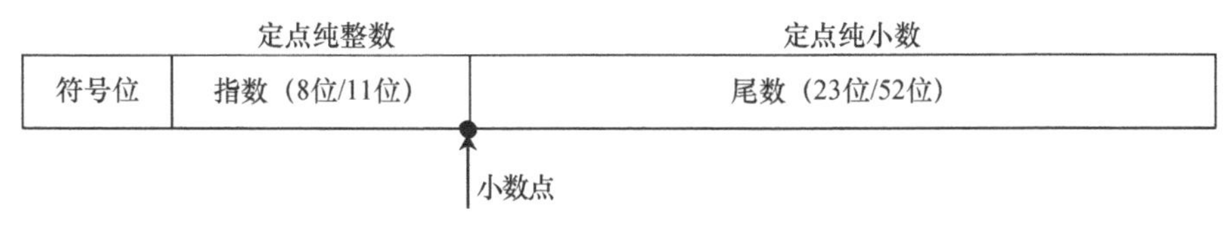

图 7-10　浮点表示法示意图

指数域：数值的指数部分，可以是 8 位(单精度)或 11 位(双精度)，采用偏差值计算方法，定点纯整数表示。

尾数域：数值的尾数部分，可以是 23 位(单精度)或 52 位(双精度)，采用偏差值计算方法，定点纯小数表示(因尾数的整数部分固定为 1，不需要存储)。

显然，浮点数的数值表示范围比定点数大得多，计算能力显著提高。但浮点数运算复杂，耗时较长，在实时性要求较高的场合应慎重使用。

另外，初学者还需要注意，并非所有实数都可以采用浮点数表示。而且，对浮点数的比较必须通过精度运算或取整运算进行，以避免截尾误差或舍入误差的影响。

控制律系数数字化引入的量化误差会改变控制器零极点的位置，偏移量的大小则取决于控制器零极点的分布情况、相互距离、系数的量化字长以及控制器的运算结构。

对于这种类型的量化误差，仅增加量化字长不能完全抑制其影响，因为再小的零极点偏移也可能改变根轨迹的形状。更多情况下，技术人员需要改变控制器的运算结构，以降低系统对零极点位置的敏感性。

4)控制律运算环节

前述三种类型的量化误差在控制律运算过程中会不断积累，积累的速度取决于控制律算法的程序实现细节。良好的数值算法可以利用量化误差的符号使其在长期运算之后仍然维持在可以接受的范围内，糟糕的数值算法则可能在短时间内积累巨大的量化误差。因此，数字控制器要注意选择合适的数值方法组织运算，以避免放大量化误差。

比较而言，定点运算虽然计算范围小，但是执行速度快，且只有乘法运算产生舍入误差，适用于资源有限但要求快速响应的场合；而浮点运算虽然执行速度慢，且加法运算和乘法运算都会产生舍入误差，但计算范围大，适合对响应速度没有严格要求、对资源也没有严格约束的场合。

7.3 时 延 问 题

7.3.1 计算时延

用计算机实现控制律时，由于硬件和软件的原因，控制输出总会落后于采样脉冲输入，如图 7-11 所示。这种延迟被称为计算时延，会降低系统的稳定性，是实现计算机控制器时需要考虑的一个问题。

从图 7-11 可以看出，计算机控制系统的时间延迟有三种：

(1) 反馈通道 ADC 引入的时延；

(2) 数字控制律运算程序引入的时延；

(3) 前向通道 DAC 引入的时延。

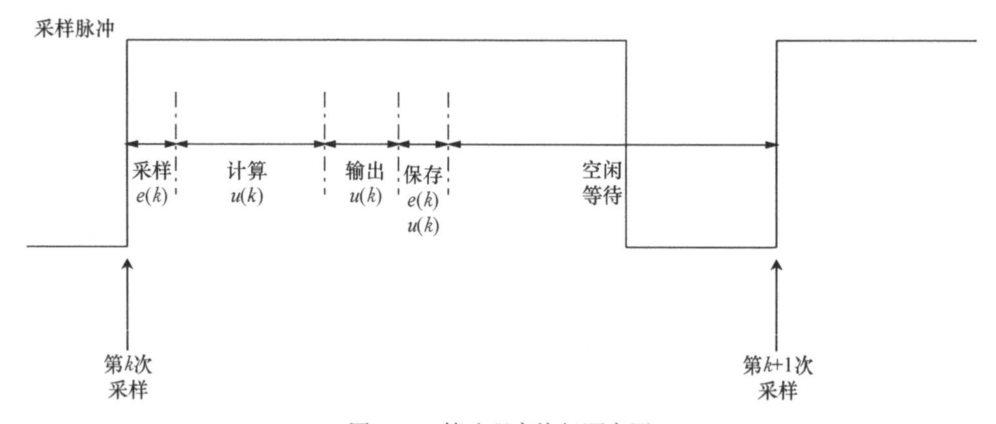

图 7-11 算法程序执行顺序图

本节只讨论数字控制律运算程序引入的计算时延。

7.3.2 程序结构的选择

计算机控制的主要目标是利用计算机程序实时求解 $D(z)$。一般情况下，$D(z)$被看作一个具有多种程序结构可能的动力学系统。对于无限精度运算，不同程序结构的输入/输出模型是等价的，信道容量是相同的；但是，对于有限精度运算，考虑到量化过程引入的非线性，不同程序结构的信道容量是不一样的。有的程序结构会对量化误差非常敏感，而另一些程序结构会比较耗时。因此，在实现数字控制算法时，有必要合理地选择控制器结构，以满足系统实时性和鲁棒性的要求。

1. 直接型程序结构

1) 0 型结构

假设数字控制算法

$$u(k)=b_0e(k)+\sum_{j=1}^{m}b_je(k-j)+\sum_{i=1}^{n}a_iu(k-i)$$

则可以根据差分方程直接编写程序，如图 7-12 所示。

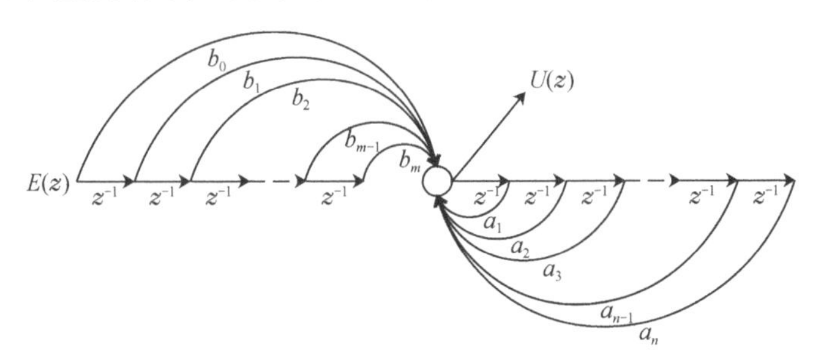

图 7-12　直接型结构(0 型)

这种程序结构被称为 0 型结构。它在每个采样周期内需要进行 $m+n+1$ 次乘法运算，$m+n$ 次加法运算，$m+n$ 次移位运算。

同时需要 $m+n$ 个存储单元以保存前 m 个采样时刻的偏差输入和前 n 个采样时刻的控制输出。

图 7-13 给出了 0 型结构的程序流程。图中，对历史数据的刷新过程放在控制器输出之后，以缩短采样脉冲输入与控制器输出之间的计算时延。

为了进一步减小时间延迟，还可以采用图 7-14 所示程序流程，在刷新历史数据之后计算并保存 $\sum_{j=1}^{m}b_je(k-j)$ 和 $\sum_{i=1}^{n}a_iu(k-i)$，以便在下一次计算控制器输出 $u(k)$时可以用加法运算代替乘法运算，减少运算时间。

2) 1 型结构

假设数字控制器

$$D(z)=\frac{U(z)}{E(z)}=\frac{\sum_{j=0}^{m}b_jz^{-j}}{1+\sum_{i=1}^{n}a_iz^{-i}}=\frac{M(z)}{N(z)}$$

令

$$W(z)=\frac{U(z)}{N(z)}=E(z)-\sum_{i=1}^{n}a_iz^{-i}W(z)$$

则

$$U(z)=M(z)W(z)=\sum_{j=0}^{m}b_jz^{-i}W(z)$$

对上面两式求 Z 反变换，有

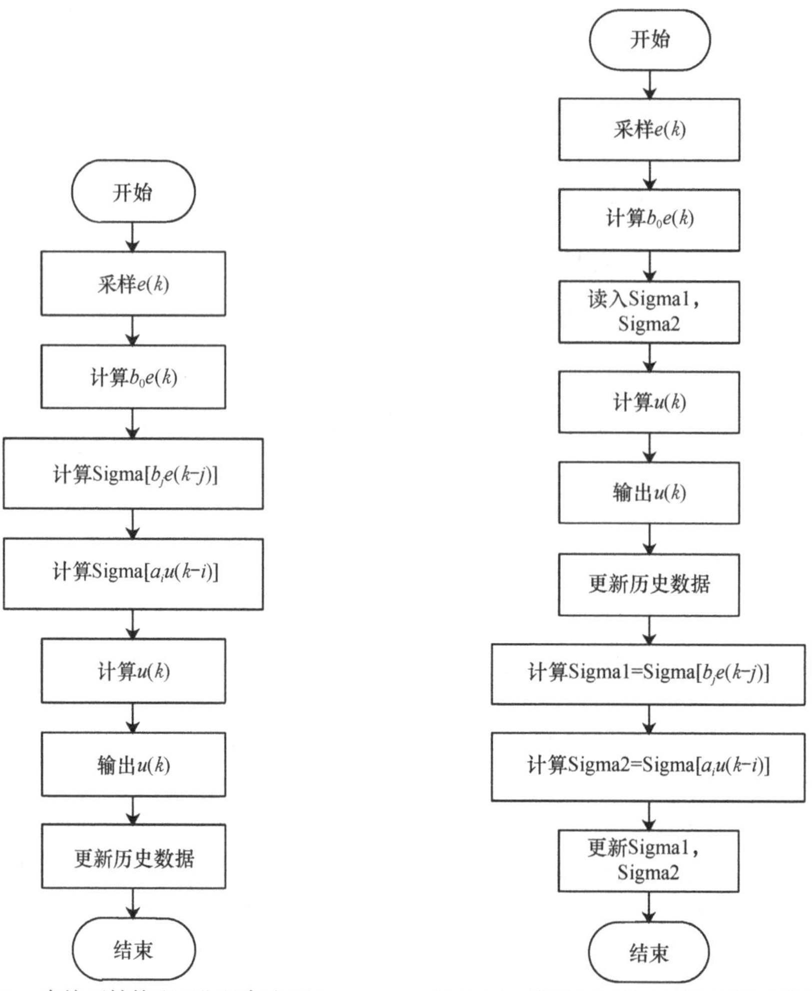

图 7-13　直接型结构（0 型）程序流程（一）

图 7-14　直接型结构（0 型）程序流程（二）

$$w(k) = e(k) - \sum_{i=1}^{n} a_i w(k-i)$$

$$u(k) = \sum_{j=0}^{m} b_j w(k-j)$$

据此可写出计算 $u(k)$的程序，如图 7-15 所示。

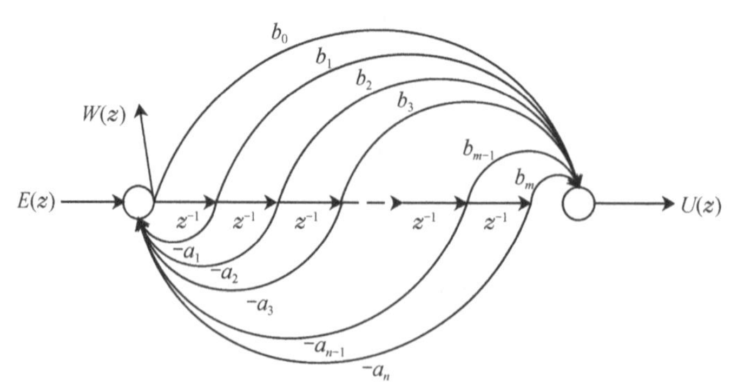

图 7-15　直接型结构（1 型）（$n=m$）

这种程序结构称为 1 型结构，其程序流程如图 7-16 所示。在每个采样周期内的运算包括：$m+n+1$ 次乘法运算，$m+n$ 次加法运算，n 次移位运算。整个运算过程需要 n 个存储单元保存前 n 个采样时刻的 w。

开始

采样$e(k)$

计算$w(k)$

计算$u(k)$

输出$u(k)$

更新历史数据

结束

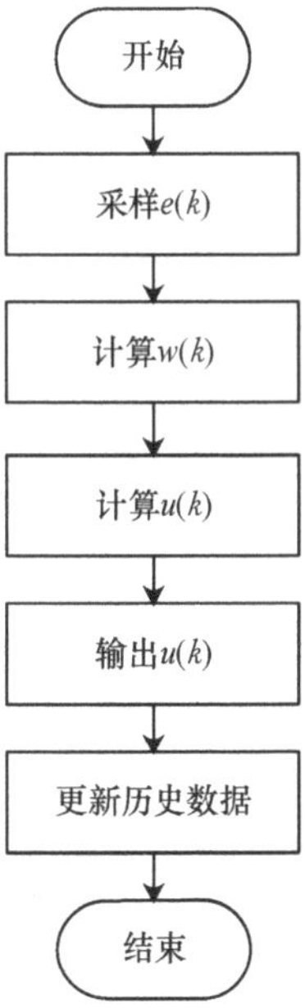

图 7-16　直接型结构（1 型）程序流程

无论 0 型结构还是 1 型结构，都直接利用控制律系数计算 $u(k)$，量化效应显著，对零极点位置敏感。同时，其系数不具有明显物理意义，调试不便。

2. 串行结构

串行结构是将 $D(z)$分解为若干一阶环节与二阶环节相乘的形式，即

$$D(z)=d\prod_{i=1}^{l}D_i(z)$$

式中，d 为增益系数；$D_i(z)$为一阶或二阶环节的 z 传递函数

$$D_i(z)=\frac{b_{i0}}{1+a_{i1}z^{-1}}$$

$$D_i(z)=\frac{b_{i0}+b_{i1}z^{-1}}{1+a_{i1}z^{-1}+a_{i2}z^{-2}}$$

式中，每个 $D_i(z)$环节都采用 1 型结构实现（图 7-17），其程序流程见图 7-18。

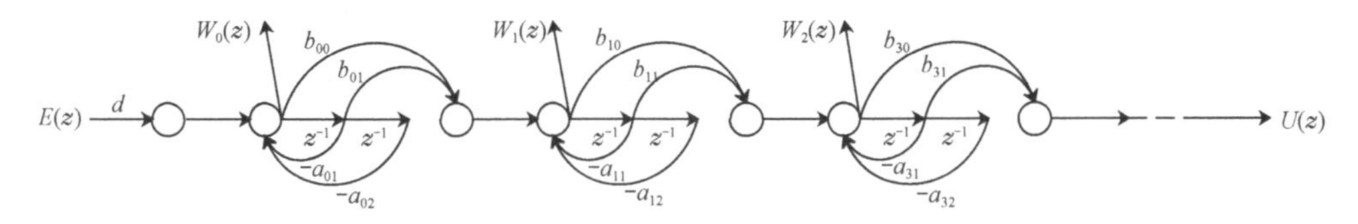

图 7-17　数字控制器的串行实现

与直接型结构相比，串行结构由若干相互独立的子环节串联构成，每个子环节反映 $D(z)$的一对零极点。因此，串行结构的控制律系数具有显著物理意义，通过调整控制律系数可以实现 $D(z)$零极点的对消，调试方便。另外，串行结构数字控制程序是通过一阶/二阶系统的循环计算完成的，量化误差较小，对零极点的漂移也不敏感，但运算时间较长。

3. 并行结构

并行结构是将 $D(z)$分解为若干一阶环节与二阶环节相加的形式，即

$$D(z)=c+\sum_{i=1}^{l}D_i(z)$$

式中，c 为常数项；$D_i(z)$为一阶或二阶环节的 z 传递函数

$$D_i(z)=\frac{b_{i0}}{1+a_{i1}z^{-1}}$$

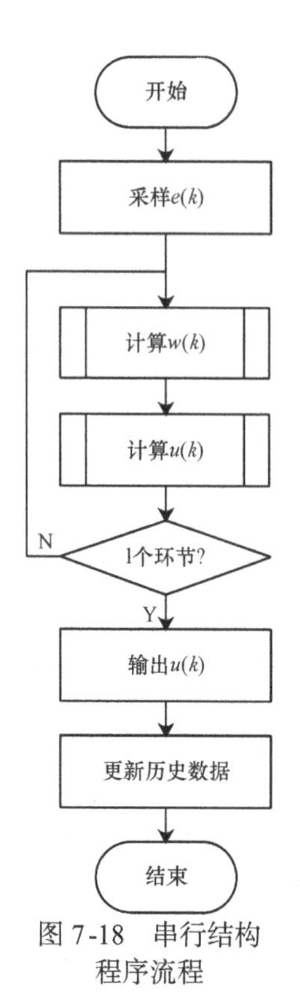

图 7-18　串行结构程序流程

$$D_i(z)=\frac{b_{i0}+b_{i1}z^{-1}}{1+a_{i1}z^{-1}+a_{i2}z^{-2}}$$

式中，每个 $D_i(z)$环节都采用 1 型结构实现(图 7-19)，其程序流程见图 7-20。

与串行结构比较，并行结构的运算速度更快，量化误差更小，因为它的子环节输出可以在采样反馈信号后同时计算。并行结构的控制律系数同样能够反映 $D(z)$的零极点位置，具有显著的物理意义，但因为无法对消，所以调试相对不便。

4. 不同结构的比较

不同结构的数字控制器 $D(z)$在数学上是等价的，但由于运算结构不同，对控制系统的影响也不同，主要区别如下：

(1) 直接型结构对极点位置敏感，控制律系数不具有明显物理意义，不便调试，且运算时间长，量化误差大，一般不用于二阶以上系统的实现。

(2) 串行结构对极点位置灵敏度低，控制律系数能够反映零极点位置，便于零极点对消，易于调试，运算时间居中，量化误差亦居中。

(3) 并行结构对极点位置灵敏度低，控制律系数能够反映零极点位置，但对系统调试没有明显的帮助，运算时间短，量化误差小。

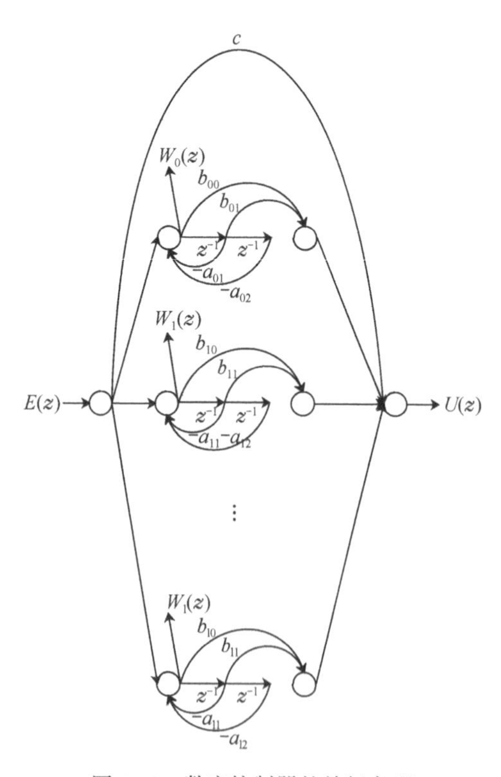

图 7-19　数字控制器的并行实现

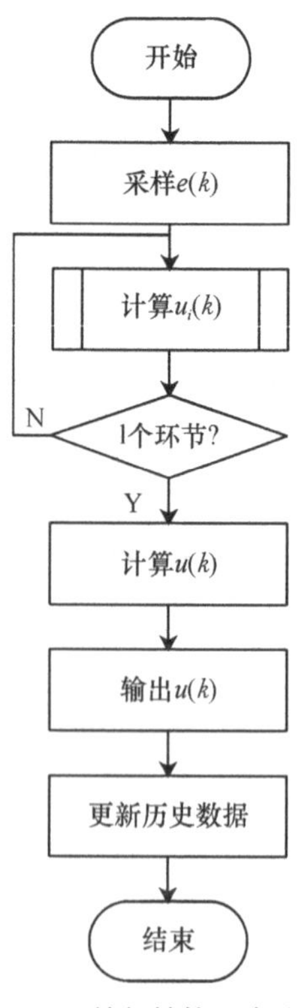

图 7-20　并行结构程序流程

7.3.3 不同采样周期的选择

计算时延的长短主要由控制算法决定。通过选择合理的程序结构，它可以被固定为一个采样周期，或者被减小到可以忽略的程度。

1) 计算时间超过采样周期(T_s)一半的情况

图 7-21 中，如果计算 $u(k)$所需要的时间超过了 $0.5T_s$，则可以用 t_k时刻采样的反馈输入计算 t_{k+1}时刻的控制输出，即用 $u(k)$代替 $u(k+1)$。此时，计算机控制将额外引入一个固定时间延迟 T_s。

2) 计算时间不超过采样周期(T_s)一半的情况

这种情况下，可以用 t_k时刻采样的反馈输入计算 $u(k)$，并在计算结束后立刻输出控制信号，再进行与历史数据相关的计算。此时，计算机控制将引入一个不确定的时间延迟，它可能会产生一个新的零点，也可能会改变现有零点的位置，但因为延迟时间很小($<0.5T_s$)，其影响可以忽略，如图 7-22 所示。

不论哪一种情况，在设计控制律时都需要考虑计算时延的影响。还需要注意的是，反馈信号的采样必须在输出控制信号之前进行，否则会有电信号交叉耦合的风险。

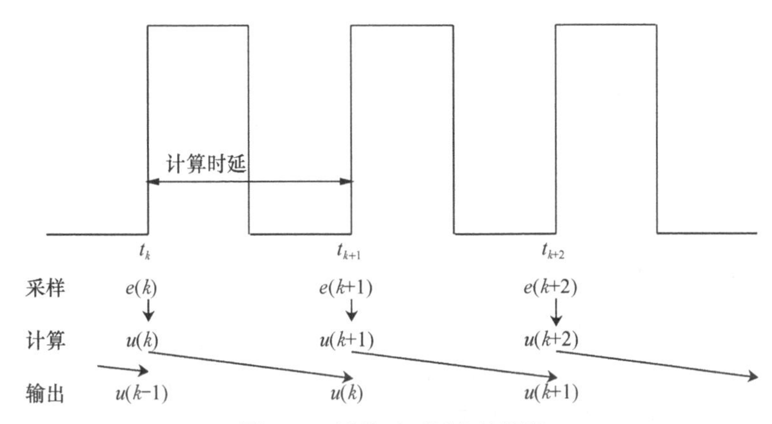

图 7-21 计算时延固定的情况

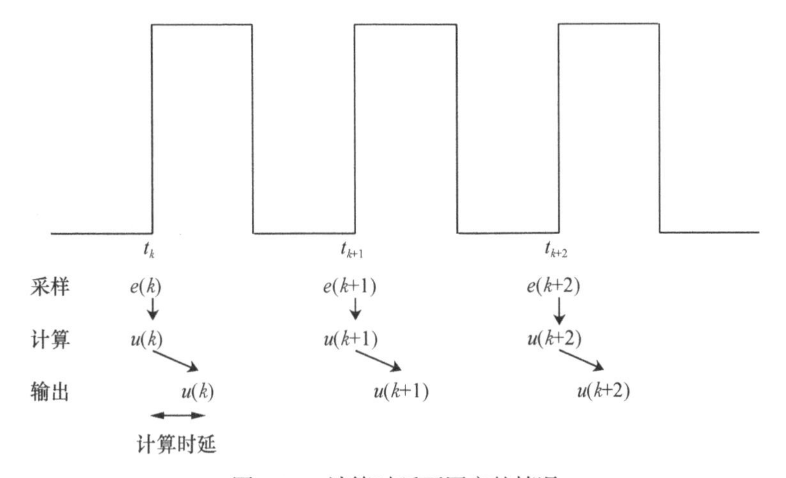

图 7-22 计算时延不固定的情况

第8章　硬件约束

数字控制算法必须依托一定规模的硬件资源才可以实现。这些硬件资源除了完成数值计算的运算设备以外，还包括保存运算结果的存储设备、采集偏差信号输入的采样设备、输出控制决策的驱动设备、实现多控制器协作的通信设备以及与操作人员协作的人机交互设备。它们的性能对计算机控制器的复杂度、响应速度、控制精度等关键指标有重要影响，如何恰当地选择和操作它们是工程人员在实现计算机控制系统时必须考虑的因素。

本章简要介绍构建计算机控制系统所涉及的关键设备，并重点介绍数字控制器对外围设备的操作方法及其对控制器性能的影响。具体内容包括：

- 组件和通用I/O
- 通用I/O的存储器映射
- 通用I/O的操作策略
- I/O接口信号的特性及处理方法

8.1　组件、接口和信号

8.1.1　从信息处理的角度看计算机控制

计算机控制系统本质上是一个非线性信息处理系统。根据信息处理层次不同，图1-5表示的典型计算机控制系统也可以表示成图8-1的形式。它以计算机(CPU+存储器)为核心，通过I/O控制器与内部外设(如ADC和DAC)和外部外设(如键盘和显示设备)连接，借助一定的控制算法完成特定的控制功能。

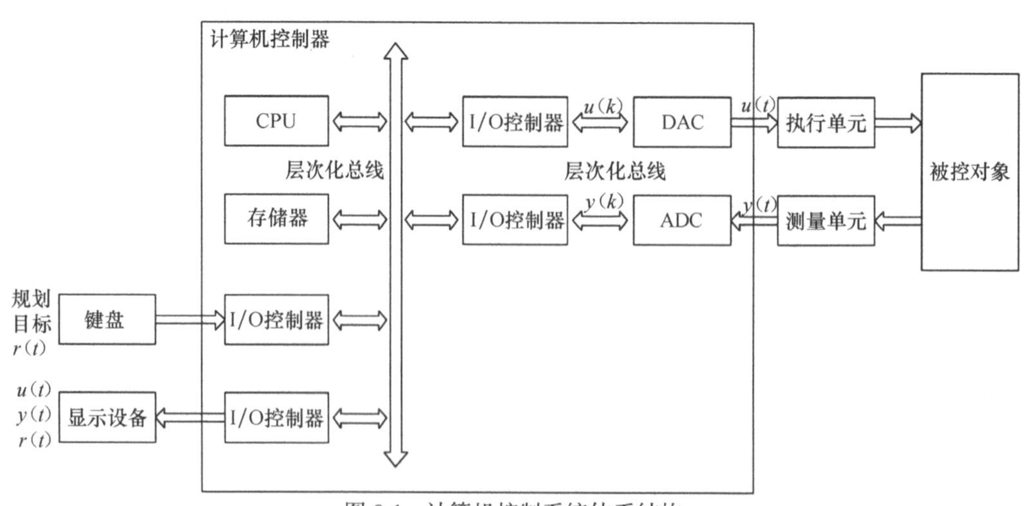

图8-1　计算机控制系统体系结构

站在计算机的角度，图 8-1 可以进一步抽象为图 8-2。可见，对计算机控制器来说，外围设备是不存在的。尽管构成计算机控制系统的外围设备种类繁多、结构各异，但计算机需要面对的只是性能不同的 I/O 端口，实现计算机控制器所需要考虑的因素也只是对 I/O 端口性能和操作策略的选择。

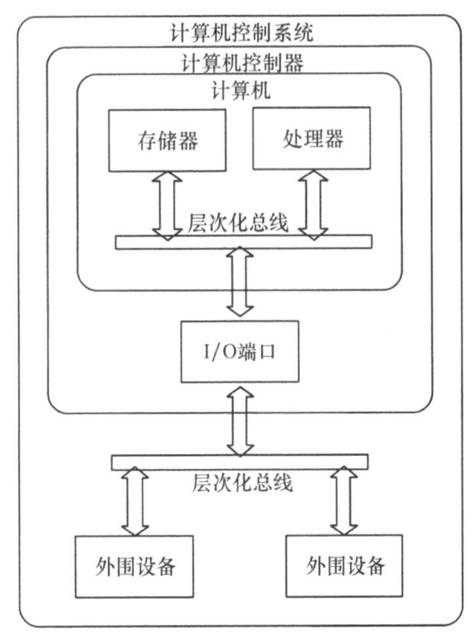

图 8-2　计算机控制系统的层次结构

8.1.2　组件

从图 8-2 可以看出，典型计算机控制系统的外围设备(包括 ADC、DAC、传感器、执行器等)是通过层次化总线与计算机控制器连接在一起的，并由计算机通过 I/O 端口协调其工作。这些外围设备是计算机与现实世界连接的桥梁，是计算机控制系统得以实现的基础。

与软件算法不同，外围硬件设备受物理规律的限制，具有不可更改性，很难进行功能和性能的封装，虽然擅长以较快速度响应外部简单事件，但在解决复杂工程问题方面却不具优势。因此，为了提高复杂系统设计和维护的便利性，许多计算机控制系统在开发过程中使用组件技术。

关于组件(Component)，维基百科的解释是若干符合某种规范的可以提供特定功能的系统构成要素的模型。它们在物理空间上是分立的设备，但功能相似，处理内容相同，操作方法一致，在系统分析和设计过程中经常被归并考虑。

组件的出现有助于提取工程实现中反复出现的普遍问题的共性，对提高设计方案的可重用性、缩短开发周期、增强复杂系统稳定性有极大的帮助。其优势主要体现在以下方面：

(1)改善了模型视图的一致性，简化了问题域的描述。

(2)提供了可重用的建模工具，增强了对并发性的内在支持。

(3)改善了系统的稳定性，提高了系统的可靠性。

8.1.3　I/O 接口

在计算机控制系统中，I/O 接口可以看作组件设备在计算机内存空间的映射。它既可以是简单的 I/O 寄存器，也可以是拥有独立逻辑并使用复杂通信协议的器件、板卡或设备。无论哪种形式，I/O 接口都可以被认为是一种信号转换器(图 8-3)，其主要功能是在不同类型的数据信号之间进行格式转换，以便不同机电特性的数据信号可以相互连接。

就计算机控制而言，I/O 接口主要用于计算机和外围设备之间的数据传输。计算机将数据写入 I/O 接口相当于向相应的外围设备发布控制命令，从 I/O 接口读入数据则等同于对相应外围设备进行采样或检查它的工作状态。

【例题 8-1】 AD574 单极性接口电路。

图 8-4 中，来自传感器的 0～10V 电压信号不能直接连接计算机。为了使计算机可以读取传感器的输出，使用了模数转换器 AD574。AD574 把来自组件设备(传感器)的电压信号转换为 TTL 电平的数字

延伸：AD574 数据手册

量，方便计算机读取，起到了信号转换的作用。

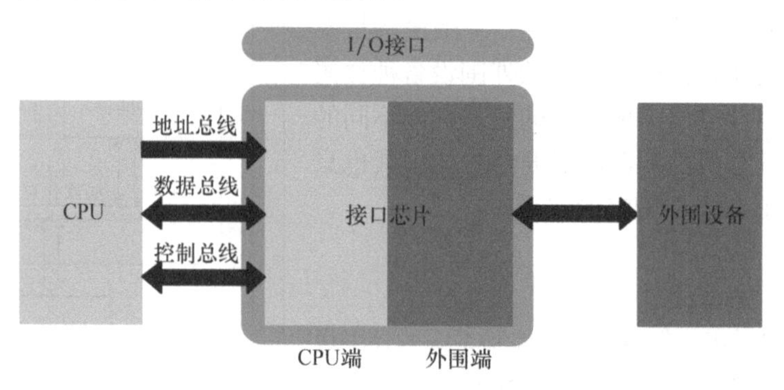

图 8-3 I/O 接口示意图

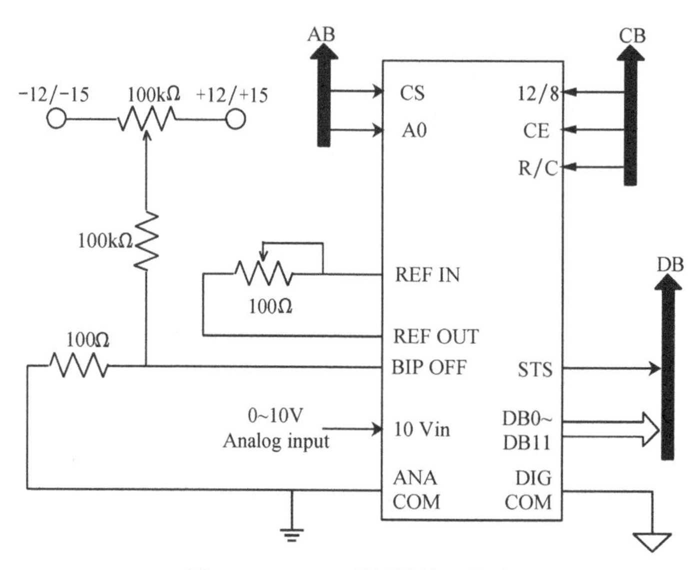

图 8-4 AD574 单极性接口电路

对于计算机来说，组件设备(传感器)是不存在的。它操作的只是连接在层次化总线上的AD574：向指定的存储器写入命令就可以进行温度采样，从指定的存储器读出数据就可以获得采样结果。

对 I/O 接口的读写可以通过底层代码直接访问硬件设备完成，也可以通过驱动程序(一般是生产厂商提供)完成。从系统安全性和可靠性的角度考虑，设计人员应尽量避免使用前一种编程方式，以防止用户程序诱发潜在的资源冲突和系统错误。

驱动程序是一组作用于 I/O 硬件和应用软件之间的可调用函数(图 8-5)，通常由设备生产商提供。它定义了操作底层接口的细节，为应用程序操作 I/O 接口提供了可靠方法。同时，驱动程序容易被整合进操作系统，有助于提高系统的可靠性和安全性。

数字 I/O 接口是以“位”为单位组织外围设备并进行读写控制的 I/O 接口，多用于检测组件设备的离散状态(如开关的断开与闭合、设备的运行与停止等)或控制具有离散运行状态的组件设备(如打开或关闭阀门、使电机正转或反转等)。

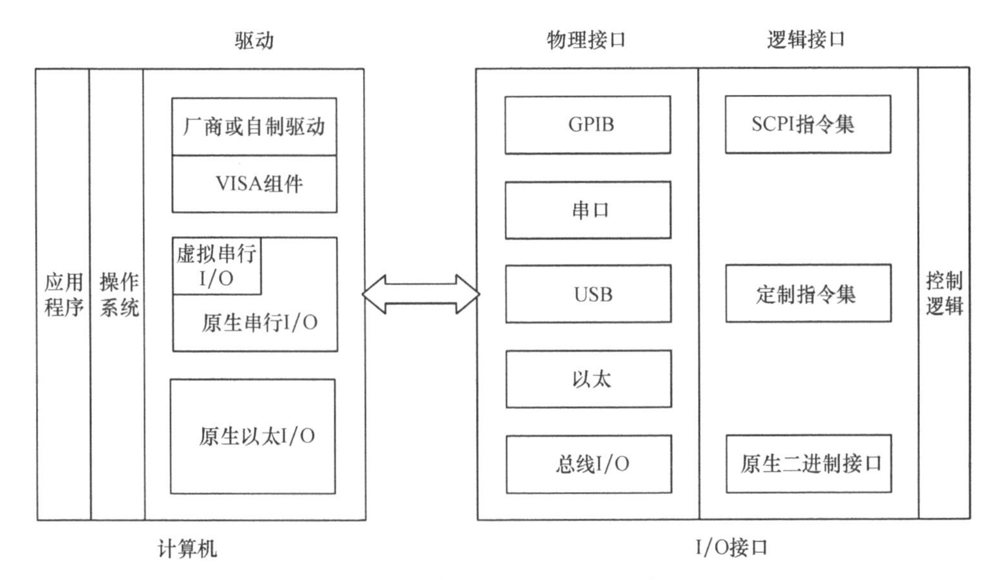

图 8-5　计算机控制系统的 I/O 接口

连接组件设备时，某些数字 I/O 接口的任何一条引线都可以被独立设置为输入或者输出，并可以在软件中独立寻址(位操作)；而另外一些数字 I/O 接口则只能设置某一组引线同时为输入或者输出，在软件中的操作也只能成组进行。在后一种情况下，I/O 引线通常按 8 的倍数成组设置，以方便微处理器运算。

数字 I/O 接口常采用标准电平。若以 TTL 电平为例，任何低于 0.8V 的电压都被认为是逻辑 0，高于 2.0V 的电压都被认为是逻辑 1，而介于两者之间的电平则认为无效。此时，为了保证输入数据的稳定性，I/O 引线通常通过电阻上拉至 V_{cc} 或下拉至地，以确保输入电压不会漂移到无效区域。

【例题 8-2】 独立式按键电路。

图 8-6 是按键开关的数字 I/O 接口。图 8-6(a)中，在开关闭合前，输出端经上拉电阻连接至电压源，输出高电平(逻辑 1)；在开关闭合后，则直接接地，输出低电平(逻辑 0)。图 8-6(b)则与之相反。

延伸：人机接口

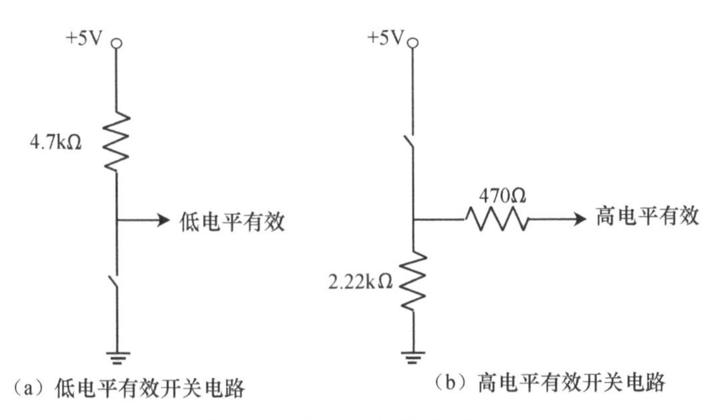

图 8-6　独立式按键 I/O 接口

需要注意的是，使用机械开关作为输入时，开关触点几乎不会在闭合或断开的瞬间完成开关动作，而是需要一个过渡期。在此期间，开关触点会因弹性作用而多次接触和脱离，或者说会产生一系列振动。这种现象称为“抖动”，持续时间通常在几毫秒到 100ms。

为避免计算机响应抖动，在读入数字 I/O 时需要作“去抖动”处理。具体措施可以是硬件上的，如在 I/O 引线上增加 RC 滤波器；也可以是软件上的，如读入数据后再延时一段时间(一般为 10ms)确认读入数据的有效性。

8.1.4 接口信号

在计算机控制系统中，I/O 接口处理的数据信号通常是电信号，一般分为三类：数据信号、状态信号和命令信号。

1)数据信号

数据信号包括来自被控制对象的偏差输入和从数字控制器输出的控制决策，是 I/O 接口处理的主要内容。根据组件设备不同，数据信号可以采用多种表达形式，不同表达形式有不同的信号特征和信号处理要求，见表 8-1。

表 8-1 信号类型和处理要求

信号类型	信号特征	表示信息	处理要求
开关信号	以电平高低表示信号有无，关注信号幅度	开关和按键状态、位置状态、通断状态等	限幅、整形、消抖、隔离、电平转换、锁存等
脉冲信号	以脉冲边沿表示信号有无，关注脉冲的数量、占空比和频率	频率、时间、计数、报警触发、中断请求等	限幅、电平转换、隔离、计数、锁存等
编码信号	可以是二进制编码(如 BCD 码)信号或非二进制编码(如格雷码)信号，每位只有 0 和 1 两种取值。关注数值、码宽	数码开关的参数和量程，数字传感器检测到的温度、压力、流量、位移、速度、重量等	隔离、电平转换、锁存、校验、纠错、串/并联转换等
模拟信号	在时间和幅值上是连续的，通常需要关心信号频度范围和精度	模拟传感器检测到的温度、压力、流量、位移、速度、重量、电压、电流、功率等	放大、隔离、滤波、采样保持、V/F 变换、A/D 转换、非线性变换、标度变换等

2)状态信号

状态信号又称应答信号、握手信号，反映组件设备自身的工作状态，如设备是否工作正常、数据是否准备就绪等，是保证组件正常工作的重要辅助信息。

3)命令信号

配置组件设备的工作状态，保证组件设备的工作时序。

8.2 运算设备

数字控制器是计算机控制系统的核心单元，而计算机则是数字控制器的核心部件。在确定数字控制器的运算结构以后，如何选择计算机以实现数字控制器成为系统实现的要点。

可以用作实时控制器的计算机很多，一般分为两类：一类是通用计算机，另一类是嵌入式计算机。选择时应首先考虑计算机的实时性、运算能力和可扩展性是否满足系统的控制性能要求，还需考虑计算机的可靠性、可维护性、功耗、体积、成本等能否满足工程的实用性要求。

8.2.1 通用计算机

通用计算机包括个人计算机(PC: Personal Computer)和工业控制计算机(IPC: Industry Personal Computer)，前者用于办公室环境，完成信息管理任务；后者用于工业现场，完成实时控制任务。

通用计算机的实时性相对嵌入式计算机要差一些，且体积大，对环境要求多，但运算能力强，资源丰富，配套设备完善，在工程中仍得到广泛应用。而工业控制计算机尽管结构与个人计算机相同，但可靠性更高，在安全性、互操作性和互换性方面更适合工程环境，是通用计算机在工程现场应用时的首选。

8.2.2 嵌入式计算机

与通用计算机不同，嵌入式计算机是与应用密切相关的、可嵌入对象内部的、软硬件可裁剪的专用计算机。它以应用为中心，能够很好地满足计算机控制系统对可靠性、可维护性、成本、体积、功耗等方面的要求，特别适合实时多任务应用。

嵌入式计算机有多种结构，应用领域非常广泛。不同结构的嵌入式计算机适用于不同领域，彼此之间难以相互代替。

1. 单片机

单片机是嵌入式计算机最常见的结构。由于在单一芯片上集成了计算机的基本部件，单片机能够完成计算机的大部分功能。事实上，它是世界上应用最广、数量最多的计算机，广泛适用于当前的电子和机械产品中，如手机、电话、计算器、家用电器、电子玩具及计算机配件中都有单片机，汽车上一般配备40多个甚至上百个单片机，复杂的工业控制系统甚至可能包含数百个单片机。

单片机成本低、体积小、种类繁多，一般分成SCM(Single Chip Microcomputer)、MCU(Microcontroller Unit)和SoC(System on Chip)三类。SCM主要强调计算机的单片嵌入式体系结构，是一种通用型单片机。MCU在SCM的基础上扩展各种外围电路与接口电路，突显了其控制能力。而SoC则更强调把应用系统集成在单一芯片上，资源更为丰富。

2. DSP

DSP(Digital Signal Processor)是专门的可编程数字信号处理芯片，具有专用的浮点处理器，结构复杂，数据处理能力高，实时运行速度可达每秒数千万条，远超单片机，广泛应用于各种高速实时数据处理场合(如图形处理、大规模数据的实时运算)。

3. ARM

ARM 是一款面向低预算设计市场的 32 位 RISC 微处理器，目前有 ARM-11 系列、ARM-9 系列和 ARM-7 系列，分别为高性能处理器、常规处理器和面向普通应用的处理器，以适应不同的应用需求。与单片机相比较，它的时钟频率更高，存储容量更大，外围资源更丰富，同时功耗更大，在各种低预算高性能设计中应用广泛。

4. PLC

PLC（Programmable Logic Controller）是工业控制领域的专用计算机，具有模块化结构，功能丰富，编程方便，容易扩展，可靠性高，在机床、电力、化工、汽车等行业的开关控制、过程控制、位置控制等方面有广泛应用。

5. PLD

PLD（Programmable Logic Device）是一种通用集成电路，其逻辑功能由用户编程设定，可以用于数字控制器的硬件实现。目前常用的产品是 CPLD（Complex Programmable Logic Device）和 FPGA（Field-Programmable Gate Array）。

CPLD 是一种大规模集成电路，结构复杂，需要用户借助集成开发软件，用硬件描述语言根据自身需要构造逻辑功能。它最大的优点是所设计电路具有时间可预测性，其内部采用了固定长度的金属线进行逻辑互连。

FPGA 则是一种半定制电路。它采用高速 CHMOS 工艺，内部有丰富的触发器和 I/O 引脚，克服了 CPLD 内部门电路数目有限的缺点，设计周期短、开发费用低、风险小，是小批量系统提高系统集成度的最佳选择之一。

8.3　通用 I/O 接口

组件设备是计算机控制器与物理世界交互的窗口。从外观上看，它可以是连接串行端口或并行端口的独立设备，如基于 USB 的采样设备；也可以是计算机内部的插入式电路板，如工控系统中广泛使用的各种采集卡；还可以是另外一个计算机控制系统，如经以太网连接的远程控制器。但从软件处理的角度来看，不论哪种类型的组件都是 CPU 存储空间中的一组寄存器，即一个 I/O 接口。

因此，在构建计算机控制系统时，组件设备的具体类型并不是最重要的，真正需要关心的是它所映射的 I/O 接口。

I/O 接口的数学模型可以用惯性环节表示，其幅值反映计算机处理的数值量与组件设备电量信号之间的增益，通常用数位/伏特（I/O 输入接口）或伏特/数位（I/O 输出接口）表示；相位则反映 I/O 接口等待数据稳定所引入的时间延迟。

8.3.1　技术指标

回顾图 8-3，无论机械特性还是电气特性，I/O 接口的 CPU 端都和存储器部件相同，而外围端则因执行特定外围操作而与 CPU 有明显差别。可见，影响计算机控制系统的 I/O 接口性能是其外围端性能，主要有三个指标：精度、分辨率和响应速度。

精度和分辨率取决于外围端连接组件，可以根据误差合成原理估算。它对系统的影响比较简单：在反馈通道，I/O 接口精度能直接影响计算机控制器的数值精度；而在前向通道，则因反馈通道捡拾输出噪声而间接影响计算机控制器的数值精度。

【例题 8-3】 某温度控制系统，已知温度测量范围为 0～1000℃，精度为 0.25℃。若反馈通道使用精度为 0.003%的仪用放大器，精度为 0.0025%的多路开关，以及精度为 0.01%的功率放大器，是否可以选用 12 位的 ADC?

在控制系统中，前向通道的精度不会比反馈通道的精度高。因此，在考虑系统误差时，可以只考虑反馈通道。

若选用 12 位 ADC，则模数转换的精度为 1/2LSB，即

$$\frac{1}{2\times 4096}=0.01\%$$

根据误差合成公式，反馈通道的误差估计为

$$\sqrt{(0.003\%)^2+(0.0025\%)^2+(0.01\%)^2+(0.01\%)^2}=0.0147\%$$

已知系统的温度测量范围为 0～1000℃，要求精度为 0.25℃，即系统误差为

$$\frac{0.25}{1000}\times 100\%=0.025\%$$

可见，选用 12 位 ADC 能够满足系统要求。

响应速度的影响则比较复杂。一般来说，若 I/O 接口连接的 ADC(或 DAC)转换速度慢，或者 I/O 接口连接组件的惯性大，I/O 接口的响应速度就会变慢。这种情况相当于将理想 I/O 与低通滤波器串联，会在系统中引入额外的相位滞后，限制系统的稳定性。

另外，迟缓的响应速度也会降低 CPU 工作效率。假设计算机控制器在采样周期内的时间可以表示为

总时间=CPU 运算时间+I/O 工作时间

若 I/O 接口响应速度降低，则 I/O 工作时间增加。考虑到总时间保持不变，I/O 工作时间增加时，CPU 运算时间将会缩短，意味着控制器工作效率降低。

如果 I/O 接口响应速度固定，并且可以预先确定，其对系统的影响容易消除。但在实际应用中，这个时间是可变的(如受环境温度影响)；而且，考虑到计算机控制系统的 I/O 操作常与运算操作重叠，准确估计 I/O 接口的响应速度会更加困难。因此，在大多数情况下，会用 I/O 接口操作引入的延时代替 I/O 接口响应速度。

8.3.2 存储器映射

在计算机存储空间中，I/O 接口表现为一组连续的寄存器，如图 8-7 所示。通过这些寄存器，计算机可以实现对组件设备的操作。

图 8-7 中，命令寄存器定义 I/O 接口的操作模式，多用于配置接口连接组件的工作模式，

指定组件完成要求的外围操作；状态寄存器定义 I/O 接口的工作状态，多用于获取接口连接组件的工作状态，判断期望的外围操作是否可以执行，或者已执行的操作是否顺利完成；输出数据寄存器和输入数据寄存器则分别保存向外围组件发送的数据和从外围组件接收的数据，用作计算机和组件设备交换信息的通道。

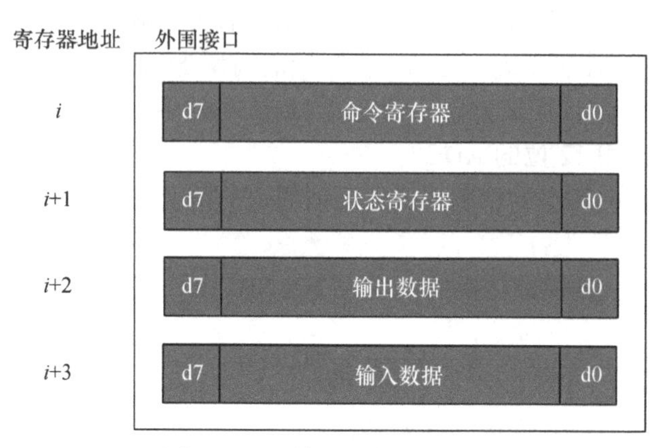

图 8-7　I/O 接口的存储器映射

四个寄存器在存储空间的具体位置取决于总线宽度。在图 8-7 中，每个寄存器占 8 位，若使用 8 位总线的系统，则各寄存器的地址如图 8-7 所示，依次为 i、i+1、i+2 和 i+3。若使用 32 位总线的系统，各寄存器的地址将变为 i、i+4、i+8 和 i+12。

如果 I/O 接口的命令寄存器和输出数据寄存器只能写入，而状态寄存器和输入数据寄存器只能读出，其在存储空间的映射则可以采用更为紧凑的模式，如图 8-8 所示。这种模式降低了 I/O 接口对计算机资源的需求，作为代价，同时放弃了对接口寄存器的部分控制。

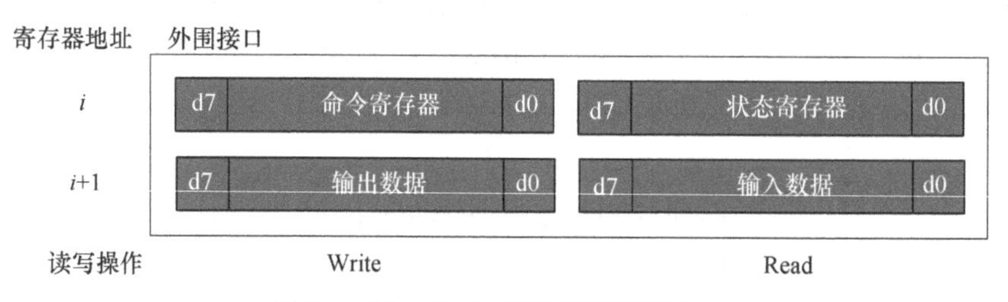

图 8-8　另一种 I/O 接口的存储器映射

这种情况下，I/O 接口提供了 4 个寄存器，却只占用存储空间的两个地址：i 和 i+1（假设使用 8 位总线）。由于读写信号被用于寻址，计算机对四个寄存器的操作却不会产生混淆：假设读写信号为 0 时，CPU 操作的是命令寄存器（地址 i）或输出数据寄存器（地址 i+1）；则读写信号为 1 时，CPU 操作的是状态寄存器（地址 i）或输入数据寄存器（地址 i+1）。

若 I/O 接口的命令寄存器和输出数据寄存器重合，状态寄存器和输入数据寄存器重合，则其存储器映射可进一步简化，如例题 8-4。

延伸：过程通道

【例题 8-4】 AD574 的存储器映射。

图 8-9（a）给出了 AD574 单极性电路与 CPU 连接的一种方式，对应的存储器映射关系见图 8-9（b）。

从图 8-9(b)可以看出，对于 CPU，AD574 相当于一个 12 位寄存器，其地址由地址译码电路决定(A0 必须为 1)。向该寄存器写入任意数据可以启动 AD 转换，而从该寄存器读出数据则可以获得 AD 转换结果。

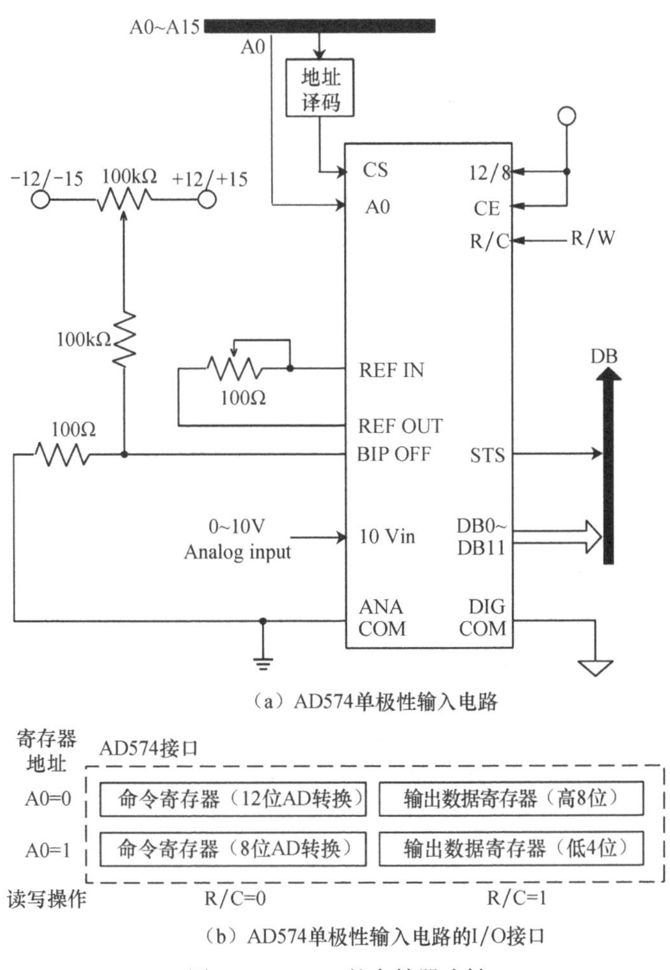

(a) AD574单极性输入电路

寄存器地址	AD574接口	
A0=0	命令寄存器（12位AD转换）	输出数据寄存器（高8位）
A0=1	命令寄存器（8位AD转换）	输出数据寄存器（低4位）
读写操作	R/C=0	R/C=1

(b) AD574单极性输入电路的I/O接口

图 8-9　AD574 的存储器映射

如果 I/O 接口内部存在多个可读写寄存器，则可以考虑使用指针位共享可读写寄存器地址，以减少 CPU 存储空间分配给 I/O 接口的地址。

【例题 8-5】 AD7714 的存储器映射。

AD7714 是低频测量应用的 24 位 Sigma-Delta 式串行模数转换器，具有 3 个差分模拟输入或 5 个准差分模拟输入，单电源供电，可以通过软件配置工作通道、信号极性和通道增益，并提供自校准、系统校准和背景校准选项。

延伸：AD7714 数据手册

为了实现这些功能，AD7714 需要大量的片内寄存器，如图 8-10 所示。若使用单独的地址访问这些寄存器，会占用大量的 CPU 存储空间，既不经济，也不容易实现。

实际上，AD7714 的片内寄存器中只有一个是 CPU 可见的，就是图 8-10 左上角的通信寄存器。其他片内寄存器对于 CPU 是不可见的，需要经由通信寄存器的指针位 RS0~RS2

及 CH0～CH2 间接寻址，从而极大地减少了对 CPU 存储空间的占用。

同样的问题也可以使用指针寄存器解决。在这种解决方案里，CPU 先通过指针寄存器访问 I/O 接口，然后通过数据寄存器保存的地址偏移访问所有 I/O 接口内部寄存器。

		寄存器选择				通道选择		
通信寄存器	0/DRDY	RS2	RS1	RS0	R/W	CH2	CH1	CH0

通道选择 / 寄存器选择	000		001		010		011		100		101		110		111	
	AIN1	AIN6	AIN2	AIN6	AIN3	AIN6	AIN4	AIN6	AIN1	AIN2	AIN3	AIN4	AIN5	AIN6	AIN6	AIN6
000 通信寄存器																
001 模式寄存器																
010 滤波器高寄存器																
011 滤波器低寄存器																
100 测试寄存器																
101 数据寄存器																
110 零刻度校准寄存器																
111 满刻度校准寄存器																

图 8-10　AD7714 的存储器映射

【例题 8-6】 多路复用技术。

延伸：多路复用

计算机控制系统通常使用大量外围组件。如果每个组件设备都使用一个独立 I/O 接口，会占用大量的 CPU 存储空间。显然，这种解决方案会显著提高系统对计算机资源的需求量，最终实现的系统可能非常昂贵。

多数情况下，考虑到计算机运算速度远大于 I/O 接口响应速度，工程人员倾向于使用多路复用技术作为解决方案。

多路复用技术能够把多个外围组件映射到同一 I/O 接口，相当于在同一个 I/O 接口内部布置了多个可读写寄存器。如图 8-11 所示。图中，AD574 虽然连接了 8 路模拟输入，但只占用了一个存储器地址（CHSEL）。CPU 具体对哪一路输入信号进行操作，取决于向地址 CHSEL 写入的偏移数据。

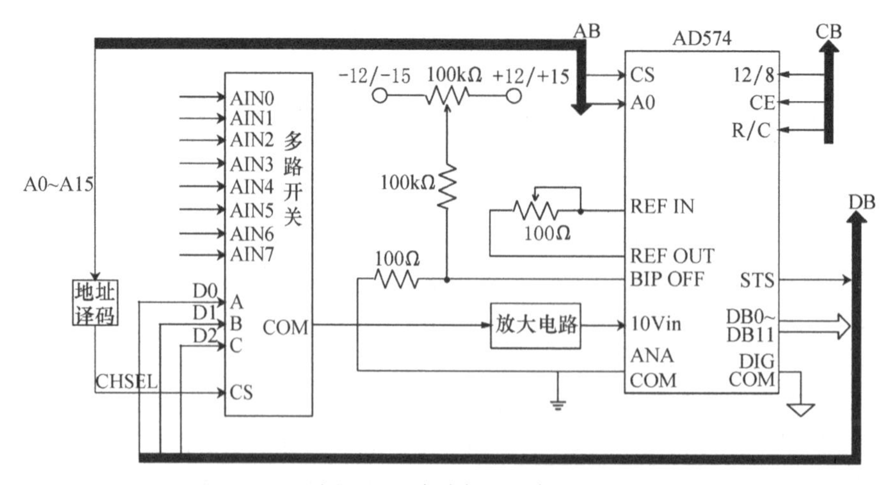

图 8-11　多路复用示意图

多路复用技术给计算机控制系统带来的好处是显而易见的，不仅降低了系统成本，更重要的是，会减少组件设备参数不一致而给系统校准带来的困难。但是，这种技术只使用一个存储器空间寻址外围组件，必然会降低 I/O 接口的响应速度。

8.3.3 数据传输方法

访问组件设备，通常只需要调用该设备的驱动程序读写相应 I/O 接口。这时，接口的数据传输方式并不值得特别关注。

如果组件设备没有提供驱动程序，就需要设计人员自己编写软件完成 I/O 接口的读写操作。此时需要注意：虽然 I/O 接口读写方式和存储器读写方式在软件上完全相同，但是并不意味着二者的数据传输性质也相同。实际上，由于 I/O 接口对读写操作顺序具有严格要求，某些对存储器读写无害的技术可能会对 I/O 接口读写产生不利影响，严重时甚至引发故障。如某些 RISC 处理器使用的乱序执行技术，对存储器读写不会产生任何问题；但若以之操作 I/O 接口，则可能产生混乱，甚至损坏设备。

编写 I/O 接口读写程序时，对于工程中大量使用的基于通用标准的 I/O 接口，包括串行接口、USB 接口、GPIB 接口和各种总线接口，其数据传输符合国际标准化组织定义的数据协议。这些协议规定了不同物理接口间数据交换的原则和方法，已作为普遍性解决方案被各种设备接受。

而对于未遵循通用标准的 I/O 接口，设计人员可以根据接口实际情况从以下数据传输方式中选择一种作为接口间的数据交换方法。

1. 同步数据传输

同步数据传输是最简单的数据交换方法。当 CPU 向外围设备传输数据时，需要先把数据放置在数据总线上，然后通过写入 I/O 接口的操作使外围设备获取数据总线上的数据。反过来也一样，当 CPU 需要获取外围设备的数据时，它会假设传输数据已经被外围设备放置在数据总线上，并通过读入 I/O 接口的操作获得来自外围设备的数据。

图 8-11 中，若 AD574 的 STS 引脚悬空，则构成采用同步数据传输的 I/O 接口。此时，只要 CPU 向 CHSEL 地址写入命令，就可以启动响应通道的 AD 转换；一旦 CPU 估计转换结束，就可以从数据总线上读取转换结果。

2. 异步数据传输

同步数据传输是一种开环数据传输方式。它假设外围设备与 CPU 完全同步，且始终处于待机状态，以确保信息在发出后可以被正确接收。如果假设条件得不到满足，外围设备离线、忙碌或响应速度很慢，数据就有可能在传输过程中丢失。这种情况下，可以采用异步数据传输，以提高数据交换的可靠性。

与同步数据传输相比，异步数据传输在数据交换过程中增加了握手协议，因此是一种闭环数据传输。其数据交换过程如下。

CPU 向外围设备传输数据时，同样需要把数据先放置在数据总线上，并通过写入 I/O 接口操作将数据总线上的数据发送给外围设备。与同步数据传输不同的是，外围设备在接收数据后必须返回一个(硬件或软件的)握手信号，CPU 接收握手信号后，确认数据被正确接收，才会清除握手信号并结束数据写入过程。如果 CPU 没有在规定时间内接收到握手信号，就会产生超时错误，表明数据写入失败，迫使 CPU 采取补救措施。

反过来，CPU 从外围设备获取数据时，需要外围设备先把传输数据放置在数据总线上，并产生一个(硬件或软件的)握手信号通知 CPU 接收。CPU 接收到该信号后，执行读入 I/O 接口操作，并清除握手信号，结束数据读入过程。

图 8-11 中，若 AD574 的 STS 引脚与 CPU 连接，则构成异步数据传输的 I/O 接口。此时，CPU 向 CHSEL 地址写入命令，可以启动响应通道的 AD 转换；但只有 CPU 接收到来自 AD574 的 STS 有效信号时，才可以判断 AD 转换结束，并从数据总线上读取转换结果。

3. 数据缓冲

如果数据到达 I/O 接口的速率与 CPU 从 I/O 接口读取数据的速率接近，即便异步数据传输也会丢失数据。这种情况下，假设外围设备每 t_{input} 秒刷新一次数据，CPU 每 t_{cycle} 秒读取一次数据，当 t_{input} 小于 t_{cycle} 时，I/O 接口的数据就会在 CPU 读取之前被刷新，致使 CPU 接收不到完整的数据。

设置数据缓冲器可以解决这个问题。先进先出(FIFO)寄存器是最常见的数据缓冲器，它实际上是一个布置在数据接收方或数据发送方内部的 n 级锁存器(图 8-12)，能够把输入端的数据依次写入存储器的空位置，也能够把存储器的数据按照写入顺序依次读出。

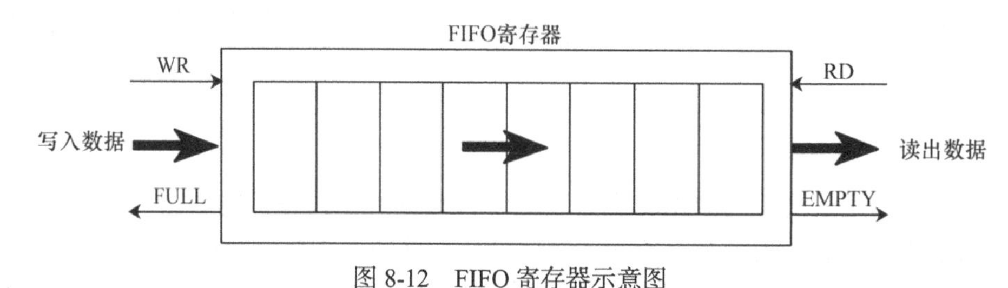

图 8-12　FIFO 寄存器示意图

为了表示数据缓冲区的状态，FIFO 寄存器通常会提供两个指示信号：FULL 和 EMPTY。前者表示 FIFO 寄存器没有剩余存储空间，不可执行写入操作；后者表示 FIFO 寄存器没有有效数据，不可执行读出操作。

在存储空间中定义 FIFO 队列也可以实现数据缓冲，如图 8-13 所示。这种情况下，FIFO 缓冲是一个基于 RAM 的循环队列，读指针 R_POINTER 和写指针 W_POINTER 代替 FIFO 寄存器的 RD 和 WR 信号进行数据读写，缓冲器的状态则用标志位 FULL/EMPTY 指示。

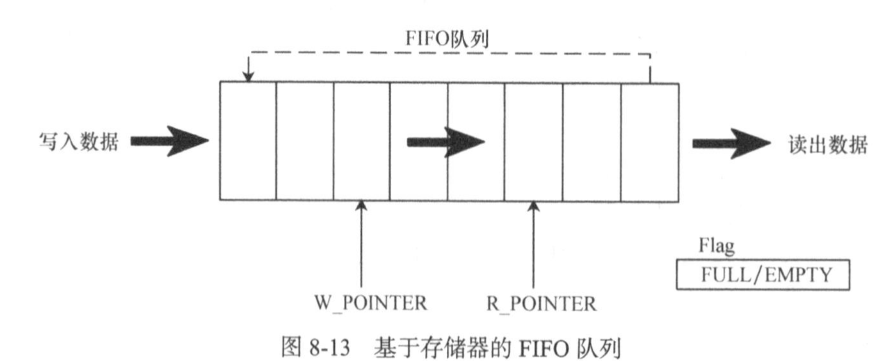

图 8-13　基于存储器的 FIFO 队列

与图 8-12 相比，图 8-13 所示结构的数据写入时间恒定，与缓冲数据长度无关，更适合大规模数据缓冲情况使用。

8.3.4 接口操作策略

计算机对接口的操作策略有三种：①轮询；②中断；③直接存储器访问(DMA)。其中，轮询操作最简单，但 CPU 占用率最高，效率最低；中断仅在外围设备就绪时操作接口，比轮询的效率高，但时间延迟无法确定；而 DMA 不需要 CPU 参与交换数据，效率最高，也最复杂。下面以异步数据传输为例简单介绍前两种策略。

1. 轮询策略

轮询策略要求计算机实时查询 I/O 接口状态，一旦接口可用，立即对接口进行读/写操作，如图 8-14(a)所示。其时间延迟等于 I/O 接口响应速度，可以认为是一个常数。

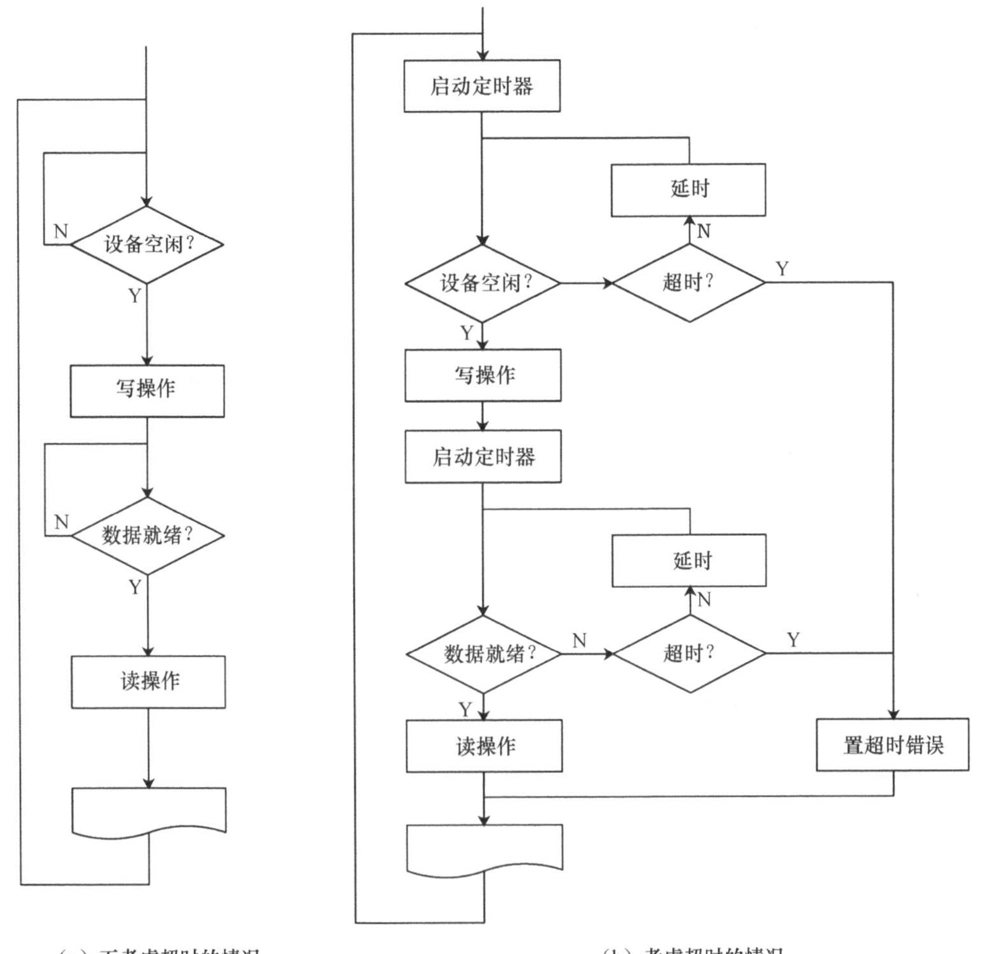

(a) 不考虑超时的情况　　(b) 考虑超时的情况

图 8-14　轮询的流程

轮询的缺点是效率太低。假设计算机执行指令的平均时间是 t_{inst} 秒，如果每隔 T_{io} 秒进行一次 I/O 操作，则采用轮询策略时，每次操作 I/O 接口的时间都可以让计算机执行 T_{io}/t_{inst} 条指令。也就是说，原本可以完成 T_{io}/t_{inst} 个动作的时间，现在只完成了一个动作，效率大幅降低。

为了防止 I/O 接口挂起，可以在程序中加入超时检测代码，如图 8-14(b)所示。在这个程序里，计算机会轮询接口，若在规定时间内得不到应答，则会认为发生了超时错误。程序在每次请求之间增加了一个延时程序，主要是为了适应外围设备的惯性，避免在设备响应前频繁操作。

2. 中断策略

采用中断策略时，I/O 接口会主动发出操作(中断)请求，无须计算机额外干预，故效率比轮询策略高。

计算机在接到中断请求后，首先需要决定是否响应该请求，如果响应中断，则执行以下操作。

(1)完成当前正在执行的指令。

(2)保存程序计数器内容，以便程序返回后从断点处继续执行。通常，CISC 处理器会把程序计数器保存在堆栈中，但大多数 RISC 处理器会把程序计数器保存在链接寄存器内。

(3)保存处理器状态，以便程序返回后从断点处继续执行。处理器状态通常由标志位和其他状态信息来定义。

(4)执行中断处理子程序。如果计算机允许，中断处理子程序执行期间可能会发生中断嵌套。

(5)在中断处理子程序执行完毕后，中断将返回断点处，并在恢复程序计数器和处理器状态后继续执行。

可见，中断的效率提升是以增加时间延迟为代价的：计算机识别和响应中断会引入额外的时间延迟，从中断处理程序返回断点也会引入时间延迟，而嵌套的中断会使时间延迟进一步增加。

图 8-15 中，假设开始中断处理的时间为 t_{int}，从中断程序返回的时间为 t_{ret}，完成中断嵌套的时间为 t_{nint}，执行 I/O 操作的时间为 $t_{i/o}$，则采用中断策略的 I/O 响应时间可以表示为 $t_{int}+t_{ret}+t_{nint}+t_{i/o}$。

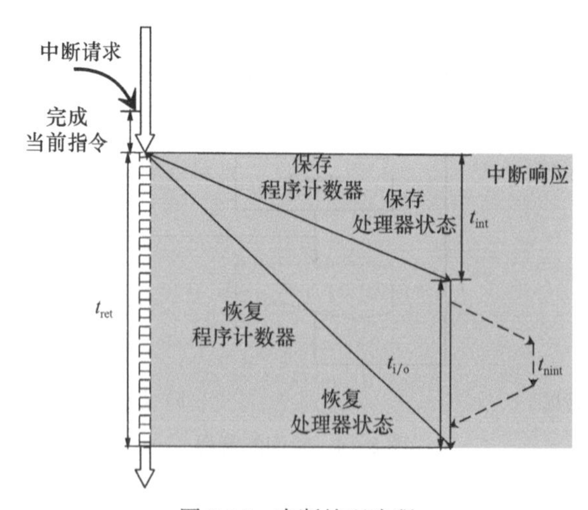

图 8-15　中断处理流程

考虑到 t_{nint} 大于 t_{int} 和 t_{ret}，且不确定性最大，则采用中断策略的 I/O 响应时间将由 t_{nint} 决定。也就是说，在计算机控制系统中，对于采用中断策略的 I/O 接口来说，CPU 的中断处理结构至关重要。这一点在使用嵌入式计算机的时候表现得尤为明显。

8.4 处理不一致的数据

由于组件设备的多样性，I/O 接口的数据与计算机处理所需数据并不完全一致，偶尔还会遇到数据不稳定的情况。这些问题要么是组件设备自身性质引入的问题，要么是环境噪声带来的干扰。无论哪种情况，都需要计算机在操作 I/O 接口的同时对接口数据进行一致性处理。

8.4.1 滤波

1. 控制系统的滤波

控制系统使用滤波技术以减小噪声、消除混叠及衰减谐振。与通信应用不同的是，控制应用除了要求滤波器在增益穿越频率处相位滞后最小，更关心其对高频信号的衰减。

低通滤波器是控制系统中最常用的滤波器，广泛使用于控制器、反馈通道以及前向通道中，消除来自不同噪声源的噪声。

图 8-16 给出了计算机控制器内部滤波器的位置示意。图中，指令滤波器的主要作用是消除指令信号的混叠和噪声，反馈滤波器的主要作用是抑制反馈信号的噪声和谐振，而输出滤波器的主要作用是平滑控制输出信号。这些滤波器的特性可以是恒定的，但更多的时候是可调的。这样做主要是为了提高计算机控制器的适应性：滤波器的灵活性越高，控制器的适应性就越好。

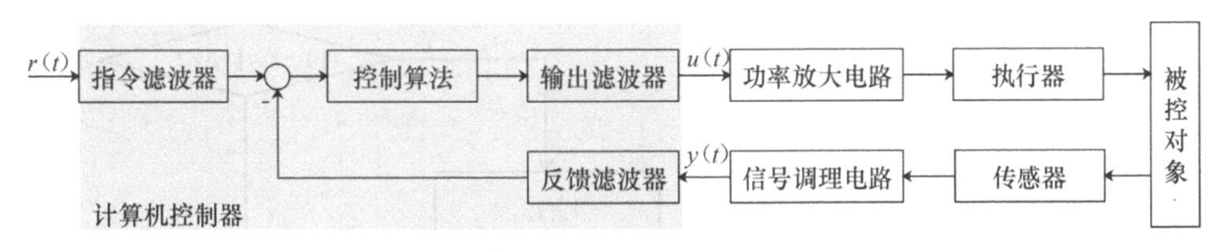

图 8-16　计算机控制系统的滤波器

2. 数字滤波

图 8-16 的滤波器既可以是置于 I/O 接口外围的硬件滤波电路，也可以是置于 I/O 接口 CPU 端的软件滤波算法。对于大多数采样率不高的应用，可以考虑先用模拟滤波器对信号进行快速采样，再对采样信号进行数字滤波。这种方案既可以有效地抑制信号混叠，又可以用软件配置系统的采样周期，能最大限度地提高控制器的适应性。

数字滤波是从数据序列估计其真值的软件算法。它基于统计原理，具有硬件滤波的性能，却不需要物理设备实现，成本小，可靠性高，使用灵活，容易得到硬件滤波无法实现的效果，在计算机控制系统中得到广泛应用。

常用的数字滤波算法主要有两类，一类是基于程序逻辑判断的数字滤波，另一类是模拟滤波器数字化得到的数字滤波。本节仅介绍前者，包括程序判断滤波、中值滤波以及算术平均滤波等。

1）程序判断滤波

受被控对象自身惯性的影响，生产过程中的大多数物理量不会发生突然的跳变，相邻两次采样之间的数值变化也存在一个有限的范围。

如果可以预测这个范围（ΔY），就可以此为据判断采样数据是信号还是干扰：每次采样后和上次的有效采样相比较，如果变化幅度不超过ΔY，则认为本次采样有效，否则认为本次采样受到明显干扰，不能采信。在后一种情况下，为了保证采样数据的连续性，通常会用上次的有效采样代替当前的采样。这种数字滤波算法被称为程序判断滤波，或限幅滤波。

限幅滤波的数学描述为

$$Y_k=\begin{cases} Y_k & \left|Y_k-Y_{k-1}\right|\leqslant \Delta Y \\ Y_{k-1} & \left|Y_k-Y_{k-1}\right|>\Delta Y \end{cases}$$

其过程示意图见图 8-17，程序流程见图 8-18。

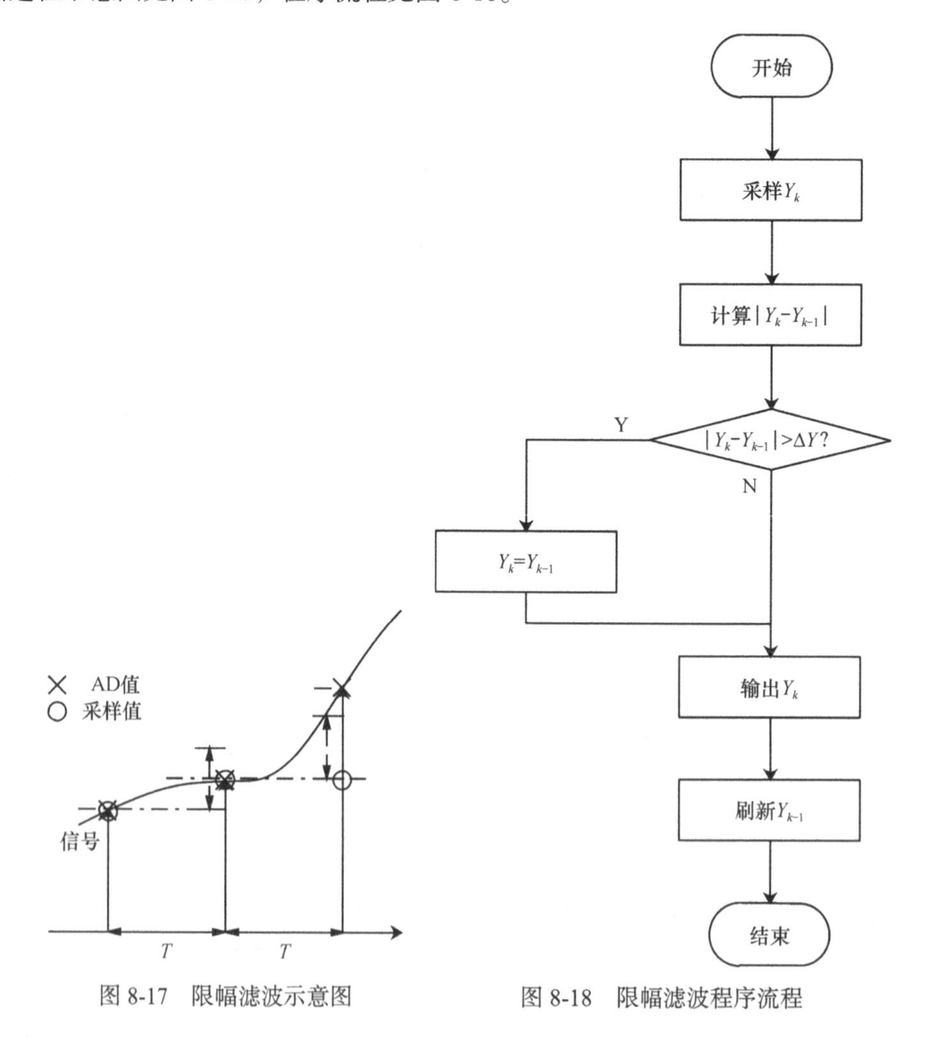

图 8-17　限幅滤波示意图

图 8-18　限幅滤波程序流程

由图 8-17 可见，当被采样信号自身变化明显时，限幅滤波的效果并不理想。这种情况是信号自身变化被滤波算法误作干扰处理而引起的，可以通过预测信号变化趋势进行修正，具体做法如下。

每次采样后和上次的有效采样比较，如果变化幅度不超过ΔY，则认为本次采样有效。否则认为本次采样可能受到明显干扰，不能采信。在后一种情况下，通常会按照上一个采样间隔信号的变化趋势估计当前采样，以减小误差并保证采样数据的连续性。

这种滤波算法被称为限速滤波。它基于“当前采样间隔的信号变化趋势与上一个采样间隔的信号变化趋势相同”的假设，数学描述为

$$Y_k=\begin{cases}Y_k & |Y_k-Y_{k-1}|\leqslant \Delta Y\\ 2Y_{k-1}-Y_{k-2} & |Y_k-Y_{k-1}|>\Delta Y\end{cases}$$

其过程示意图见图 8-19，程序流程见图 8-20。

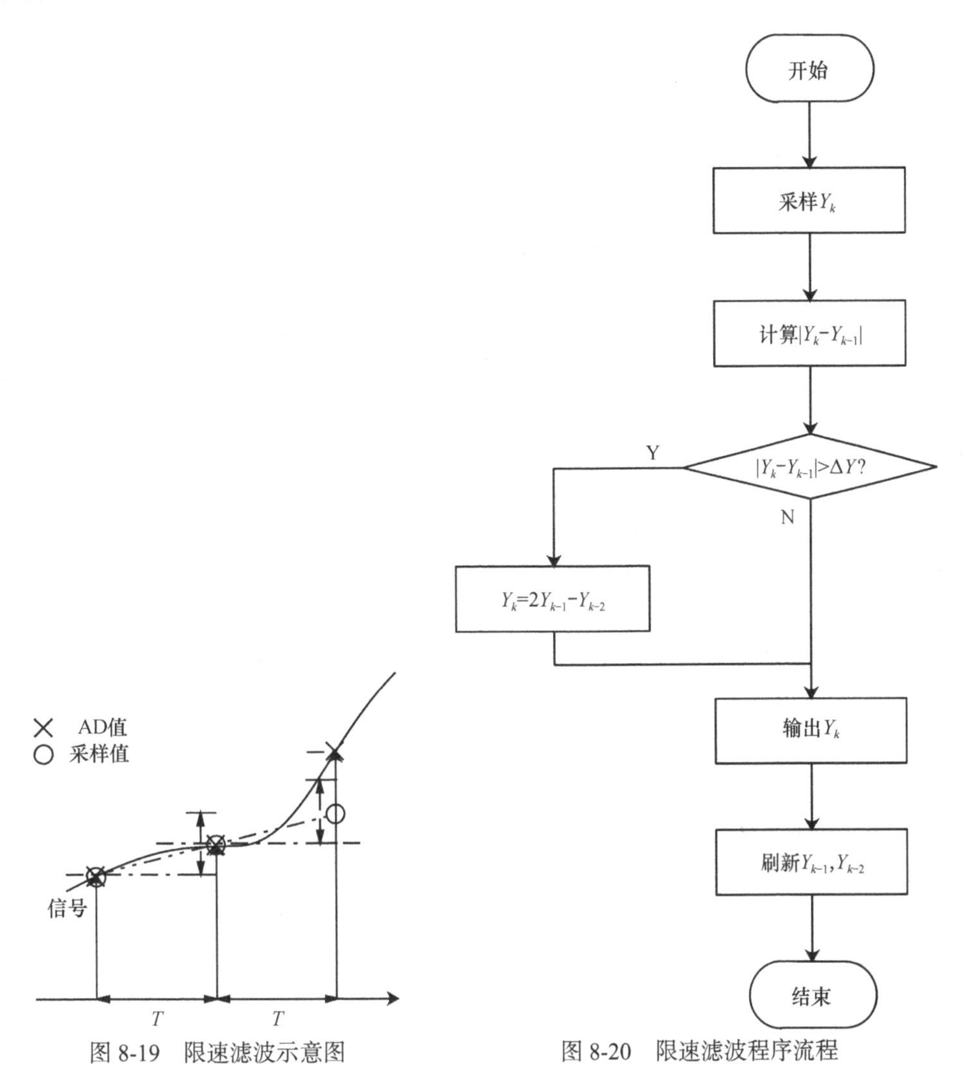

图 8-19　限速滤波示意图

图 8-20　限速滤波程序流程

总体来看，程序判断滤波对于抑制温度等缓慢变化信号的脉冲干扰效果较好，但对变化幅度较小的随机干扰则无能为力，因而多用于精度要求不高的场合，其效果主要取决于ΔY的选取。

【例题 8-7】 判断滤波信号变化范围的选择。

假设某温度控制系统控制范围是 0～100℃，控制精度为 0.5℃。若被控制对象的最大温度变化速率是 0.25℃/s，则采样周期取 0.5s 时，限幅滤波的信号最大变化范围应取多少？

解 已知被控制对象的最大温度变化速率是 0.25℃/s，则采样周期取 0.5s 时，相邻两次采样之间的温度变化不超过 0.125℃。所以，限幅滤波的信号最大变化范围可以取 0.125℃。

考虑到系统的控制精度为 0.5℃，即相邻两次采样之间的温度变化不应超过 0.5℃。本例的信号最大变化范围可以取 0.25℃。

2) 中值滤波

程序判断滤波多用于滤除偶发的脉冲干扰，对一般的随机性干扰则没有效果。这种情况下，可以考虑使用中值滤波。

所谓中值滤波，就是在每个采样时刻对采样信号连续读取 n 次，再把 n 次读数结果按由小到大或由大到小的顺序排列，最后取排列在中间位置的数据作为本次采样的有效输出。其过程示意图见图 8-21。

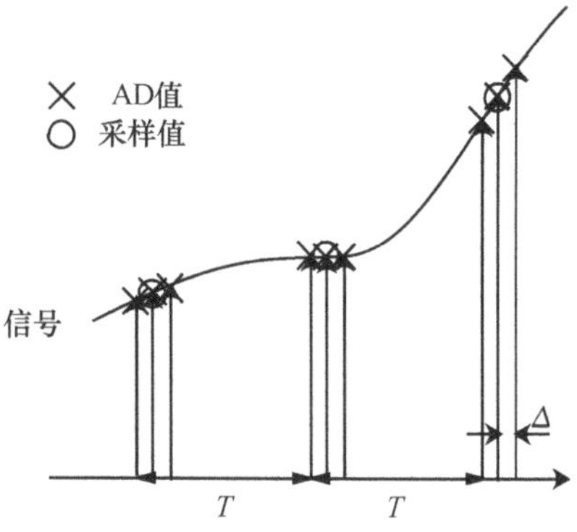

图 8-21　中值滤波示意图

为了加快运算速度，n 一般取奇数(常用 3 次或 5 次)。如果参数变化非常缓慢，也可以适当增加次数。

从图 8-21 可以看出，中值滤波使用了两个时间常数：T 和Δ。如何选择这两个参数是设计中值滤波的关键。

【例题 8-8】 中值滤波的时间选择。

假设某控制系统使用中值滤波处理采样数据。已知环境干扰的持续时间不超过 80ms，相邻两次干扰的时间间隔为 5s～5min，则中值滤波的每次采样的读数时间应如何选择？

解 使用中值滤波时，为了保证滤波效果，干扰影响的样本数目不应超过数据样本总数的 1/2。

一般情况下，中值滤波每次采样会读数 3 次或 5 次。如果读数 3 次，则其工作时间为 2Δ，干扰持续时间不应超过Δ；如果读数 5 次，则其工作时间为 4Δ，干扰持续时间不应超过 2Δ。

由题目知，环境干扰的持续时间不超过 80ms，则Δ可以考虑取 80ms(每个采样周期读数 3 次)或 40ms(每个采样周期读数 5 次)。

此时，软件读取 AD 的总时间为 240ms(每个采样周期读数 3 次)或 200ms(每个采样周期读数 5 次)，小于相邻两次干扰的最小时间间隔。

中值滤波可以剔除数据样本中明显的异常，输出的有效采样也接近数据样本的平均值，不仅能抑制突发的脉冲干扰，而且能抑制一般的随机干扰。但是，中值滤波要求采样周期 T 远大于读数时间Δ，故不能用于对快速变化信号的滤波。

3) 算术平均滤波

算术平均滤波是每次采样时对信号连续读取 n 次，然后取 n 个数据的算术平均值作为本

次采样的有效输出。其数学描述为

$$Y_k = \frac{1}{n}\sum_{i=1}^{n} y_i$$

其过程示意图见图 8-22。

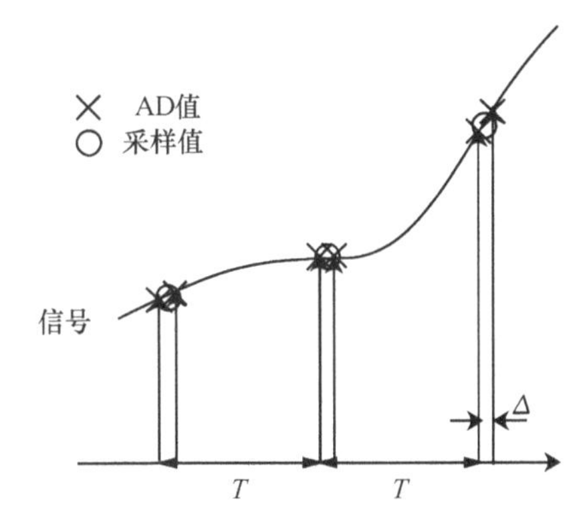

图 8-22　算术平均滤波示意图

为了提高运算速度，算术平均滤波的连续读数一般按照取 2 的幂次选择，如取 4 次、8 次或 16 次。读数次数越多，滤波的效果越好，但测量灵敏度会随之下降。

算术平均滤波能够抑制随机干扰，但不能抑制脉冲干扰。而且，与中值滤波类似，算术平均滤波也不适用于快速变化信号的滤波。

为了适应更多场景的应用，可以对算术平均滤波进行改进，得到以下滤波算法。

(1)去极值平均滤波。

去极值平均滤波可以消除脉冲干扰的影响，具体方法如下：

① 对信号连续采样 n 次，得到一个长度为 n 的数据序列；

② 剔除数据序列的最大值和最小值，得到一个长度为 $n-2$ 的新的数据序列；

③ 对新数据序列进行算术平均，获得本次采样的有效输出。

为了编程方便，$n-2$ 应为 2、4、8、16，故 n 常取 4、6、10、18。

(2)滑动平均滤波。

滑动平均滤波可以提高滤波算法的响应速度，更好地适应快变信号滤波的要求。其数学描述为

$$Y_k = \frac{1}{m}\sum_{i=0}^{m-1} y_{k-m+i}$$

可见，滑动平均滤波虽然每个采样周期只进行一次采样动作，但有效采样输出是当前采样与前 $m-1$ 次历史采样的平均，故能有效地抑制随机干扰。

(3)滑动加权滤波。

滑动平均滤波中，滤波窗口内的 m 个有效采样数据以相同比例参与运算，虽然可以消除随机干扰，但会增加数字滤波器的迟滞。为了协调两者关系，可以考虑滑动加权滤波。

所谓滑动加权滤波，就是在求算术平均时，不再对 m 个有效采样数据“一视同仁”，而是为滑动窗口内的数据样本分配不同的权重，增加当前样本和近期样本的影响，削减早期样本的影响，以提高数字滤波算法的反应速度。其数学描述为

$$Y_k = \frac{1}{m}\sum_{i=0}^{m-1} c_i y_{k-m+i}$$

式中，加权系数 c_i 一般先小后大，但所有加权系数的总和必为 1。

8.4.2　标度变换

通用 I/O 接口两端的信号类型是不一样的，CPU 端是计算机处理所需要的无量纲纯数字

（通常是偏差），而外围端是各种表征生产过程状态的有量纲工程量（如温度、电压、流量等）。为了使计算机运算结果能与生产过程实际状态一一对应，必须在无量纲的纯数与有量纲的工程量之间建立映射关系，即标度变换。

标度变换通常由软件完成，具体的映射关系取决于通用 I/O 接口外围端信号特征。如果外围端信号是线性的，则使用线性标度变换，否则需要使用非线性标度变换。

1）线性标度变换

线性标度变换是最常用的映射关系，适用于线性的外围组件，变换公式为

$$A_x = A_0 + (A_m - A_0)\frac{N_x - N_0}{N_m - N_0}$$

式中，A_0 是物理量的下限；A_m 是物理量的上限；A_x 是需要进行变换的实测物理量；N_0 是下限物理量所对应的下限数值；N_m 是上限物理量所对应的上限数值；N_x 是 A_x 所对应的数值。

为了简化运算，实际应用中多将下限物理量 A_0 所对应数值设定为 0，即 $N_0=0$。此时，线性标度变换公式简化为

$$A_x = A_0 + \frac{N_x}{N_m}(A_m - A_0)$$

【例题 8-9】 某热处理炉炉温测量仪的量程为 200～1300℃。在某一时刻，计算机采样并经数字滤波后的数字量为 2860，求此时的温度值。假设炉温测量仪是线性的，A/D 转换器为 12 位。

解 由题目知，A_0=200℃，A_m=1300℃，N_0=0，N_m=4095，N_x=2860，所以

$$A_x = A_0 + \frac{N_x}{N_m}(A_m - A_0) = 200 + \frac{2860}{4095} \times (1300 - 200) = 968\ ℃$$

2）非线性标度变换

如果外围组件输出具有明显的非线性，则需使用非线性标度变换。

非线性标度变换没有统一公式，需要根据信号具体特征选择合适的映射关系。工程多使用分段插值法进行非线性标度变换，具体做法是先将信号输入/输出特性曲线分成若干区间，再用不同的直线段对各区间特性曲线进行逼近，最后分区间进行线性标度变换。

分段插值时，各区间的大小应按实际需要决定，既可以相等，也可以不相等。但分段越多，线性化的精度越高，资源开销也越大。所以，分段插值法的区间大小通常是不确定的：在精度要求高或曲率大的位置，区间数会多些；而在精度要求低或曲率小的位置，区间数则相应减少。

8.4.3 常见非线性问题及对策

考虑到外围组件自身的局限性，所有计算机控制系统都含有非线性运行区间。多数情况下，这种非线性对回路增益的影响小于 2dB，其影响可以忽略不计。如果超过该限度，就必须采取措施。

计算机控制系统消除非线性影响的常用措施有三种：①更换产生非线性的组件；②在最差运行条件下调试；③使用非线性补偿算法。

更换非线性组件的方法最直接，可以从根本上消除非线性的影响，但受性价比制约，未必是最好的解决方案。

在最差运行条件下调试可以确保系统适应最恶劣的运行环境，保证非线性因素最多只是降低系统响应速度，而不会影响其稳定性。

使用非线性补偿算法相当于给控制器串联一个补偿环节，其输入/输出特性刚好是回路中非线性组件特性的逆。这种方法虽然速度有限，但是灵活性好，在计算机控制系统中得到了广泛应用。

1. 饱和

饱和是外围组件增益随输入增加而衰减的现象，如图 8-23 所示。通常情况下，饱和会影响计算机控制系统的增益：被控对象模型分母中的饱和增益会增大系统增益，而被控对象模型分子中的饱和增益则会减小系统增益。前者会减小系统的稳定裕度，严重时甚至打破系统的稳定性。

对于传感器引入的饱和，可以通过调整控制器增益进行补偿；而对于执行器引入的饱和，可以使用第 5 章介绍的方法。

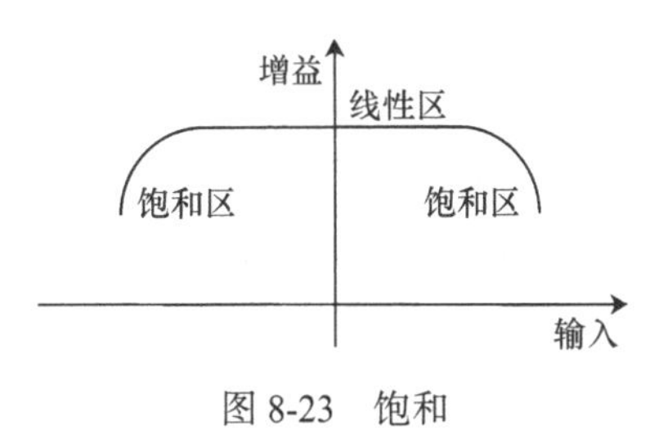

图 8-23　饱和

2. 死区

死区是外围组件增益在小幅输入情况下近似为零的现象，如图 8-24 所示。具有死区特性的组件，在输入信号刚加上的时候输出很小，而一旦输入信号超过某个阈值，其输出会迅速增加，类似于向系统施加阶跃输入。

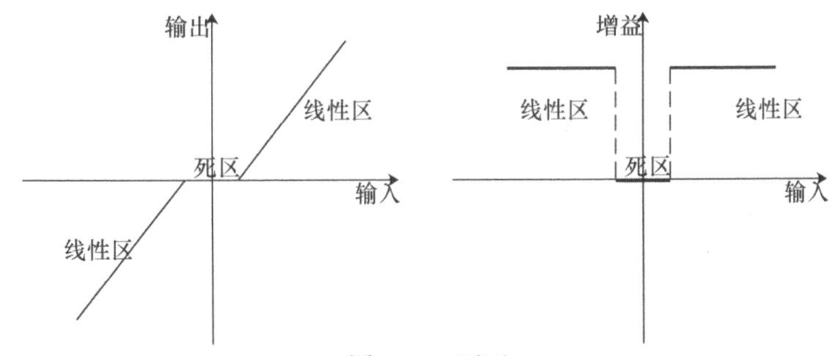

图 8-24　死区

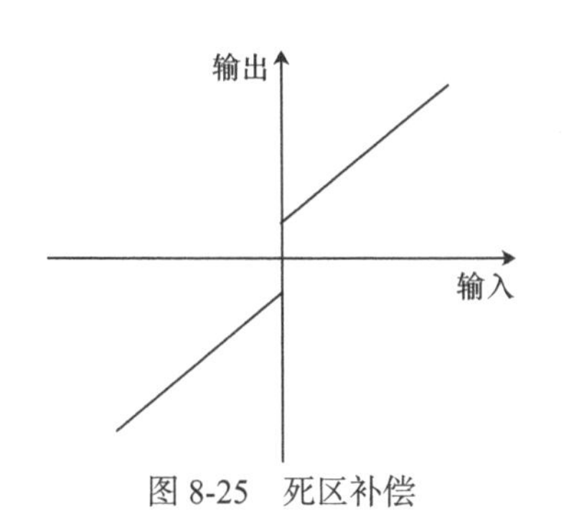

图 8-25　死区补偿

可以用具有图 8-25 特性的软件算法对死区进行补偿。这时，如果补偿小于实际的死区，则不能完全补偿；但是，如果补偿大于实际的死区，则会过度补偿，可能产生持续的振荡。

也可以用积分增益补偿死区。它的补偿速度很快，但补偿效果会随指令信号频率的增加而减小。

3. 量化

延伸：极限环

如第 7 章所指出的，量化是存在于计算机控制系统的一种非线性效应。它不仅产生量化噪声，还会产生极限环。

大多数情况下，量化的非线性效应可以通过选择合适的 AD 分辨率得到改善。在不易提高 AD 分辨率时，可以通过改进软件算法或使用“1/T”插值进行改善。

4. 脉冲调制

延伸：PWM 的影响

计算机控制系统常用脉冲调制技术控制电机。通过时间平均，脉冲调制可以把数字信号转换为模拟信号输出，但同时在输出中产生了高频谐波。这些谐波称为纹波，会产生热量，但不会产生转矩。此外，纹波还可能引起电机绕组的振动，产生音频噪声等问题。

使用线性驱动可以避免纹波的产生，但会显著增加系统的成本。也可以添加电感器，代价是能量损耗和感应电压降增大。

第 9 章　并发实时调度

针对被控对象特点和具体控制要求，选择合适的组件并确定其整体架构，最后规划、实施预定的计算机控制过程，就是所谓的计算机控制系统设计。

一般来说，对于不同的被控对象和控制要求，计算机控制系统的设计过程并不相同。设计人员必须深入了解生产过程，熟悉被控对象及其工艺环境，才能对实际的控制问题进行有针对性的分析。在此基础上，设计人员才可以明确具体的控制任务，提出可行的设计方案，最终完成性能可靠的计算机控制系统。

但是，从方法学的角度考虑，不同计算机控制系统的设计过程大致是一样的。不论被控对象和控制要求如何变化，计算机控制系统的设计都需要满足可靠性高、操作性好、实时性强、经济效益高等基本原则，其开发过程也大致分为四个阶段。

1）项目的分析论证阶段

主要包括需求分析、系统分析和对象分析，目的是从用户处获取系统的功能描述，并将其构造为定义严格、语义清楚的功能模型。对于简单系统，该环节通常可以省略。

2）项目的工程设计阶段

主要包括架构设计和机制设计，目的是将系统功能按不同尺度分解，并将其部署至不同节点的可执行组件；同时，该阶段还需要定义可执行组件之间的协作方式。

3）项目的工程实现阶段

主要包括环境改造和组件部署，目的是将工程设计阶段得到的“最优”解决方案转化为具体的物理系统，并在转化过程中保证物理设备的技术指标与设计方案尽可能一致。

4）项目的调试验收阶段

主要包括离线调试和在线调试，目的是选择合适的调节参数，确保系统能在实际工作环境中稳定地、符合预期地运行。

本章主要介绍前两个阶段应注意的问题，具体包括：

- 计算机控制系统的需求分析
- 计算机控制系统的架构设计
- 控制任务的并发实时调度方法
- 控制系统的可靠性设计模式

9.1　计算机控制系统的需求分析

9.1.1　需求分析

在第 1 章，我们强调了计算机控制系统对“实时”的要求，强调了计算机控制系统需要时刻监视被控对象状态、及时发现其状态变化、及时产生和施加控制作用以抑制或促进这种变化。

为了准确描述计算机控制系统与外部环境的实时互动，详细定义计算机控制系统的任务、功能和性能指标，需要设计人员将客户以非形式化自然语言描述的系统需求转化为以形式化规范模型严格定义的系统需求。这种由设计人员进行的对系统任务规范化的过程就称为需求分析。

需求分析是对系统任务的深入剖析，是系统开发的重要环节。其主要任务是分析系统需要实现什么功能，而不是考虑如何实现。主要考虑的问题包括：

(1)确定相对独立的无二义的功能模块，并细化其行为；

(2)辨识实时互动的所有参与者，并定义这些参与者的互动方式；

(3)定义参与者之间传递的每条消息的语义和特征；

(4)细化使用不同消息进行交互的协议，包括所要求的顺序关系、前置和后置条件不变量。

系统需求通常分为两类：功能需求和服务质量需求。功能需求是系统外部可以观察到的预期行为，一般不需要考虑具体的性能、可靠性或保险性。常见的如要求锅炉温度保持恒定，电力输出某个特定波形等。服务质量需求则是对功能需求的细化，规定相应功能需求的性能、可靠性以及保险性，一般不会独立存在。如要求锅炉温度恒定在(200±15)℃，输出波形数据的延迟时间不能超过 0.25s 等。

无论功能需求还是服务质量需求，通常都是领域专家理解和制定的。这些领域专家可能是系统的最终用户、营销人员或者相关技术人员，他们中的大多数人不会按照系统设计人员的思维模式讨论问题。这种分歧是造成需求规格说明含糊不清、自相矛盾甚至错误的主要原因，而设计人员在需求分析阶段的主要任务就是准确获取并记录领域专家的需求，以便后续的任务分析和细化。

9.1.2 用例

系统需求的规范化描述包括两种形式：外部事件上下文和用例模型。这两种工具都把计算机控制系统当作黑箱来处理，但就实际应用而言，用例使用得更多一些。

1. 用例简介

用例把系统表示为被参与者(现实世界中存在于系统外部的对象)包围的黑箱，把参与者与系统之间的交互作用描述为系统的输入和响应，并依据交互作用序列的抽象描述系统的功能需求。用例之所以重要，就在于它提供了一种客观描述系统和外部对象间一般作用的工具，不仅涵盖了用户期望在最终产品中得到的性能，而且为系统测试提供了依据，为整个项目开发提供了统一的策略(表 9-1)。

表 9-1 不同开发阶段的用例

阶段	用例的应用
分析	给出大尺度的领域划分 为分析对象提供结构组织方法 阐明系统和对象责任 在开发过程中记述并明确新增加的功能特性 验证分析模型
设计	在存在设计对象的条件下，对分析模型的细化进行验证

续表

阶段	用例的应用
实现	为设计人员明确软硬件的目的和角色
测试	为系统验证提供主要的和次要的测试场景
部署	为螺旋式开发提供迭代的原形

作为一个命名的内聚性功能模块，有意义的名称能帮助用户理解用例对外部可见行为的功能划分。但是，真正决定其功能的是用例的属性和行为。用例的属性常被用来说明其对外可见的状态，或存储其行为描述。用例的行为则是一些可以操作的功能模块，用于其功能的定义与分解，不能在用例外部直接访问。

用例通过系统与参与者的交互完成系统功能描述，必然会牵涉众多的参与者。这些参与者可能是用户，更可能是外部可见的子系统或独立设备，如传感器和执行器。用例的参与者到底是人还是人使用的设备，取决于系统的作用域：如果系统包括与用户交互的设备，则参与者是人；如果系统只包括用户间接操作的接口组件，则参与者是组件设备。

图 9-1 是一个速度控制系统用例的示意。图中，最外层的矩形框代表系统边界，人形图标代表参与者，椭圆形表示用例(系统功能)，参与者与用例之间的连线表示二者之间的信息交互。

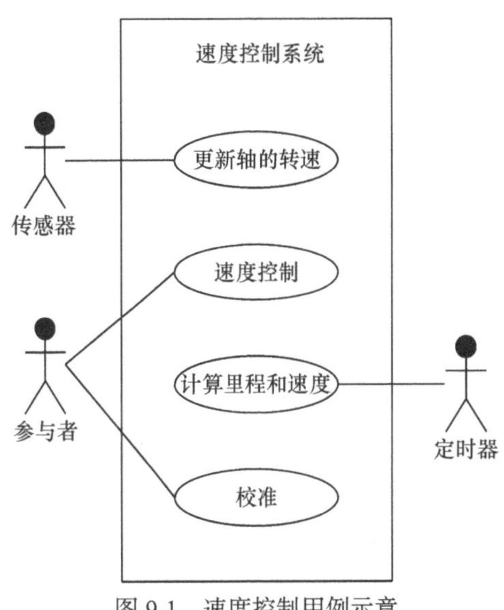

图 9-1　速度控制用例示意

2. 消息和事件

用例可以从外部定义系统的具体功能，不仅包括正常工作时的功能，还包括偶发情况和异常情况下的功能。这些功能通常由若干系统参与者协同完成，作业方式则由底层事件和消息流决定。

事件是在某个时间点发生的对系统有确定意义的激励。它是原子状态的，既没有持续时间，也不存在延迟，常以对象间或者参与者与系统间的消息传递来显现。事件之间既可以相互独立，又可以相互依赖，对约束和定义系统行为具有重要作用。

消息通常被定义为系统对象间的基本通信单位，是发送方与接收方信息交换的抽象。在需求分析阶段，消息交互的实现细节常被忽略，但其基本属性必须定义，以便描述系统的功能需求和服务质量需求。主要内容如下。

实例：速度控制用例

1）语义内容

语义内容就是消息的含义，如“起动电机”或者“锅炉当前温度为 201℃”。

在需求分析阶段，通常需要建立一个消息列表，以帮助理解黑箱系统的行为。如果某些消息必须按照事先定义的序列发生，或者系统必须依据当前状态对消息作出不同的反应，则创建消息列表时必须考虑消息的前置条件和后置条件。

2）到达模式

到达模式描述消息的时序行为，可能是周期性的，也可能是偶发性的。

周期性消息按固定周期到达，但伴有抖动。所谓抖动，是消息实际到达时间与固定周期的偏离，可以被视为均匀随机过程。

偶发性消息的到达时间无法预知，但可以用其随机特征完成最坏情况分析。常用的指标如下：

⑴界定时间。如用最小到达时间间隔定义相邻两次消息到达之间的最短时间间隔，用最大到达时间间隔定义相邻两次消息到达之间的最长时间间隔。

⑵集中趋势。如用平均到达速率描述偶发性消息统计意义上的到达时间。

⑶离散趋势。如用标准差和标准误差描述偶发性消息到达时间相对其平均到达时间的抖动。

⑷消息间的依赖关系。大多数分析假定消息间互不相关，即某个消息何时到达不会影响消息序列中另一个消息的到达。但有的时候，某个消息的出现很可能意味着另一个消息的到达。这种情况被称作消息间具有时间相关性依赖，这样的消息被称为突发消息。

3）同步模式

同步模式描述消息在汇合点的时序特征，包括调用同步模式、等待同步模式和异步同步模式。

调用同步模式和等待同步模式相似，都要求消息发送方可以被暂停直到目标完成消息处理后再继续。但前者的线程控制权在消息开始处理时即被转让，而后者的线程控制权则直到消息处理结束后才被转让。

异步同步模式本质上是多线程方式，它可以把消息传递到另一个对象，但不会转让控制权。

3. 场景

场景是用例的实例，能够对时序相关的消息序列建模。它由一个对象集合和一个有序的消息交换列表组成，描述用例的一种特定的实现方式。

场景中通常会包含若干分支。在这些分支上，参与者或系统可能有多个响应。因此，完整地细化一个用例往往需要多个场景，一般是从十几个到几十个不等。

场景可以用状态图表示（图 9-2），多用于展示给定用例对象间的不同交互方式，以检验针对用户期望问题的陈述是否完备，揭示用户未明确表述的隐含需求。同时，场景也可以提供验证测试集合，以保证所交付的系统符合规格说明要求。

4. 确定用例的方法

经验表明，几乎所有的领域专家都能看懂用例。这一点在需求分析阶段是相当有意义的，因为它为系统设计人员和领域专家讨论系统行为提供了公共语义。

考虑到大多数专家喜欢讨论特定场景而非用例，设计人员应尽可能地把系统功能映射到足够多的场景中，并与领域专家充分讨论系统在这些场景中的行为，再通过这些场景确定最终的用例。

为了获得足够的场景，设计人员可以从咨询领域专家下列问题开始：

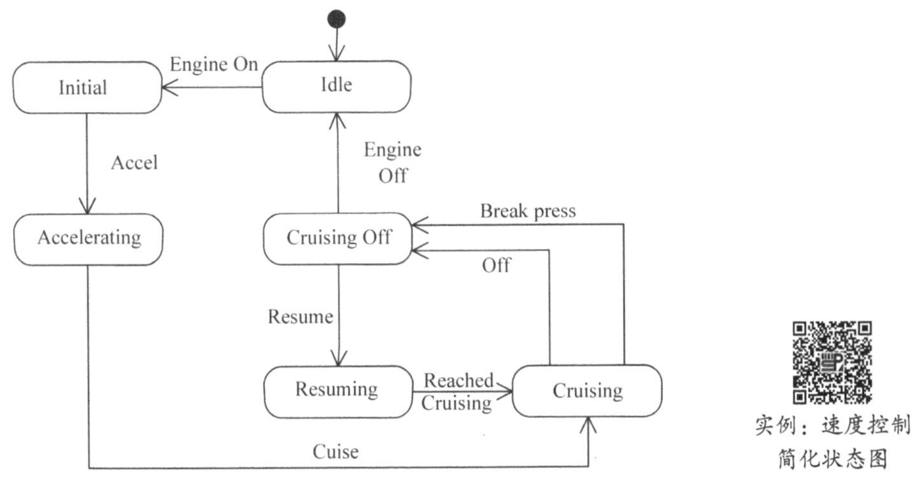

实例：速度控制
简化状态图

图 9-2　简化的速度控制状态图

(1) 系统有哪些主要功能必须实现？

(2) 系统有哪些次要功能需要实现？

(3) 有哪些物理设备需要与系统进行交互？如何交互？

(4) 有哪些人员可能与系统交互？如何交互？

(5) 项目的目的是什么？系统替代了什么？为什么替代？

在这个过程中，场景的数量可能变得十分庞大，所以需要简化，将相同条件下调用同样响应的场景归结为同一个。在此基础上，可以将功能相关的场景聚集为用例，相应地，与这些场景相关的消息则聚集为一个消息协议。在每个用例中，设计人员必须回答以下问题：

(1) 参与者和系统在每个场景中扮演的角色是什么？

(2) 要完成场景所必需的交互有哪些？

(3) 实现场景所需的事件和数据序列包括什么？

(4) 场景可能产生什么样的变化？

9.2　计算机控制系统的架构设计

需求分析给出识别问题本身及其特征的方法，把系统中关键的与具体实现无关的功能对象及其相互关系抽象出来，但没有规定它们的运行结构。

架构设计则更进一步，在分析模型的基础上讨论系统的宏观组织策略，包括系统分解的策略、任务构建的策略、构件分布策略及其协作等。这些策略会决定系统的结构模式，为更低层的详细设计提供基础。

9.2.1　系统分解

架构设计中，为了降低复杂度，计算机控制系统往往被分解为若干子系统。这些子系统可以看作功能彼此依赖的一组对象的组合，且能相对独立地完成某个主要功能。它们彼此之间相对独立，耦合度较低；但内部联系密切，耦合度高。

子系统在某些应用中很容易区分，但在另一些应用中则不容易识别。为了快速准确地构造子系统，可以考虑从用例开始进行系统分解。因为用例内部的对象彼此相关，且耦合度较高；而它们与其他用例的对象则几乎不相关。

子系统是应用相关的。一般来说，只要参与同一个用例的对象不是地理上分散的，它们就可以构造一个子系统，否则需要组合来自多个用例的功能相关的对象构造子系统。在计算机控制领域，常用子系统的类型简述如下。

1）控制子系统

控制子系统接收外部环境输入并生成外部环境输出以满足指定控制要求。通常不需要任何人为的干预，且多是状态相关的。也就是说，控制子系统至少包括一个状态依赖的控制对象。

2）协调者子系统

当存在两个或两个以上控制子系统时，可能需要一个协调者子系统居间调度各控制子系统的工作进度。

协调者子系统不是必需的。如果多个控制子系统彼此完全独立，就不需要协调；如果协调活动比较简单，则控制子系统之间可以自己协调。只有协调活动比较复杂时才需要独立的协调者子系统。

3）数据采集子系统

数据采集子系统收集环境数据，有时候还要保存数据。该子系统可以输出来自传感器的原生数据，也可以输出采集数据的归约形式，具体情况取决于应用要求。

4）数据分析子系统

数据分析子系统能够分析数据并提供报告，或为另一个子系统显示收集的数据。

数据采集子系统和数据分析子系统可以归并。但需要注意的是：数据采集子系统是实时的，而数据分析子系统未必需要实时完成。

5）服务器子系统

服务器子系统不发起任何请求，但能响应客户子系统的请求，为客户子系统提供服务。服务内容经常与数据库访问关联，也可能与I/O设备关联。

任何具有服务器作用并能响应客户请求服务的对象都是服务器对象，包括实体对象、封装应用逻辑的业务逻辑对象以及协调者对象。

6）用户界面子系统

用户界面子系统不是计算机控制系统所必需的。它通常是复合对象，由几个简单的用户界面对象组成，起到为用户提供交互界面的作用。

用户界面子系统可能不止一个。每个用户界面子系统相当于一个客户，针对特定类别的用户提供访问一个或多个服务器的解决方案。

7）I/O控制子系统

I/O控制子系统不是必需的。但在某些应用里，可以通过I/O控制子系统对所有设备接口集中进行管理，不但能够提高开发效率，而且便于管理和维护设备。

8）系统服务子系统

计算机控制系统里，有些系统级服务，如文件管理和网络通信管理，是不由问题决定的。这些服务通常不是系统开发的内容，但在某些嵌入式解决方案中，由于不存在操作系统，这些服务就由系统服务子系统提供。

9.2.2 任务构建

系统分解为子系统之后，可以用若干组通过消息彼此通信的协作对象表示，它们的并发特性则用任务来刻画。

1. 任务

任务指的是由线程控制的主动对象。线程可以定义为顺序执行的动作的集合。而动作是在特定序列中以相同优先级执行的语句，这些语句可以属于多个对象。

状态图可以用作任务的图形表示。在状态图中，标记 event[condition]/action 可以标识任务行为。借用这种转换符号，就可以在状态图中展示根源于某个主动对象的所有线程，如图 9-3 所示。

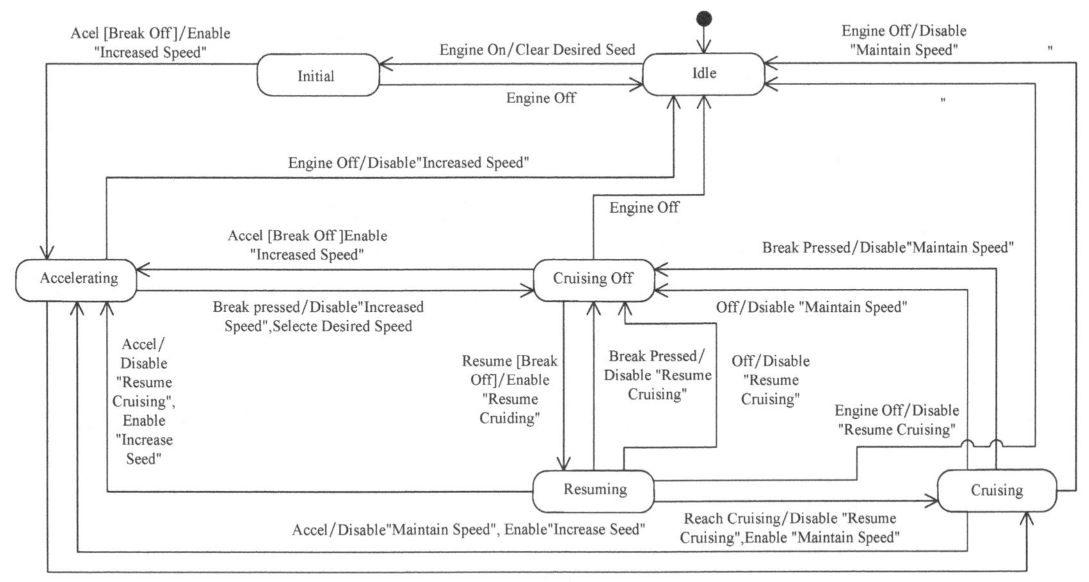

图 9-3 详细的速度控制状态图

任务使用信息隐藏处理系统的并发特征，特别是时间调配、控制和先后顺序等方面的细节。实现任务时，既可以用一个单线程的进程顺序实现，也可以用一个多线程的进程并发实现。需要注意的是，虽然并发任务可以简化系统设计，但并发任务过多时会额外增加系统的开销。因此，设计者在确定任务体系结构时必须权衡：哪些任务可以并发执行，哪些任务需要顺序执行。将对象正确打包并分配给不同线程的过程即任务构建，它能够影响系统性能和硬件需求，是系统设计的重要环节。

实例：速度控制状态图

2. 构建任务的方法

考虑到任务是对相关事件的响应，构建任务的关键是对这些事件进行合理的划分，分到同一组的事件将执行同一个任务。由于事件分组方式可以有很多，构建任务的方案也可以有很多。这里给出一些常见的分组策略。

1) 单事件

在简单系统中，可以为每个外部事件和内部事件指定一个独立任务。该方案简单可行，但对于拥有几十个甚至几百个事件的复杂系统，这种做法会增加大量的额外系统开销。

2) 顺序处理

当一系列事件严格依照预定顺序触发执行时，可以为这组事件指定一个独立任务，以确保满足顺序执行的需要。

3) 事件源

可以为具有共同来源的事件指定一个独立任务。对于包含明确定义的子系统，如果这些子系统几乎按相同的周期产生事件，事件源策略可能是最简单的方法。

4) 接口设备

可以为每一个 I/O 接口指定一个独立任务。

这种策略是事件源分组策略的特例，能够在一个任务中处理与特定 I/O 接口相连接的所有设备，是计算机控制系统常用分组策略。常见的有以下几种。

(1) 异步设备 I/O 接口任务。

异步 I/O 设备是由中断驱动的设备。在任务构建期间，每一个异步 I/O 设备接口对象都被映射为一个异步 I/O 设备接口任务，并在异步 I/O 设备产生中断时激活。

异步 I/O 设备接口任务是非周期 I/O 接口任务，其执行速度受限于与它交互的异步 I/O 设备。一般情况下，异步 I/O 设备接口任务会被长期挂起；但是，一旦被中断激活，它会要求系统在若干毫秒之内进行响应，以避免数据丢失。

(2) 定期 I/O 设备接口任务。

定期 I/O 设备是需要周期性轮询的设备。在任务构建期间，所有定期 I/O 设备被映射为一个定期 I/O 设备接口任务，并在定时器产生定时中断时激活。

(3) 被动 I/O 设备接口任务。

被动 I/O 设备既不需要中断驱动，也不需要周期性轮询。它们通常是输出设备，多用于计算任务产生的结果叠加到 I/O 设备输出。在任务构建期间，可以为所有被动 I/O 设备指定一个被动 I/O 设备接口任务，并在接收到相应的设备输出请求消息时激活。

(4) 资源监视任务。

资源监视任务可以看作被动 I/O 设备接口任务的特例。它监视所有 I/O 接口设备的状态，并协调系统对这些设备的操作请求，以维护数据的完整性，确保数据不会被破坏或丢失。

需要注意的是，无论哪种 I/O 任务，构建时都必须以所连接 I/O 接口设备的物理特征为基础。

(5) 相关信息。

可以为所有需要在同一问题域进行处理的数据指定一个独立任务，如将所有波形数据组合到同一个任务。

(6) 周期/非周期事件。

如果内部事件周期性发生，可以为它指定一个独立任务，处理所有与之相关的数据，并在必要时分配给不同对象。内部的非周期事件也可以作同样的处理，指定一个独立任务，处理所有与之相关的数据并在必要时分配给适当对象。

一般而言，这种策略仅用于内部事件，而不适用于I/O接口设备。

(7)计算密集型处理。

如果事件触发的响应需要对数据进行较大运算量的处理，如插入、删除、过滤数据或者对波形数据进行比例缩放处理，可以考虑为其指定独立任务。

(8)用途。

可以按照事件的用途指定任务。例如，可以为异常检查动作指定一个任务，为异常报警动作指定另一个任务，而为异常处理动作指定第三个任务。

任务构建通常会选择上面的一个或者几个策略作为事件分组的主要依据。当把所有事件都分配到合适的组时，就获得了能够响应系统任意输入的完全而且稳定的任务集合。

3. 计算机控制系统的任务体系

对于计算机控制系统，可以考虑按以下次序构建任务。

1)设备接口任务

首先处理与外界交互的设备接口对象，确定对象要构建哪种接口任务，是异步设备 I/O接口任务、周期设备I/O接口任务、被动设备I/O接口任务还是资源监视任务。

2)控制任务

分析状态依赖的每个控制对象，按照事件源策略或顺序处理策略构建任务。任何对象，只要其动作可以由某个任务触发，就可以将其组合到该任务中。

3)周期任务

分析系统内部的周期活动，将这些活动构建成周期任务。

如果候选周期任务均由同一时间触发，可以将这些任务归并为同一个任务，否则按顺序处理策略构建任务。

4)其他内部任务

为上述未提及的内部事件分配任务。

在将系统构建成并发任务之后，可以用状态图把系统中的所有任务表示出来。此时，状态图中的任务接口仍然是用例中确定的简单消息。

9.2.3 系统配置

1. 构件

构件是存在于系统运行时刻的事物，是执行任务并提供信息的软件制品。最常见的构件是可执行程序和库，不过也存在其他的构件，如表9-2所示。

表9-2 常见的构件

构件	描述
可执行程序	独立的应用程序
库	为可执行程序提供服务的对象和函数的集合，这类库可以是动态链接也可以是静态链接

续表

构件	描述
表格	大规模数据结构，如数据库、设备配置表以及基于 ROM 的校准数据等
文件	文件系统中对数据的组织
文档	描述其他构件的非可执行数据

构件是二进制可替换的，有实例，也有接口。该接口被称为实现接口，大尺度的接口则称为应用程序接口。调用构件时必须通过接口。

2. 系统配置

系统配置关心的是构件的实例化。也就是说，如何将构件映射到多个地理上分散的物理节点并使之互连通信。其主要内容是确定系统中硬件设备的类型、数目以及将它们连接到一起的物理通信介质。具体包括微处理器的选择和物理节点的选择。

1)选择微处理器

任何数字计算机都可用于实现计算机控制系统。选定具体的微处理器时，必须同时考虑软件和硬件两方面的需求。

软件方面主要关注以下内容：

(1)处理器可能的用途；

(2)处理器可执行软件的范围；

(3)处理器的计算功率；

(4)开发工具的可用性，如支持语言的编译器、调试器、片内资源等；

(5)第三方构件的可用性，包括操作系统、通信协议、用户界面等；

(6)开发人员对处理器的熟悉程度。

硬件方面主要关注通信方面的需求，包括：

(1)通信介质，是双绞线、同轴电缆还是其他；

(2)控制方式，是总线控制还是主从控制；

(3)仲裁方式，是基于优先级还是公平性；

(4)连接方式，是点对点还是多支路；

(5)传输速率。

2)选择物理节点

物理节点包括传感器、执行器、显示器、输入设备、内存或者其他对软件而言很重要的物理设备。它们通常采用电气连接，也可能采用光电或红外等手段。但无论采用何种连接方式，最终都会映射为 I/O 接口设备。

对于计算机控制系统，最重要的是确定以传感器为代表的模拟输入通道和以执行器为代表的模拟输出通道。其设计要点见表 9-3 和表 9-4。其中，主要考虑因素会影响控制性能，故而不可随意改动；但次要考虑因素仅影响系统结构特性，可以酌情改动。

表 9-3 模拟输入通道设计要点

考虑因素			备注
主要考虑因素	模拟输入信号	变化范围	要求模拟输入信号的变化范围应与 A/D 转换器模拟输入范围相当，以保证测量精度。如果二者相差太大，可以对模拟输入信号适当放大后再进行 A/D 转换
		变化速度	变化缓慢的信号可以近似为直流信号，不需要采样保持电路； 快速变化的信号需要作为交流信号处理，必须使用采样保持电路
		连续性	如果模拟输入信号存在离散点，则不能使用双积分式 A/D 转换器。因为双积分式 A/D 转换器会把离散信号求和平均，产生错误输出
		源阻抗	模拟输入信号的源阻抗必须和 A/D 转换器输入阻抗相匹配，以减小因反射造成的失真
		噪声	如果信号包含周期性噪声，则优选双积分式 A/D 转换器，否则可以考虑使用带通滤波器或数字滤波器
	系统精度		严格来说，系统精度应当通过计算模拟量输入通道各组成元件的噪声的方均根值确定。但为方便，通常用 A/D 转换器精度代表整个数字系统的精度。它的大小决定了 A/D 转换器的位数
	转换速度		A/D 转换器的转换速度决定了模拟输入信号的更新速率，也就限制了系统的采样频率。因此，必须保证其满足采样定理的要求
	环境条件		对于低频系统，需要重点考虑零点漂移、增益漂移和线性漂移。对于动态系统，则必须保证 A/D 转换器动态性能指标的稳定性
次要考虑因素	基准电压电路		基准电压决定 A/D 转换的量程，选择时应优先使用具有内部基准电压的器件；如果必须连接外部基准电压，也应优先使用通用基准电压值（如 3V、5V、12V 等），以降低系统成本和电路复杂度
	时钟电路		时钟电路决定了 A/D 转换器的工作速度。选择时应优先使用具有内部时钟的器件；如果必须使用外部时钟，可以考虑使用独立定时电路或由微处理器时钟信号分频产生
	输入信号驱动电路		主要解决输入信号和 A/D 转换器的阻抗匹配问题、电荷注入问题和噪声抑制问题，以保证输入信号带宽范围内的低输出阻抗，提高转换精度
	数据输出接口电路	输出格式	确定编码格式，是二进制编码还是非二进制编码？如果是二进制编码，采用原码、补码还是反码？如果是非二进制编码，采用 BCD 码还是格雷码？
		逻辑电平	数字输出是 TTL 电平还是 CMOS 电平？与计算机控制器输入逻辑电平是否兼容？如不兼容，是否需要转换电路？
		位宽	位宽取决于系统测量精度要求，不一定与计算机控制器总线宽度相同
		传输方式	并行输出，串行输出，还是频率信号输出？
		隔离	如果模拟输入信号具有大的共模电压或 ADC 在强脉冲环境下工作，则需要在数字输出端增加隔离电路。隔离电路可以使用模拟隔离器件，但最常用的是使用数字耦合器
	控制接口电路	片选信号	
		使能信号	
		转换信号	
		转换结束信号	
		读数据信号	
	转换时序		A/D 转换器具有流水线时序，因此，在编写 A/D 转换程序时，一定要确保软件符合 A/D 转换器的时序要求

表 9-4　模拟输出通道设计要点

考虑因素			备注
主要考虑因素	模拟输出信号	信号类型	
		幅值范围	
		功率	
		线性度	
	转换精度		取决于系统精度，将决定 D/A 转换器的位数
	环境条件		
次要考虑因素	基准电压电路		决定 D/A 转换器输出模拟信号的质量，应优先选择具有内部基准电压的器件
	输入信号接口电路		决定与计算机控制器的连接形式，主要考虑数字输入信号的位宽、编码格式、传输方式和逻辑电平
	输出信号功率驱动电路		控制系统的执行器一般需要 4~20mA 电流信号驱动。D/A 转换器输出信号通常为 TTL 电平或 CMOS 电平，负载能力弱，不足以驱动执行器动作。因此，需要使用功率驱动电路对 D/A 转换器的输出电流（或电压）信号进行线性功率放大，具体设计方法可参阅电子技术相关内容
	隔离		多数情况下，模拟量输出通道需要设计隔离电路，以阻断因 D/A 转换器与执行器直接连接而引入的干扰。隔离电路一般采用光电耦合器实现
	控制接口电路	片选信号	保证 D/A 转换器能有序工作
		使能信号	
		读数据信号	
	转换时序		D/A 转换器也具有流水线时序。因此，在写程序时同样应满足其时序要求

9.3　并发实时调度

根据定义，计算机控制系统需要时刻监测和控制物理过程。因此，相较于一般的软件系统，计算机控制系统与外部环境的互动更加频繁。若是不能及时响应外部环境变化，系统将不可避免地出现某种程度的失效。

通常是不可预测的。它何时发生、如何发生都不会以设计者以设计者的意志为转移。因此，为了防止系统失效，计算机控制系统必须提供一个并发事件的实时调度机制，以确保系统在事件发生时及时响应，而不是在事件过后才作出反应。

9.3.1　实时调度基础

1. 守时性

由前面讲述内容可知，计算机控制系统的动作不是自行产生的，而是对外部激励的响应，或者是随运行时间变化的预期动作。前者如电梯控制系统，主要受外部非周期事件的驱动，被称为事件驱动系统；后者如自动生产线，主要受周期性任务分配驱动，被称为时间驱动系统。

无论哪种系统，其响应都必须在事先限定的时间内完成。也就是说，系统必须在外部事件到达或者预期时间到达时开始动作，并在随后的某个预期时间之前完成动作。这种对系统动作时间提出的约束即守时性，通常用术语“期限”表示。

如果系统动作必须在某个时刻(时间驱动系统)或某段时间间隔(事件驱动系统)出现，则可以把这个时间点或时间间隔称为期限。

根据估计动作时间的准确程度，期限可以分为硬期限和软期限两种(图 9-4)。其中，硬期限是动作时间完全确定的期限，而软期限是动作时间大致可以确定的期限。

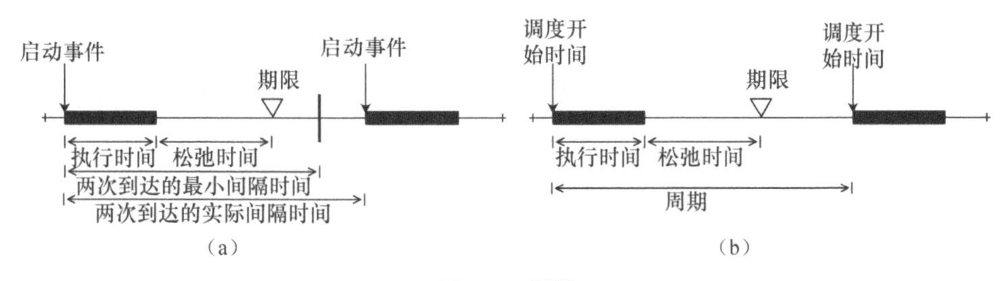

图 9-4 期限

包含一个或者多个硬期限任务的系统被称为硬实时系统。硬实时系统的每个硬期限都必须绝对满足，一旦错失即会造成系统全部或部分失效。在硬实时系统中，迟到的数据被认为是非法的或有害的，可能会损坏设备，甚至引发安全问题。计算机控制系统是典型的硬实时系统。

硬实时系统也可能包含软期限任务。在这种情况下，要求系统同时满足以下两个条件。

(1)必须时刻维持一项足够的平均性能(软期限)。

(2)必须在特定时刻之前满足所有期限(硬期限)。

这类系统也被称为严格实时系统，其守时性可用所谓的固定期限描述。

2. 并发调度

一般来说，守时性是外部需求决定的，可以通过事件响应动作序列的端到端性能来确定。当采用上述方法描述守时性时，最需要关注的是事件的动作时间、期限、到达模式和同步模式。

考虑到任务是事件响应的顺序动作的集合，守时性也可以通过任务的性能特征描述，即通过任务的执行时间、期限、事件到达模式和任务同步模式描述。某些情况下，这些性能可以通过静态数学分析方法确定；但更多的时候，这些性能需要通过禁止强占和使用简单控制算法加以保证。

大多数情况下，起因事件到达与响应动作开始之间需要多个任务协作，存在多个动作路径。当多个任务准备就绪时，选择哪一条路径进行响应的过程被称为调度。从本质上讲，调度是一个性能优化问题，包含了能够根据预定指标优化系统响应的决策。对于计算机控制系统，这个预定指标就是要求任何路径的时间预算和都必须小于或者等于硬期限。

任务调度方法有许多，常见的是先入先出且运行至完成方法、非抢占式任务方法、时间片轮转方法、周期性执行方法和基于优先级抢占方法。下面简单介绍计算机控制系统最常用的周期性执行方法和基于优先级抢占方法。

1) 周期性执行

周期性执行基于运行至完成语义。

当一组任务就绪时，第一个任务首先运行，并在运行完毕时启动第二个任务。以此类推，直至最终返回运行第一个任务。

周期性执行方法对 CPU 利用率不高，不提供对外部事件响应时间的优化，而且与应用程序耦合紧密，一旦应用程序被修改，周期性任务也需要作出相应的改变。但代码简单，容易测试，故被广泛应用。

2) 基于优先级抢占

基于优先级抢占根据任务的优先级，即任务的紧迫性和重要性，选择执行顺序。

任务就绪时会被放入就绪队列，如果它的优先级高于正在运行的任务，基于优先级抢占的调度器就会挂起当前运行的任务，然后运行就绪队列中具有最高优先级的任务。

采用这种调度方式时，必须注意资源共享问题。一方面是因为多个任务操作同一资源可能使数据破坏或丢失；另一方面是容易产生优先级逆转，引起“死锁”。

所谓的优先级逆转，是指高优先级任务准备运行时，因为运行所需资源被低优先级任务占用而被阻塞的现象。由于缺少资源，被阻塞的高优先级任务将一直挂起，直到它们具备运行所需的资源。如果被阻塞的高优先级任务同时占用了当前运行的低优先级任务所需要的资源，则两个任务将同时进入等待状态，这就是所谓的“死锁”。

9.3.2 任务接口

并发调度需要任务提供以下信息：发生事件到达的模式、任务的汇合模式以及共享资源的控制访问方法。这些信息都是多任务协作不可忽视的因素，对系统的功能需求和性能需求有重要影响。

由于消息负责记录任务和与之相关的对象之间的交互，所以，上述信息可以表示为任务间的消息。在将系统构建成并发任务之后，任务间接口仍是简单的消息描述，并不包括上述内容。而接下来的设计将定义每一个任务接口消息的具体实现，以将并发调度需要的信息映射到任务。

1. 事件到达模式

对于计算机控制系统，大多数任务是对激励事件的响应。因此，任务调度遇到的第一个问题就是确定激励事件的到达模式。

事件到达模式可以是周期性的，也可以是非周期性的。

周期性到达模式是事件按照某个固定的时间周期到达。考虑到实际情况，激励事件的到达时间与预期周期并不一致，而是存在很小的随机偏差，即抖动。

非周期性到达模式的激励是随机发生的，没有固定的时间间隔。为了保证系统的可调度性，只有下面列出的事件才可以作为激励。

1) 不规则事件

事件之间存在某个已知的但长短可变的时间间隔序列。

2) 突发事件

事件任意两次之间的间隔可能相当近，但是，事件数目不会超过某个已知范围。

3）有界的

已知最小两次到达间隔（称为界限）的事件序列。

4）平均速率有界的

事件队列中单个事件的到达时间是不可预测的，但是它们在某个平均值上下波动。

5）无界的

到达间隔仅可以用统计原理进行预测的事件序列。

需要注意的是，在定义任务接口时，不仅要给出事件的到达模式，还要确定其时间特征，包括周期性事件的周期和抖动，以及非周期性事件的界限等参数。

2. 任务汇合模式

在计算机控制系统中，同步是一种常见的需求。对于涉及物理过程的异步任务，一个任务的完成（如清空某个化学容器）可能构成另一个任务（如向该容器中添加某种易变的化学原料）的前置条件。同步策略可以确保前置条件在依赖该条件的动作执行之前得到满足。

汇合模式是任务间通信的逻辑抽象，可以给出多个任务通信消息/事件的规格说明。它可以回答关于任务同步的重要问题，如任务间通信的前置条件有哪些，这些前置条件现在是什么状态，若前置条件不满足应采取什么对策等。

最简单的汇合模式是同步函数调用。它采用直接调用的方法，借助操作系统从一个任务向另一个任务直接发送消息。这种方式能维持对象的封装，并且限制了任务间的耦合度，但开销很高，也无法提供对某些高带宽事件的及时处理。

如果不能确定前置条件一定得到满足，可以考虑以下汇合模式。

1）异步函数调用

调用任务借助实时操作系统将同步请求送入，待被调用任务方便时处理；同时，调用任务继续执行。

2）等待汇合

调用任务无限期等待，直到所有被调用任务就绪。

3）计时汇合

调用任务等待，直到被调用任务就绪后执行任务，或者到等待时间超过规定时间后放弃同步。

4）阻行汇合

如果被调用任务没有准备就绪，则调用任务立即返回，放弃同步并转而执行其他动作。

5）保护汇合

将任务间通信失败当作错误，引发异常。

3. 共享资源访问

对共享资源的访问是并发调度中另一个需要注意问题。在多任务协作中，信息的获取、操纵及显示可能在不同的任务中以不同的周期进行，甚至有可能在不同的微处理器上进行。在这个过程中，只要存在对共享数据的非原子性访问，就可能破坏数据。

解决方法是确保共享数据在某一时刻仅能被一个任务访问。可以通过临界区或互斥信号量实现共享资源的安全访问，具体做法如下。

1) 使用临界区

在计算机控制系统中，可以通过屏蔽中断和禁止任务切换来建立临界区。由于临界区内的代码不会被中断，就避免了死锁和资源竞争，确保了共享资源访问的原子性。等临界区代码结束后，需要重新允许中断和任务切换以开放共享资源。

这种方法简单易行，但是必须手工实现，不仅阻塞高优先级任务，丢失屏蔽期间事件，而且无法保证结束后完全恢复到屏蔽前的状态。尤其需要注意的是，该方法无法解决多处理器资源共享的问题，因为在一个处理器上屏蔽中断不会对其他处理器产生影响。

2) 使用互斥信号

另一种常用的方法是使用互斥信号。互斥信号是一个特殊变量，本质上是一种“信号锁”。它有两个对立的操作：p()操作和 v()操作。p()操作仅在资源可以使用的时候返回，否则将一直等待，直到资源可用时，p()操作会锁定资源的使用权并返回调用。v()操作执行相反的动作，确保任务放弃资源使用权。于是，交替使用 p()操作和 v()操作就可以对共享资源进行串行化访问。

9.3.3 实时调度理论

对于必须满足截止期的硬实时系统，如计算机控制系统，实时调度是一种特别合适的方法。它针对具有硬截止期并发任务的优先级调度问题，能够在给定的具有额定工作负载的硬件配置上，确定一组任务中的每个任务是否满足各自的截止期。

在系统设计中，实时调度理论提供了一种确定系统潜在性能问题的方法，能够帮助设计人员尽早发现不能满足期限要求的任务，使其有时间作出备选的软件设计或对硬件配置进行调整，对实时系统的分析和设计都很重要。

不失一般性，以下讨论均假设任务采用基于优先级抢占调度算法，且使用的 CPU 都一致。

1. 周期任务调度

假设任务组中的每个周期任务都是独立的，即彼此不相互沟通或同步，则可以根据每个任务的周期为它们设置固定的优先级。周期越短的任务，优先级越高。这就是所谓的单调速率理论。

下面讨论计算可调度性的方法。

假设一个周期任务的周期为 T，执行时间为 C，则它的 CPU 利用率 $U=C/T$。若它能在任务周期结束前完成运行，则称其是可调度的，即任务能满足对它提出的期限要求。

依照单调速率理论，一个包含 n 个独立周期任务的组，如果组中所有任务利用率的和小于整个 CPU 利用率的一个上界，则表明组中每个任务都能满足各自的期限要求，即组中每个任务都是可调度的。此时称该任务组是可调度的。

利用界限定理　一个有 n 个独立周期任务的集合，如果

$$\frac{C_1}{T_1}+\cdots+\frac{C_n}{T_n}\leqslant n(2^{1/n}-1)=U(n) \tag{9-1}$$

成立，则按单调速率调度理论调度的所有任务均能满足各自的期限。式中，C_i 和 T_i 分别是任务 t_i 的执行时间和周期。

单调速率理论的优先级是在设计阶段指定的，且在系统运行期间保持不变，故属于静态

调度算法。它有一个特点，就是能在短暂超载的情况下保持系统稳定。也就是说，那些有最高优先级(或者说有最短周期)的任务即使短时超载，也将满足它们的期限要求。

【例题 9-1】 考虑下面三个任务的可调度性。

任务 t_1：C_1=20ms，T_1=100ms，U_1=20/100=0.2

任务 t_2：C_2=30ms，T_2=150ms，U_2=30/150=0.2

任务 t_3：C_3=60ms，T_3=200ms，U_3=60/200=0.3

根据式(9-1)，三个任务的总利用率

$$\frac{C_1}{T_1}+\frac{C_2}{T_2}+\frac{C_3}{T_3}=0.2+0.2+0.3=0.7\leqslant n(2^{1/n}-1)=3\times(2^{1/3}-1)=0.779$$

因此，三个任务在所有的情况下都能满足其期限。

【例题 9-2】 将例题 9-1 中任务 t_3 的时间特性替换为 C_3=90ms，T_3=200ms，重新判断任务的可调度性。

在这种情况下

$$U_3=90/200=0.45$$

$$\frac{C_1}{T_1}+\frac{C_2}{T_2}+\frac{C_3}{T_3}=0.2+0.2+0.45=0.85>n(2^{1/n}-1)=3\times(2^{1/3}-1)=0.779$$

因此，这些任务不满足期限要求。

利用界限定理给出的是随机选择任务组在最差情况下的近似。对于周期融合的任务，或者说周期彼此重叠的任务，允许的上界可以更高。

2. 非周期任务调度

从可调度性分析的观点来看，非周期任务可以等效为周期任务处理。等效周期任务的周期一般是激活此非周期任务的最小交叉到达时间。于是，非周期任务就可以根据相应的等效周期设置优先级。

这样处理之后，如果非周期任务的等效周期比周期任务的周期长，那么它的优先级应该比周期任务低。此时，如果非周期任务采用中断驱动，就很容易出现优先级倒置。因此，在真实的问题中，很多任务会以异于它们的单调速率优先级的实际优先级运行。因此，有必要扩充利用界限定理来处理这些情况。

泛化的利用界限定理 一个有 n 个独立周期任务的集合，如果

$$U_i=\left(\sum_{j\in H_n}\frac{C_j}{T_j}\right)+\frac{1}{T_i}\left(C_i+B_i+\sum_{k\in H_l}C_k\right)\leqslant n(2^{1/n}-1) \tag{9-2}$$

成立，则所选任务能满足期限。式中，U_i 是周期 T_i 内任务 t_i 的利用界限；H_n 是周期大于 T_i 且优先级高于 t_i 的任务集合；B_i 是任务 t_i 可以被低优先级任务阻塞的最大时间；H_l 是周期小于 T_i 且优先级高于 t_i 的任务集合。

式(9-2)中，和式的第一项表示周期大于 T_i 的高优先级任务产生的总占先利用率，第二项表示任务自身的 CPU 利用率，第三项表示任务允许的最差情况下的阻塞利用率，第四项则

表示周期小于 T_i 的高优先级任务产生的总占先利用率。

需要注意的是，泛化的利用界限定理只能测试指定的任务。因为在这个泛化理论中，任务已不再遵循单调速率优先级。

3. 实时调度设计

对于计算机控制系统，依赖利用界限定理进行实时调度是最安全的策略。该定理的利用率上界有一个极限值 0.69，对应无限任务的最差情况。设计调度策略时，应使解决方案尽可能满足该值。如果系统中包含很多低优先级的软实时或非实时任务，高于 0.69 的利用率也可以接受。因为对于这些低优先级的软实时或非实时任务，即使错过期限也不会产生严重的后果。

选择任务优先级时，也应尽可能地按照单调速率理论设置。对周期性任务，这样做很容易；但对非周期性任务，需要估计其交叉到达时间，并考虑中断驱动的影响。

9.4 可靠性模式

计算机控制系统的运行环境比较恶劣，要求全天候甚至全年连续工作，不能随意关机或重启。而且，它们提供的服务和控制必须是自动的、及时的，即使系统失效，通常也不允许造成人员伤害或者生命损失。

但是，物理设备经常存在缺陷，系统设计也可能包含造成危害的隐患。当干扰出现时，这些因素或许会导致系统偏离正常运行的轨迹，进入失效状态。因此，除了功能性需求以外，计算机控制系统也会对可靠性提出若干要求。

9.4.1 可靠性

可靠性是系统正常运行能力的度量，描述系统在规定环境中，按照规定工作条件和操作条件，在失效前成功完成规定任务的概率。

失效是系统因硬件或软件故障而无法正确完成规定任务的现象。它可能是系统性的，也可能是随机性的。

软件故障都是系统性的。因为软件一旦出错，必然会在相同的条件下再次重现。而硬件故障既可能是系统性的，也可能是随机性的。前者是系统的设计缺陷，可以通过一定的技术手段排除；后者则是系统物理组件(如机械或电子设备)的固有缺陷，只可以检测，永远无法排除。

系统的可靠性通常用以下指标描述。

1) 失效率

单位时间内系统平均故障次数。

2) 维护率

单位时间内系统平均修复次数。

3) 平均连续工作时间

单位时间内系统正常工作时间。

4）平均维护时间

单位时间内系统停机修复占用时间。

5）有效度

系统正常工作时间占总工作时间的比值。

可见，可靠性主要有两层含义：一是系统在规定时间内尽可能不发生故障；二是发生故障后能迅速维修，尽快恢复正常工作。

9.4.2 影响因素

影响系统可靠性的因素有很多，可能是其自身的内在缺陷，也可能是来自其工作环境的干扰或错误。

系统内部的缺陷可能来自硬件，也可能来自软件。硬件缺陷主要表现为随机性缺陷，包括物理组件的老化和偶发性失效。这类缺陷可以用概率分布函数来估计，通常不会引发故障，但会成为潜在的故障源。软件缺陷则主要表现为系统性缺陷，以死锁和竞争为典型。这类缺陷往往在一定条件下固定发生，通常会破坏系统的主框架，必须在系统提交前完全排除。

影响系统可靠性的外部因素可能是来自系统工作环境的变化，如环境参数的改变、工作环境的振动、电源波动、电磁干扰等。这种因素在系统内部主要表现为噪声，即系统接收与传输的除有用信号以外的一切信号。它是无法避免的，在某些条件下会触发系统内部的缺陷，进而对系统产生不利影响。

影响系统可靠性的外部因素也可能是人为的干扰，如工作人员的误操作、未授权人员的意外触发或恶意操作等。这种因素主要表现为对系统预置功能的破坏，需要在运行过程中完全避免，并提醒相关人员注意。

9.4.3 可靠性设计方法

可靠性要求系统在任何时候都能正确完成预置任务，即使遇到事先未曾估计的情况或遇到不可预知的故障。这在设计当中并非易事，但可以从系统和组件两个层面采取措施满足其要求。

提高系统可靠性的技术措施很多，但大都以某种形式涉及冗余问题。冗余是在系统中为获取某种信息或完成某种功能的通道增加备用单元的行为。它是提高系统可靠性的基本方法，能为通道失效的系统提供替代路径，使系统在发生故障时仍可完成预置功能。

隔离是可靠性设计中另一个常用的概念。通过分离潜在故障源与相对安全的硬件或软件通道，隔离能够简化系统可靠性设计的复杂度，使其更容易实现，也更易于控制、更经济。

大多数情况下，这两种方法会同时采用。

1. 架构模式

模式是对常见问题的一般解决方案，由三方面组成：拟解决问题的定义、解决方案以及可能的结果。

在可靠性设计方面，不同的计算机控制系统往往需要面对相同的可靠性需求，处理相同的内部缺陷和外部干扰。因此，它们在满足可靠性方面采取的设计策略也往往相同，或者说，具有相同的架构模式。常见的架构模式有以下几种。

1）同构冗余模式

同构冗余模式（图 9-5）采用相同结构的通道作为备用。所有通道并行执行，因而具有相同的结果。一旦主通道失效，系统可以切换到任意备用通道继续运行，不受故障影响。而且，系统在运行中可以比较来自所有通道的输出，通过“多数者获胜”的表决策略及时纠正少数通道的失效，进一步提高系统可靠性。

需要注意的是，同构冗余模式只能处理随机性故障。因为同构冗余模式的通道完全相同，如果一个通道存在系统性故障，则该故障也必然存在于其他通道。

另外，同构冗余模式虽然不会增加系统开发成本，但会增加其实现成本。额外的通道设备不仅增加系统的可重现成本，而且要求更多的安装空间和能源，产生更多的热量，使安装维护成本额外增加。

2）异构冗余模式

异构冗余模式（图 9-6）采用相同功能的通道作为备用，主要有两种实现方式。

第一种实现方式与同构冗余模式类似，要求备用通道与主通道具有相同的技术指标，但采用不同的实现技术，即使用不同的通道结构、选择不同的软硬件组件实现同样的功能。这种实现方式能够确保备用通道功能与主通道完全相同，使系统在主通道故障时能够通过备用通道继续完成预置任务，但成本高昂。

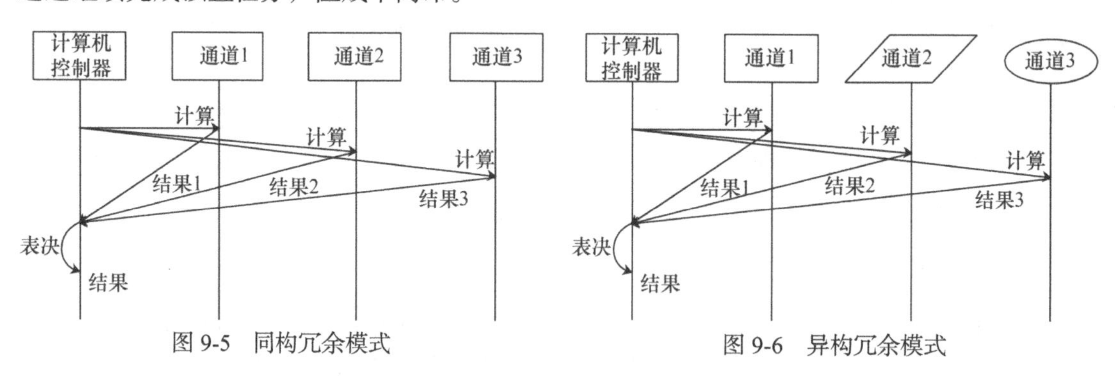

图 9-5　同构冗余模式　　　　图 9-6　异构冗余模式

第二种实现方式是对系统成本和可靠性需求的折中。它要求备用通道与主通道具有相同的功能，但技术指标略低。这样，系统可以用较小的代价保障主通道的正确性，并在主通道故障时接管大部分任务，保障系统的主要功能。

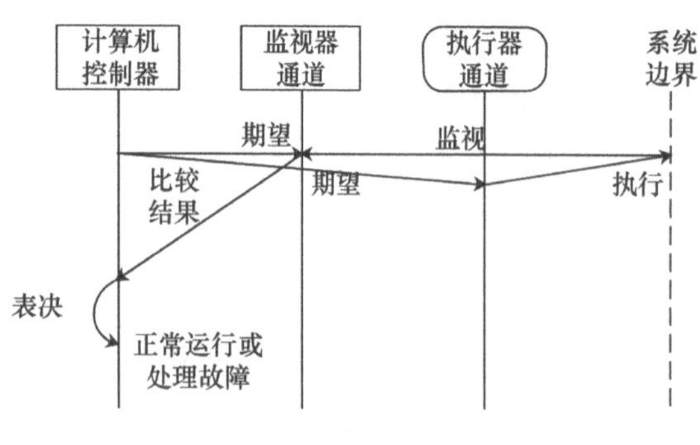

图 9-7　监视器-执行器模式

总体来看，异构冗余模式能够避免同构冗余模式的主要缺点，既能处理随机性故障，又能处理系统性故障，在很大程度上提高了系统的可靠性，但开发成本和实现成本亦大幅增加。

3）监视器-执行器模式

监视器-执行器模式（图 9-7）是异构冗余模式的特殊形式。该模式下，通道被分成两类：监视器通道和执行器通道。监视器仅负责跟踪执行器所执行的动作，并监视物理环境以确保传动器动作的正确性；后者仅负责执行控制器要求的动作。

系统运行期间，监视器通道和执行器通道会周期性地交换消息。如果监视器通道发现执行器通道失效，就会通知控制器执行合适的故障处理。如果监视器通道失效，执行器通道则不受影响，能够继续正确运行。

这种模式引入额外的监视器通道，在一定程度上增加了系统成本。然而，与同构冗余或者异构冗余相比，这种模式是提高系统可靠性的经济方法。

4) 门禁模式

门禁模式(图 9-8)是计算机控制系统常用架构。它通常是一个硬件定时器(看门狗)，可以周期性地或根据顺序从其他子系统接收消息。如果某个消息出现太迟或者未依照预定顺序出现，门禁将启动预置动作，进行复位、关机、报警或触发某种预置的错误处理程序。也可以使用软件定时器作为门禁。它更容易实现，而且灵活性更好，一般被用于执行周期性唤醒的内置测试，如执行代码校验、检视 RAM、测试堆栈溢出等。

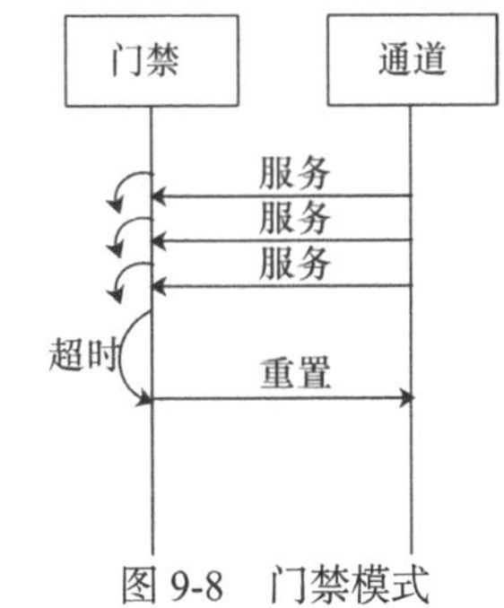

图 9-8　门禁模式

门禁模式的优点是成本低廉，不需要额外的硬件/软件支持。缺点是只支持原子性动作，不能进行复杂的错误处理和故障恢复。

2. 抗干扰技术

为了提高系统的可靠性，除了合理选择系统结构以外，还要尽量提高系统组件的抗干扰能力。毕竟系统是以组件为单元构建的，可靠性好、抗干扰能力强的组件必然会提高系统整体的可靠性，而如果组件抗干扰能力不够，再好的系统架构也无法发挥作用。

这方面的工作一般包括以下方面：

(1) 分析组件失效原因，在设计组件时，尽量采取技术措施加以消除。

(2) 掌握元器件性能，在设计时规定合理条件，必要时考虑降额使用。

(3) 建立元器件老化模型，在实现时进行有效的器件筛选。

(4) 尽量使用集成电路，避免分立元件的使用。

(5) 合理使用抗干扰技术，提高组件对环境的适应能力。

其中，抗干扰技术是系统实现过程中考虑最多的部分，也是本节主要讨论的内容。

1) 噪声和干扰

如前所述，噪声是系统接收与传输的除有用信号以外的一切信号。按其来源不同，噪声可以分为三类，如表 9-5 所示。可见，噪声是系统自身固有的，是不可能被消除的。

表 9-5　常见噪声及其特点

类别		特点
固有噪声	热噪声	由电阻内部的电子热运动形成，具有随机性质，而且几乎覆盖整个频谱，可看作白噪声
	散粒噪声	主要来源是电子管的阴极电子随机发射和晶体管的载流子随机扩散，大小与直流电流有关
	接触噪声	因两种材料之间不完全接触引起电导率起伏而产生，大小与直流电流成正比，多出现于继电器触点、电位器滑动接点、接线和虚焊位置，是低频电路最重要的噪声源

续表

类别		特点
人为噪声	工频噪声	主要来自大功率输电线。对于输入阻抗低、灵敏度高的测量系统来说，即使一般的室内交流电源线也会产生很大的交流噪声
	射频噪声	主要是高频感应加热、高频焊接等工业电子设备以及广播、电视、雷达等通信设备产生的噪声，通过电磁辐射或电源线影响附近的电子系统
	电子开关噪声	由电子开关快速通断引起，一定条件下会产生阻尼振荡，构成高频噪声
自然噪声	电晕噪声	电晕放电产生的噪声。主要来自高压输电线，具有间歇性质，而且随电晕放电过程出现高频振荡
	火花噪声	火花放电产生的噪声。主要来自电机、电刷、继电器以及高压器件，可以通过直接辐射和电源电路向外传播，在低频到高频范围内产生噪声
	放电管噪声	辉光放电或弧光放电产生的噪声

幸运的是，噪声在大多数情况下不会影响系统正常工作。但是，如果噪声的幅值和强度达到一定程度，就会引起系统性能的降低，甚至使系统无法正常运行。这种对系统具有危害性的噪声被称为干扰。

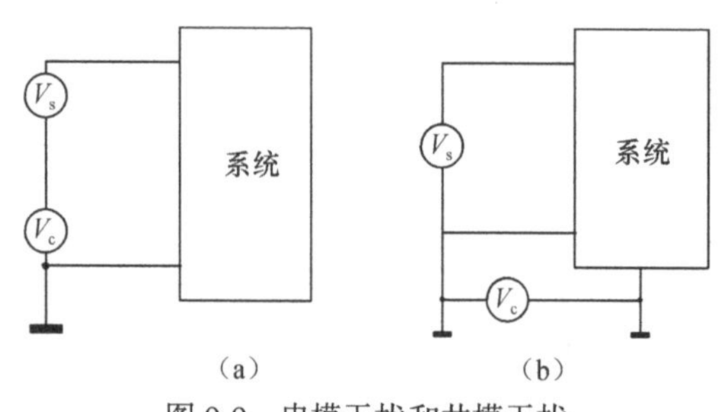

图 9-9　串模干扰和共模干扰

根据其对有效信号的作用方式，干扰可以分为两种：串模干扰和共模干扰。串模干扰见图 9-9(a)，它是串联在有用信号上的干扰，较难清除。但在干扰信号和有用信号的频谱差异明显时，可以通过滤波的方法消除。共模干扰如图 9-9(b)所示，是叠加在有用信号端子上的干扰。以地为公共回路，只要线路平衡，即两根信号线对地阻抗一致，共模干扰就不会对系统产生影响；否则，相当于在两根信号线上存在串模干扰。

2)噪声成为干扰的途径

干扰只有在以下三个条件同时具备时才能形成：①必须有噪声源；②必须有对噪声敏感的系统；③噪声源与敏感系统之间必须存在耦合。其中，噪声与敏感系统之间的耦合至关重要。

噪声的耦合方式主要有四种：传导耦合、共阻抗耦合、感应耦合和辐射耦合。

(1)传导耦合。

传导耦合是一种显而易见但又容易被忽视的噪声耦合方式。当一根导线经过噪声环境时，它可能拾取噪声并将其传输至敏感电路，进而形成干扰。

元器件因绝缘不佳引入的漏电流是一种常见的传导耦合，等效电路如图 9-10 所示。其中，V_c是拾取的噪声干扰，R是导线电阻，Z是敏感系统的等效输入阻抗。对于低频电路，电源线、接地导体、电缆屏蔽层等低阻抗导体都可能成为拾取噪声的导体；而对于高频电路，由于电感和电容是主要考虑因素，长电缆将更容易成为传导耦合通路。

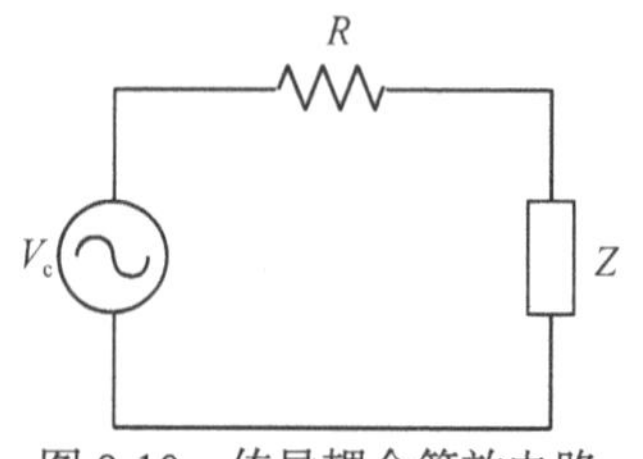

图 9-10　传导耦合等效电路

(2) 共阻抗耦合。

当两个以上不同电路的电流流经公共阻抗时，就会产生共阻抗耦合。此时，每一个电路通过公共阻抗产生的电压降都会对其他电路产生影响。

常见的情况是信号处理电路和信号输出电路使用公共电源，而电源内阻不为零。于是，电源内阻就成为公共阻抗，如图 9-11 所示。当信号输出电路的电流发生变化时，电源内阻的电压降就会变化，并通过电源线对信号处理电路形成干扰。

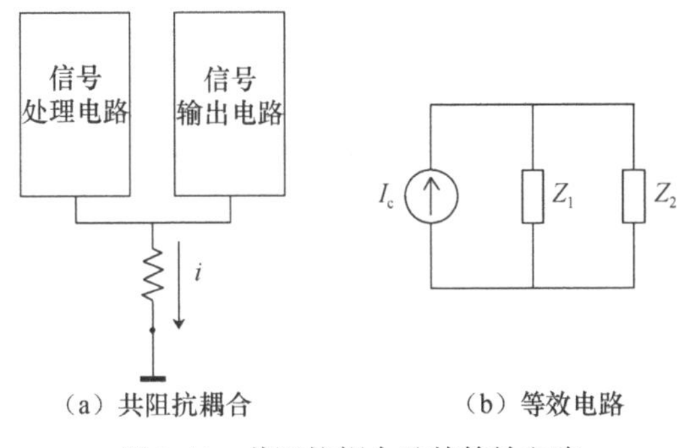

图 9-11 共阻抗耦合及其等效电路

(3) 感应耦合。

感应耦合包括电感应耦合和磁感应耦合。

电感应耦合是通过电场引入的干扰，不需要噪声源和敏感系统直接接触。如图 9-12(a)所示，导线 1 和导线 2 之间虽没有物理接触，但存在分布电容。若导线 1 上存在噪声电压，它会通过分布电容进入导线 2 并产生干扰，其等效电路如图 9-12(b) 所示。

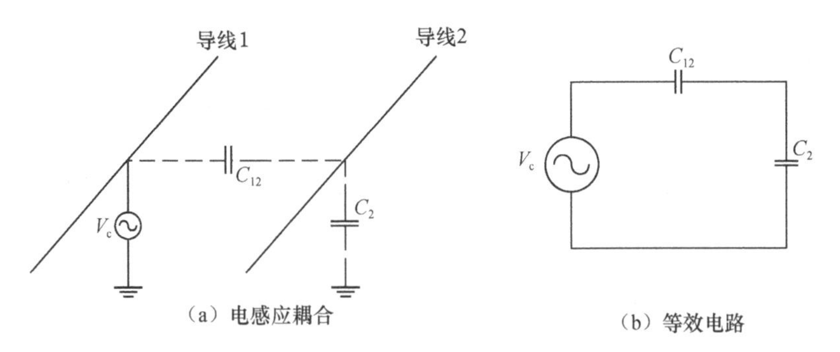

图 9-12 电感应耦合及其等效电路

磁感应耦合同样不需要噪声源和敏感系统直接接触，干扰是通过磁场引入的，主要由系统中的线圈、变压器或者较长的平行载流导线引起。如图 9-13(a)所示，导线 1 和导线 2 之间虽没有物理接触，但存在寄生互感。当导线 1 上有干扰电流经过时，导线 2 中会因互感而产生相应的感应电势，故为磁感应耦合。

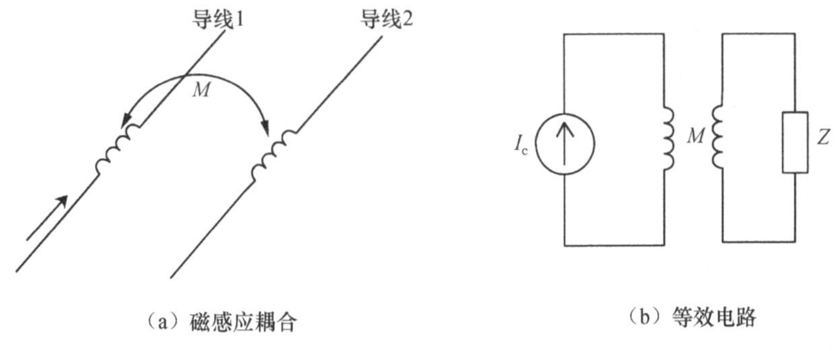

图 9-13 磁感应耦合及其等效电路

(4) 辐射耦合。

辐射耦合主要由电磁场辐射引起。当导线有高频电流通过时，导线将等效于天线，即会对周围空间产生电磁辐射，也会接收附近空间的电磁波。若导线附近恰有强辐射源(如广播电台之类)，噪声经辐射耦合入侵电路就难以避免。

3) 消除干扰的措施

噪声形成干扰必须同时具备三个条件，只要破坏其中的一个，就可以消除干扰。

由于噪声源和敏感系统是客观存在的，通常难以消除，因此，切断耦合通道就成为消除干扰的常用方法。而调整噪声产生、传播和接收的时间关系，有时也能起到事半功倍的效果。

(1) 抗串模干扰的措施。

串模干扰通常叠加在各种不平衡输入/输出信号上，或者通过供电线路进入系统。因此，在这些干扰必经之路上采取隔离或滤波措施可以有效抑制串模干扰。

① 光电隔离。

在输入和输出通道上使用光电隔离，可以在切断系统物理连接的情况下进行信息传输。它能够把控制系统与各种传感器、开关、执行机构的电气连接断开，从而阻挡大部分的电气干扰。

② 继电器隔离。

由于继电器的线圈和触点之间没有电气联系，也可以利用继电器的线圈接收信号，通过触点发送和输出信号，从而避免强电和弱电信号之间的直接接触，达到抗干扰的目的。

③ 变压器隔离。

脉冲变压器可以实现数字信号的隔离。它的匝数较少，而且一次绕组和二次绕组分别缠绕在铁氧磁体的两侧，分布电容小，便于作脉冲信号的隔离。

④ 布线隔离。

合理布线可以将微弱信号电路与容易产生噪声污染的电路分开，达到抗串模干扰的目的。布线隔离最基本的要求是信号线路必须和强电控制线路、电源线路分开走线，而且相互之间要保持一定距离。另外，配线时应区分交流线、直流稳压电源线、数字信号线、模拟信号线、感性负载驱动线等。配线间隔越大，离地面越近，配线越短，则噪声影响越小。当然，实际操作中，考虑到设备空间的限制，配线间隔不可能太大，只要能够维持最低限度的间隔距离便可。

⑤ 使用双绞线。

由于平行导线的分布电容大，抗干扰能力差，因此，计算机控制系统的长线传输中，一般不简单使用平行导线传送信号，而是使用双绞线，用其中一根作为屏蔽线，另一根作为信号传输线，达到屏蔽信号线的目的。在接指示灯、继电器等时也要使用双绞线，但由于这些线路的电流比信号电流大很多，因此应远离信号电路。

⑥ 硬件滤波。

数字电路中，若电路从一个状态转换到另一个状态，会在电源线上产生很大的尖峰，形成瞬变噪声电压。在电路接通与断开感性负载时，这种瞬变噪声往往严重影响系统的正常工作，所以要在电源变压器的进线端增加滤波电路，以消除瞬变噪声的干扰。

⑦ 过压保护。

如果没有采用光电隔离措施，可以在输入/输出通道上采用过电压保护，以防止引入过高的电压，破坏系统的正常工作。需要注意的是，过压保护电路稳压管的稳压值应略高于最高传送信号电压，限流电阻也要适当选择，太大会引起信号衰减，太小则起不到保护作用。

(2) 抗共模干扰的措施。

共模干扰通常是针对平衡输入信号而言的，其抗干扰措施主要有以下几种。

① 平衡对称输入。

设计系统时尽可能做到平衡和对称，从源头上消除共模干扰。

② 选用高质量的差动放大器。

设计系统时尽可能选用高质量差动放大器，利用其高共模抑制比特性，在信号传输过程中消除共模干扰。

③ 选择合适的接地技术。

在计算机控制系统中，通常是把数字电子装置和模拟电子装置的工作基准地浮空，而设备外壳或机箱采用屏蔽接地。这种接地方式可使系统不受地电流的影响，能提高系统的抗干扰性能。另一方面，由于系统使用的强电设备大都采用保护接地，浮空技术可以切断强电和弱电的联系，确保系统运行安全可靠。

(3) 软件冗余和软件陷阱。

软件冗余是一种数据冗余技术。在控制系统中，对于响应时间较长的输入数据，应在有效时间内多次采集并比较；对于控制外部设备的输出数据，则需要多次重复执行以确保相关信号的可靠性。有时，甚至可以把重要指令设计成定时扫描模块，使其在整个程序运行过程中反复执行。

软件陷阱则是通过执行某个指令进入特定的程序处理模块，相当于外部中断。用于抗干扰时，应首先检查是否是干扰触发的程序，并判断干扰造成的影响，若不能恢复则强制复位；若干扰已撤销，则立即恢复原来执行的程序。

参考文献

丁建强, 任晓, 卢亚平, 2012. 计算机控制技术及其应用[M]. 北京: 清华大学出版社.
冯勇, 1996. 现代计算机控制系统[M]. 哈尔滨: 哈尔滨工业大学出版社.
河合一, 2015. 活学活用 A/D 转换器[M]. 北京: 科学出版社.
胡绍林, 黄刘生, 2010. 计算机控制系统容错设计技术及应用[M]. 北京: 科学出版社.
黄争, 2010. 数据转换器应用手册：基础知识篇[M]. 北京: 电子工业出版社.
李正军, 2015. 计算机控制系统[M]. 3 版. 北京: 机械工业出版社.
刘金琨, 2011. 先进 PID 控制 MATLAB 仿真[M]. 北京: 电子工业出版社.
刘云生, 2012. 实时数据库系统[M]. 北京: 科学出版社.
马明建, 2012. 数据采集与处理技术[M]. 3 版. 西安: 西安交通大学出版社.
钱学森, 2015. 工程控制论(英文版) [M]. 上海: 上海交通大学出版社.
王锦标, 2004. 计算机控制系统[M]. 北京: 清华大学出版社.
谢昊飞, 李勇, 王平, 等, 2009. 网络控制技术[M]. 北京: 机械工业出版社.
徐丽娜, 张广莹, 2010. 计算机控制: MATLAB 应用[M]. 哈尔滨: 哈尔滨工业大学出版社.
杨双华, 2014. 基于互联网的控制系统[M]. 北京: 电子工业出版社.
周航慈, 2010. 嵌入式系统软件设计中的常用算法[M]. 北京: 北京航空航天大学出版社.
朱晓清, 郭艳杰, 彭晓波, 等, 2015. 数字控制系统分析与设计[M]. 北京: 清华大学出版社.
ADI 公司, 2011. ADI 模数转换器应用笔记(第 1 册)[M]. 北京: 北京航空航天大学出版社.
ASTROM K J, MURRARY R M, 2010. 自动控制：多学科视角[M]. 北京: 人民邮电出版社.
ASTROM K J, WITTENMARK B, 2002. 计算机控制系统：理论与设计(影印版) [M]. 3 版. 北京: 清华大学出版社
BISHOP R H, 2012. Modern Control Systems with LabVIEW[M]. Austin: National Technology & Science Press.
BOOTH G, MAKSIMCHUK R A, ENGLE M W, et al, 2013. 面向对象分析与设计[M]. 3 版. 北京: 电子工业出版社.
CLEMENTS A, 2017. 计算机存储与外设[M]. 北京: 机械工业出版社.
DOUGLASS B P, 2003. 实时 UML：开发嵌入式系统高效对象[M]. 2 版. 北京: 中国电力出版社.
DOUGLASS B P, 2005. 嵌入式与实时系统开发：使用 UML、对象技术、框架与模式[M]. 北京: 机械工业出版社.
ELLIS C, 2016. 控制系统设计指南[M]. 4 版. 北京: 机械工业出版社.
GOMAA H, 2004. 用 UML 设计并发分布式实时应用[M]. 北京: 北京航空航天大学出版社.
GOODWIN G C, GRAEBE S F, SALGADO M E, 2002. 控制系统设计(影印版) [M]. 4 版. 北京: 清华大学出版社.
JERUCHIM M C, BALABAN P, SHANMUGAN K S, 2004. 通信系统仿真：建模、方法和技术[M]. 2 版. 北京: 国防工业出版社.
KILIAN C T, 2010. 现代控制技术：组件与系统[M]. 3 版. 北京: 中国轻工业出版社.
LANDAU I D, ZITO G, 2014. 数字控制系统: 设计、辨识和实现[M]. 北京: 科学出版社.
LEVINE W S, 2010. The Control Handbook: Control System Fundamentals[M]. 2 版. Boca Raton: CRC Press.
OGATA K, 2000. 现代控制工程[M]. 3 版. 北京: 电子工业出版社.
OPPENHEIM A V, WILLSKY A S, NAWAB S H, 2012. 信号与系统[M]. 2 版. 北京: 电子工业出版社.
OSHANA R, KRAELING M, 2016. 嵌入式系统软件工程：方法、实用技术及应用[M]. 北京: 清华大学出版社.
PHILLIPS C L, NAGLE H T, CHAKRABORTTY A, 2017. 数字控制系统分析与设计[M]. 4 版. 北京: 机械工业出版社.
PHILLIPS C L, PARR J M, 2012. 反馈控制系统(影印版) [M]. 5 版. 北京: 科学出版社.
PONT M J, 2004. 时间触发嵌入式系统设计模式：使用 8051 系列微控制器开发可靠应用[M]. 北京: 中国电力出版社.
WALLS C, 2007. 嵌入式软件概论[M]. 北京: 北京航空航天大学出版社.

附录A 数据手册简介

数据手册(DataSheet)是制造商为产品公开发行的技术说明，详细记载了同系列所有规格产品的功能、数据明细、应用指导、封装说明等信息，是使用组件设备的重要技术资料。多数情况下，数据手册可以在组件设备制造商的主页下载，也可以向经销商索取，或通过互联网搜索下载。

高效阅读并正确理解数据手册内容是以之指导系统设计的前提。为了帮助初学者更快速地使用数据手册指导设计，下面以LF198为例对数据手册的一般结构作简单介绍。

A.1 首 页

数据手册首页介绍了产品的名称、主要功能、特性和框图等概要信息，帮助读者在最短时间内了解产品的应用场景，建立对产品的第一印象。

图A-1是LF198数据手册的首页。页面左上角(位置(1))以醒目字体标明LF198的制造商，右上角(位置(2))则标明数据手册的发布时间。需要注意的是，制造商发布的数据手册可能由于多种原因而多次修订，所以，在使用数据手册前必须确认其是最新版本。

接下来，在位置(3)处，是以大号粗体字标明的同系列产品名称，下面一行则是其基本功能的概要说明。有的产品数据手册会在此处追加基本技术规格的说明信息，如8通道、高精度、12位等。

概要栏(位置(4))对产品基本功能、应用领域等内容进行了描述性说明，特征栏(位置(5))则对产品主要技术规格进行了条目式说明。这两栏列举了产品有代表性的应用场景和技术指标，能帮助读者快速了解产品的特点，判断其是否适合自己的设计需求。

典型应用栏(位置(6))给出了具有典型性的产品应用示例和特征曲线示例，功能框图栏(位置(7))则给出了产品内部的逻辑组成。这两部分内容有助于读者快速使用和深入了解产品，对于理解产品的动作和功能而言具有重要意义，但并非所有数据手册都会给出。

A.2 极 限 参 数

绝对最大额定值(Absolute Maximum Ratings)是产品工作的极限参数。任何情况下，只要有一个规格条件(如电源电压、存储温度、输入电压等)超过绝对最大额定值规定的范围，器件就可能永久损坏。因此，设计人员必须绝对避免在超出绝对最大额定值的情况下使用产品。

需要注意的是，绝对最大额定值只是给出了产品不会损坏的极限条件，并不能保证它能够在此条件下正常工作。实际上，若产品长期在绝对最大额定值条件下工作，其可靠性会降低。

(2)July 2000

LF198/LF298/LF398, LF198A/LF398A(3) Monolithic Sample-and-Hold Circuits

General Description (4)

The LF198/LF298/LF398 are monolithic sample-and-hold circuits which utilize BI-FET technology to obtain ultra-high dc accuracy with fast acquisition of signal and low droop rate. Operating as a unity gain follower, dc gain accuracy is 0.002% typical and acquisition time is as low as 6 μs to 0.01%. A bipolar input stage is used to achieve low offset voltage and wide bandwidth. Input offset adjust is accomplished with a single pin, and does not degrade input offset drift. The wide bandwidth allows the LF198 to be included inside the feedback loop of 1 MHz op amps without having stability problems. Input impedance of 10^{10}⊠ allows high source impedances to be used without degrading accuracy.

P-channel junction FET's are combined with bipolar devices in the output amplifier to give droop rates as low as 5 mV/min with a 1 μF hold capacitor. The JFET's have much lower noise than MOS devices used in previous designs and do not exhibit high temperature instabilities. The overall design guarantees no feed-through from input to output in the hold mode, even for input signals equal to the supply voltages.

Features (5)

n Operates from ±5V to ±18V supplies
n Less than 10 μs acquisition time
n TTL, PMOS, CMOS compatible logic input
n 0.5 mV typical hold step at C_h = 0.01 μF
n Low input offset
n 0.002% gain accuracy
n Low output noise in hold mode
n Input characteristics do not change during hold mode
n High supply rejection ratio in sample or hold
n Wide bandwidth
n Space qualified, JM38510

Logic inputs on the LF198 are fully differential with low input current, allowing direct connection to TTL, PMOS, and CMOS. Differential threshold is 1.4V. The LF198 will operate from ±5V to ±18V supplies.

An "A" version is available with tightened electrical specifications.

Typical Connection and Performance Curve (6)

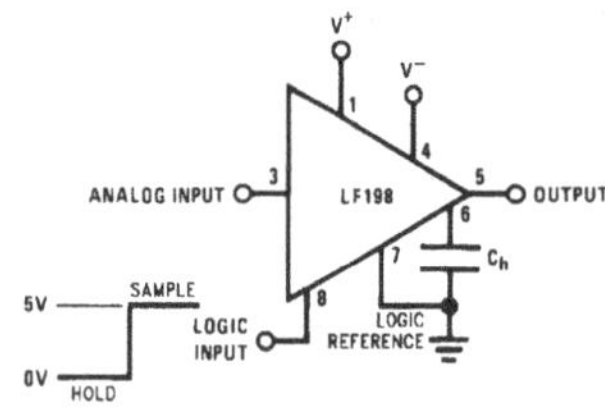

DS005692-32

Acquisition Time

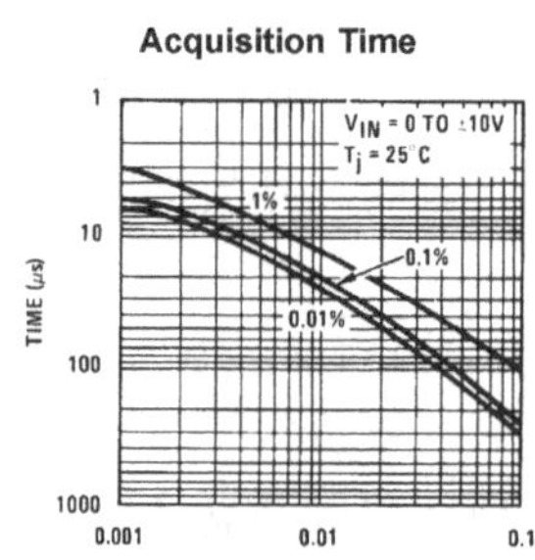

DS005692-16

Functional Diagram (7)

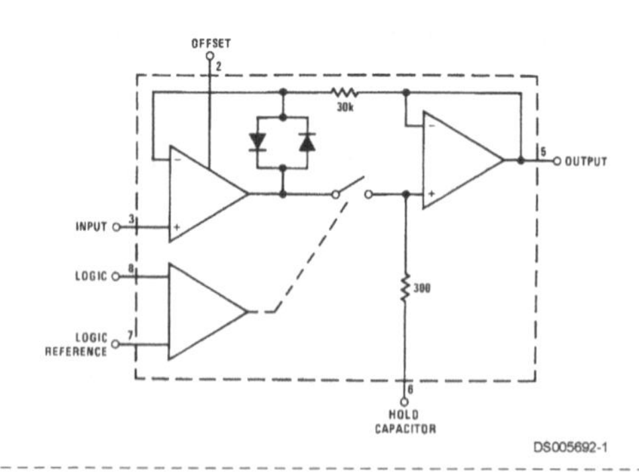

DS005692-1

 www.national.com

图 A-1 LF198 数据手册首页

初学者还需要特别注意电源电压的条件。实际使用电源的过程中，在由 ON 切换到 OFF 或由 OFF 切换到 ON 时，可能出现远超电源额定输出的峰值电压，不注意的话很容易引发故障。

图 A-2 中，有些规格名称后面带有 Note 字样的标记，表示对该规格的定义有补充说明。补充说明一般集中放置在规格表的下方，有时也会用脚注的形式给出。

Absolute Maximum Ratings (Note 1)

If Military/Aerospace specified devices are required, please contact the National Semiconductor Sales Office/ Distributors for availability and specifications.

Supply Voltage	±18V
Power Dissipation (Package Limitation) (Note 2)	500 mW
Operating Ambient Temperature Range	
LF198/LF198A	−55°C to +125°C
LF298	−25°C to +85°C
LF398/LF398A	0°C to +70°C
Storage Temperature Range	−65°C to +150°C
Input Voltage	Equal to Supply Voltage
Logic To Logic Reference Differential Voltage (Note 3)	+7V, −30V
Output Short Circuit Duration	Indefinite

Hold Capacitor Short Circuit Duration	10 sec
Lead Temperature (Note 4)	
H package (Soldering, 10 sec.)	260°C
N package (Soldering, 10 sec.)	260°C
M package:	
Vapor Phase (60 sec.)	215°C
Infrared (15 sec.)	220°C
Thermal Resistance (θ_{JA}) (typicals)	
H package	215°C/W (Board mount in still air) 85°C/W (Board mount in 400LF/min air flow)
N package	115°C/W
M package	106°C/W
θ_{JC} (H package, typical)	20°C/W

图 A-2　LF198 的绝对最大额定值

A.3 电 气 规 格

紧接着极限参数的栏目通常是电气规格(Electrical Characteristics)。它给出了产品在指定测试条件下的典型值，是衡量产品性能的重要指标，也是设计选型时需要考虑的重要内容。

图 A-3 中，电气规格表上方定义了表格所列指标的基本测试条件。具体到 LF198，只要满足电源电压为±15V，环境温度为 25℃，保持电容取 0.01μF，在 10kΩ负载下,当输入电压为$-V_s+3.5V \sim +V_s-3.5V$ 就能保证规格。

规格表第一列(Parameter)给出了各种规格指标的名称。有的数据手册会把相关指标归类放置，这种情况下，Parameter 列下方会多出一列指标类的名称。

规格表第二列是 Conditions 列，给出了基本测试条件未提及的或有变动的测试条件。如“Supply Voltage Rejection Ratio”一行，Conditions 列就给出了额外的测试条件 $V_{out}=0V$。

近邻 Conditions 列右侧，规格表给出各项指标的典型值，并在表格最右侧给出典型值的测量单位。

典型值通常包括最小值(Min)、标准值(Typ)和最大值(Max)三项。其中，标准值能反映设计人员对产品性能的期望，是选型设计时需要标注的理论指标；最小值和最大值则反映产品个体的性能差异，设计中需要确保系统性能不会随产品个体差异而明显变化。

以图 A-3 为例，考察“Output Impedance”指标，知其典型值为 0.5Ω，但最大可以变化到 2Ω(LF198/LF298)或 4Ω(LF398)，全温度范围内甚至可以到 4Ω(LF198/LF298)或 6Ω(LF398)。可见，LF198/LF298/LF398 的输出阻抗标准值虽然相同，但在不同的工作环境下，其稳定性大不相同，则设计时也应该根据稳定性要求选择合适的产品。

Electrical Characteristics

The following specifcations apply for $-V_S + 3.5V \le V_{IN} \le +V_S - 3.5V$, $+V_S = +15V$, $-V_S = -15V$, $T_A = T_j = 25°C$, $C_h = 0.01\ \mu F$, $R_L = 10$ k⊠ LOGIC REFERENCE = 0V, LOGIC HIGH = 2.5V, LOGIC LOW = 0V unless otherwise specified.

Parameter	Conditions	LF198A			LF398A			Units
		Min	Typ	Max	Min	Typ	Max	
Input Impedance	$T_j = 25°C$		10^{10}			10^{10}		Ω
Gain Error	$T_j = 25°C$, $R_L = 10k$		0.002	0.005		0.004	0.005	%
	Full Temperature Range			0.01			0.01	%
Feedthrough Attenuation Ratio at 1 kHz	$T_j = 25°C$, $C_h = 0.01\ \mu F$	86	96		86	90		dB
Output Impedance	$T_j = 25°C$, "HOLD" mode		0.5	1		0.5	1	Ω
	Full Temperature Range			4			6	Ω
"HOLD" Step, (Note 6)	$T_j = 25°C$, $C_h = 0.01\mu F$, $V_{OUT} = 0$		0.5	1		1.0	1	mV
Supply Current, (Note 5)	$T_j \ge 25°C$		4.5	5.5		4.5	6.5	mA
Logic and Logic Reference Input Current	$T_j = 25°C$		2	10		2	10	μA
Leakage Current into Hold Capacitor (Note 5)	$T_j = 25°C$, (Note 7) Hold Mode		30	100		30	100	pA
Acquisition Time to 0.1%	$\Delta V_{OUT} = 10V$, $C_h = 1000$ pF		4	6		4	6	μs
	$C_h = 0.01\ \mu F$		20	25		20	25	μs
Hold Capacitor Charging Current	$V_{IN} - V_{OUT} = 2V$		5			5		mA
Supply Voltage Rejection Ratio	$V_{OUT} = 0$	90	110		90	110		dB
Differential Logic Threshold	$T_j = 25°C$	0.8	1.4	2.4	0.8	1.4	2.4	V

图 A-3　LF198 电气规格表示例

电气规格表的所有指标都是在规定测试条件下获得的。如果工作条件与规定测试条件不同，则可以通过典型特性曲线(Typical Performance Characteristics)获得具有代表性的性能指标，如图 A-4 所示。

特性曲线大致可以分为两类，一类是电气规格表所列指标在测试条件下得到的实例特性，另一类则是电气规格表没有列出的指标随环境条件改变而变化的实测曲线。后一种情况可以用图表的形式描述那些不容易放入电气规格表的特性。

电气规格栏的后半部分是与产品动作相关的关键指标说明，具体内容随制造商和产品类型而变化。有的产品会在这里说明数字接口控制模式和动作时序，有的产品则在这里说明与测量精度相关的指标，而 LF198 则在这里对逻辑电平的规格提出要求，如图 A-5 所示。

Aperture Time
(Note 9)

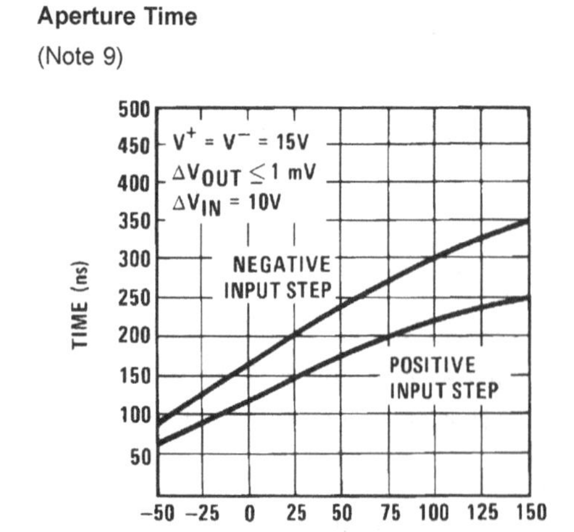

Dielectric Absorption Error in Hold Capacitor

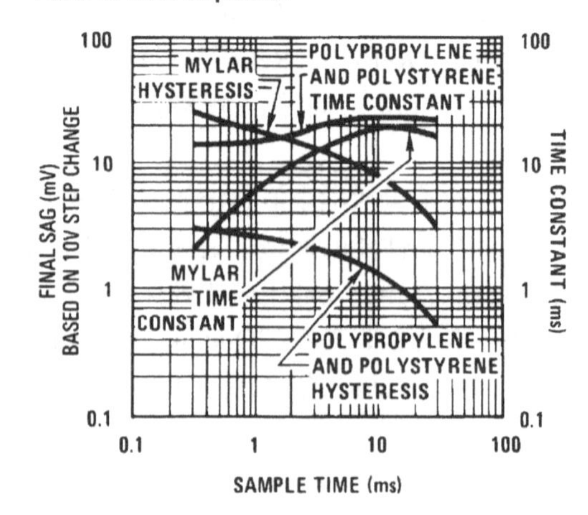

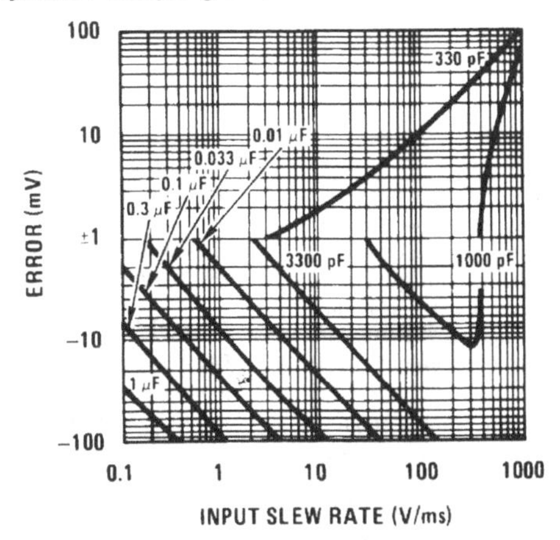

图 A-4　LF198 特性曲线示例

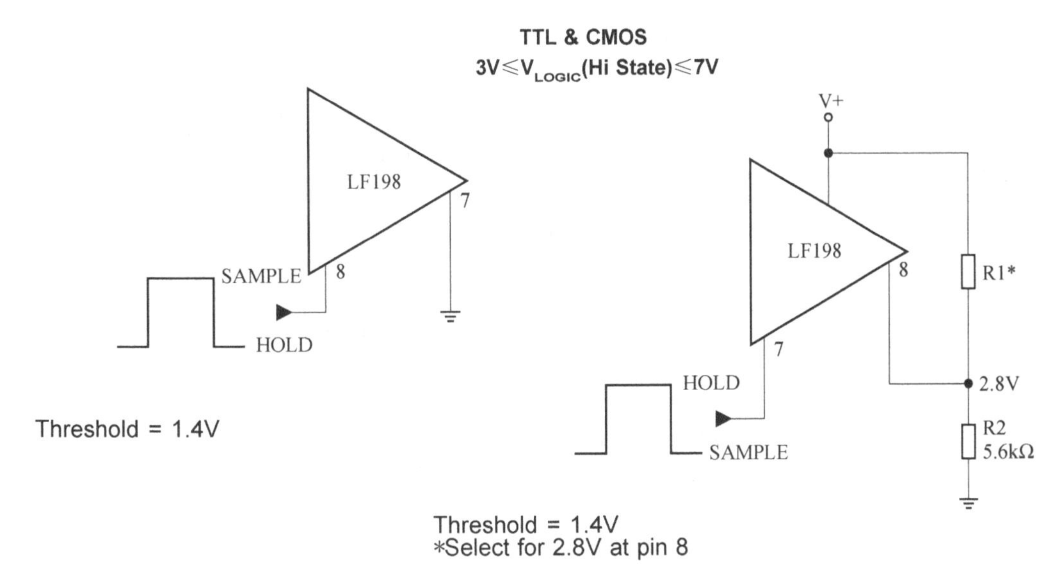

图 A-5　LF198 逻辑输入配置示例

A.4　应 用 提 示

这一栏的标题有多种写法，除了以“应用提示(Application Hints)”为标题以外，还可能用“应用(Applications)”作为标题，或干脆以要说明的特定内容作为标题。

不管哪种标题，栏目内容一般都是关于产品实际应用方面的重要信息，如产品的基本用法、与周边电路的连接示例、外围分立器件的选择以及印制电路板的布局等。这些信息是系统设计实现过程中不可或缺的信息，所以需要仔细阅读。

例如，LF198 数据手册在应用提示栏的开头(图 A-6)就描述了保持电容器容量对产品性能的影响，并进一步说明不同材质电容器(如聚丙烯电容器、特氟龙电容器等)使用过程中性能的差异，为读者选择使用产品提供了有效帮助。在栏目末尾，数据手册给出印制电路板布局的建议，以帮助读者实现更高精度的采样。

Application Hints

Hold Capacitor

Hold step, acquisition time, and droop rate are the major trade-offs in the selection of a hold capacitor value. Size and cost may also become important for larger values. Use of the curves included with this data sheet should be helpful in selecting a reasonable value of capacitance. Keep in mind that for fast repetition rates or tracking fast signals, the capacitor drive currents may cause a significant temperature rise in the LF198.

A significant source of error in an accurate sample and hold circuit is dielectric absorption in the hold capacitor. A mylar cap, for instance, may "sag back" up to 0.2% after a quick change in voltage. A long sample time is required before the circuit can be put back into the hold mode with this type of capacitor. Dielectrics with very low hysteresis are polystyrene, polypropylene, and Teflon. Other types such as mica and polycarbonate are not nearly as good. The advantage of polypropylene over polystyrene is that it extends the maximum ambient temperature from 85°C to 100°C. Most ceramic capacitors are unusable with > 1% hysteresis. Ceramic "NPO" or "COG" capacitors are now available for 125°C operation and also have low dielectric absorption. For more exact data, see the curve *Dielectric Absorption Error.* The hysteresis numbers on the curve are final values, taken after full relaxation. The hysteresis error can be significantly reduced if the output of the LF198 is digitized quickly after the hold mode is initiated. The hysteresis relaxation time constant in polypropylene, for instance, is 10—50 ms. If A-to-D conversion can be made within 1 ms, hysteresis error will be reduced by a factor of ten.

DC and AC Zeroing

DC zeroing is accomplished by connecting the offset adjust pin to the wiper of a 1 k⊠ potentiometer which has one end tied to V^+ and the other end tied through a resistor to ground. The resistor should be selected to give ≈0.6 mA through the 1k potentiometer.

AC zeroing (hold step zeroing) can be obtained by adding an inverter with the adjustment pot tied input to output. A 10 pF capacitor from the wiper to the hold capacitor will give ±4 mV hold step adjustment with a 0.01 μF hold capacitor and 5V logic supply. For larger logic swings, a smaller capacitor (< 10 pF) may be used.

Logic Rise Time

For proper operation, logic signals into the LF198 must have a minimum dV/dt of 1.0 V/μs. Slower signals will cause excessive hold step. If a R/C network is used in front of the

图 A-6 LF198 应用提示示例

后续的典型应用栏(Typical Application)给出 LF198 最基本的连接电路参考图(图 A-7)。由于 LF198 应用广泛，连接电路参考图就比较多。对于周边电路比较简单的产品，电路参考图可以只有一个。

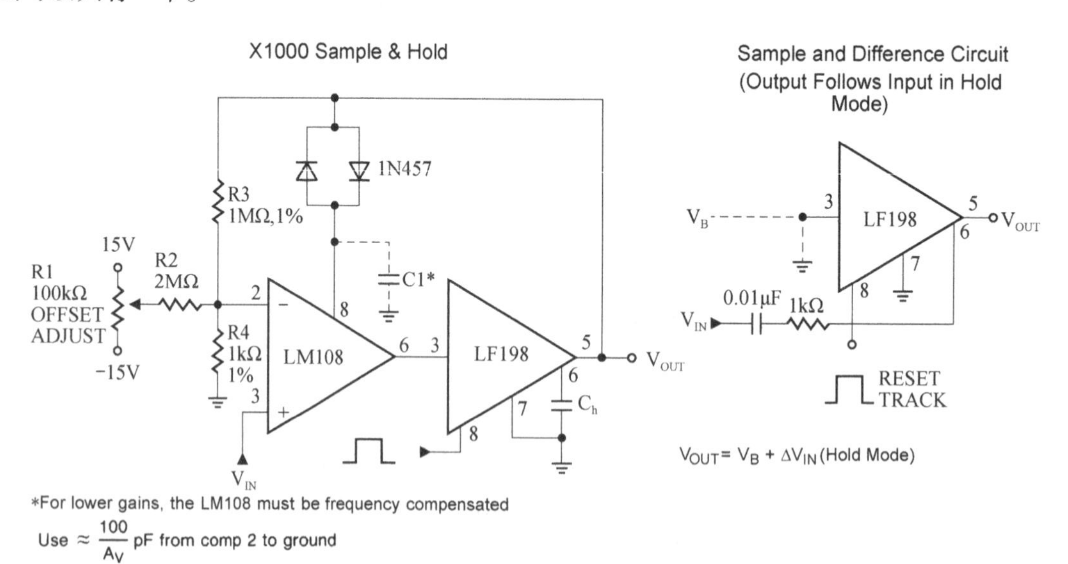

图 A-7 LF198 典型连接示例

A.5 术　　语

术语(Definition of Terms)不是必需的，其表达方式因制造商和产品而异。一般来说，新上市产品有许多用户不熟悉的功能、规格，往往需要独立栏目定义；成熟产品则没有这种需求，可以不给出这部分内容，或只在概要中简单说明。其示例见图 A-8。

Definition of Terms

Hold Step: The voltage step at the output of the sample and hold when switching from sample mode to hold mode with a steady (dc) analog input voltage. Logic swing is 5V.

Acquisition Time: The time required to acquire a new analog input voltage with an output step of 10V. Note that acquisition time is not just the time required for the output to settle, but also includes the time required for all internal nodes to settle so that the output assumes the proper value when switched to the hold mode.

Gain Error: The ratio of output voltage swing to input voltage swing in the sample mode expressed as a per cent difference.

Hold Settling Time: The time required for the output to settle within 1 mV of final value after the "hold" logic command.

Dynamic Sampling Error: The error introduced into the held output due to a changing analog input at the time the hold command is given. Error is expressed in mV with a given hold capacitor value and input slew rate. Note that this error term occurs even for long sample times.

Aperture Time: The delay required between "Hold" command and an input analog transition, so that the transition does not affect the held output.

图 A-8　LF198 术语示例

A.6 引 脚 封 装

这一栏的标题有多种写法，除了“连接图(Connection Diagrams)”以外，还可以使用“引脚配置(Pin Configuration)”等词。这一栏对配线和制板有重要作用，是设计工作中必须重点关注的栏目。

一般来说，引脚封装栏会列出产品所有不同封装形式，并且会在每种封装形式上注明引脚的编号、名称和输入/输出形式。有的数据手册还会进一步注明引脚的功能，甚至附上引脚动作的时序说明和等效电路。图 A-9 所示为引脚封装示例。

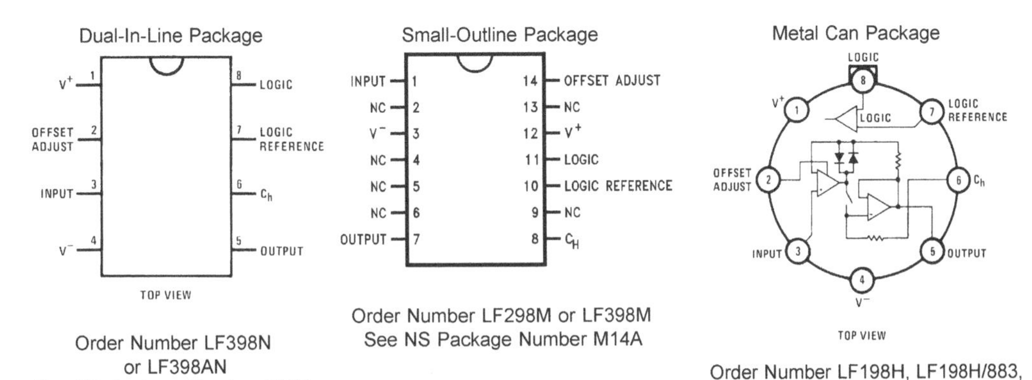

图 A-9　LF198 引脚封装示例

A.7 机 械 规 格

这一栏的标题同样有多种写法。除了"物理尺寸图(Physical Dimensions)"以外，"尺寸图(Dimensions)"和"形状尺寸图(Outline Dimensions)"等词也是同样的意思，表示该栏目内容用以说明产品封装尺寸。

尺寸图会给出各种封装包括尺寸公差在内的形状信息，对电路板设计、产品实装有重大意义。同时，尺寸图上基准引脚的位置也需读者格外注意，毕竟因弄错引脚位置而将产品装反是实装过程中确实存在的问题。为此，尺寸图通常会给出从上往下看和从下往上看两个角度，以确保读者准确识别引脚编号。其示例如图 A-10 所示。

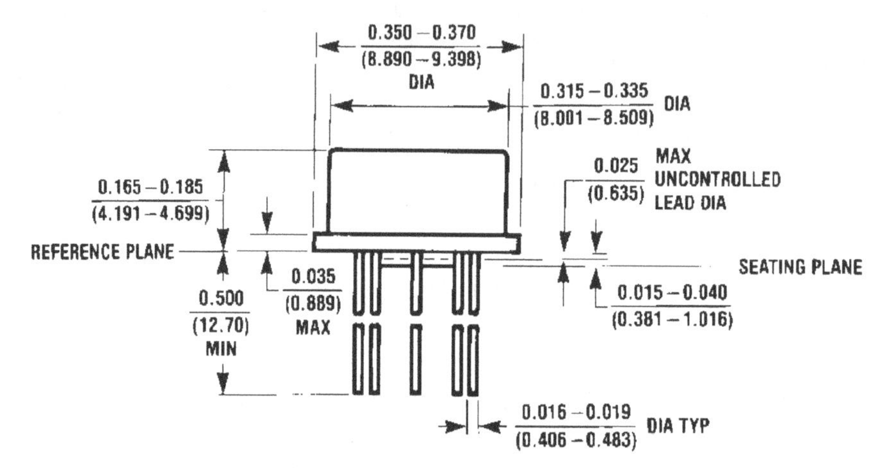

图 A-10　LF198 机械规格示例

附录 B 常用拉普拉斯变换和 Z 变换表

时间函数 $e(t)$	拉普拉斯变换 $E(s)$	Z 变换 $E(z)$
$u(t)$	$\dfrac{1}{s}$	$\dfrac{1}{1-z^{-1}}$
t	$\dfrac{1}{s^2}$	$\dfrac{Tz^{-1}}{(1-z^{-1})^2}$
$\dfrac{t^2}{2}$	$\dfrac{1}{s^3}$	$\dfrac{T^2(z^{-1}+z^{-2})}{2(1-z^{-1})^3}$
t^{k-1}	$\dfrac{(k-1)!}{s^k}$	$\lim\limits_{a\to 0}(-1)^{k-1}\dfrac{\partial^{k-1}}{\partial a^{k-1}}\dfrac{1}{1-e^{-aT}z^{-1}}$
e^{-at}	$\dfrac{1}{s+a}$	$\dfrac{1}{1-e^{-aT}z^{-1}}$
te^{-at}	$\dfrac{1}{(s+a)^2}$	$\dfrac{Te^{-at}z^{-1}}{\left(1-e^{-aT}z^{-1}\right)^2}$
$t^{k-1}e^{-at}$	$\dfrac{(k-1)!}{(s+a)^k}$	$(-1)^k\dfrac{\partial^k}{\partial a^k}\dfrac{1}{1-e^{-aT}z^{-1}}$
$1-e^{-at}$	$\dfrac{a}{s(s+a)}$	$\dfrac{(1-e^{-aT})z^{-1}}{(1-z^{-1})(1-e^{-aT}z^{-1})}$
$t-\dfrac{1-e^{-at}}{a}$	$\dfrac{a}{s^2(s+a)}$	$\dfrac{(aT-1+e^{-aT})z^{-1}+(1-e^{-aT}-aTe^{-aT})z^{-2}}{a(1-z^{-1})^2(1-e^{-aT}z^{-1})}$
$1-(1+at)e^{-at}$	$\dfrac{a^2}{s(s+a)^2}$	$\dfrac{(1-e^{-aT}-aTe^{-aT})z^{-1}+\left[e^{-2aT}+(aT-1)e^{-aT}\right]z^{-2}}{(1-z^{-1})(1-e^{-aT}z^{-1})^2}$
$e^{-at}-e^{-bt}$	$\dfrac{b-a}{(s+a)(s+b)}$	$\dfrac{(e^{-aT}-e^{-bT})z^{-2}}{(1-e^{-aT}z^{-1})(1-e^{-bT}z^{-1})^2}$
$\sin(bt)$	$\dfrac{b}{s^2+b^2}$	$\dfrac{z^{-1}\sin(bT)}{1-2z^{-1}\cos(bT)+z^{-2}}$
$\cos(bt)$	$\dfrac{s}{s^2+b^2}$	$\dfrac{1-z^{-1}\cos(bT)}{1-2z^{-1}\cos(bT)+z^{-2}}$
$e^{-at}\sin(bt)$	$\dfrac{b}{(s+a)^2+b^2}$	$\dfrac{z^{-1}e^{-aT}\sin(bT)}{1-2z^{-1}e^{-aT}\cos(bT)+z^{-2}e^{-2aT}}$
$e^{-at}\cos(bt)$	$\dfrac{s+a}{(s+a)^2+b^2}$	$\dfrac{1-z^{-1}e^{-aT}\cos(bT)}{1-2z^{-1}e^{-aT}\cos(bT)+z^{-2}e^{-2aT}}$
$1-e^{-at}\left(\cos(bt)+\dfrac{a}{b}\sin(bt)\right)$	$\dfrac{a^2+b^2}{s\left[(s+a)^2+b^2\right]}$	$\dfrac{Az^{-1}+Bz^{-2}}{(1-z^{-1})(1-2z^{-1}e^{-aT}\cos(bT)+z^{-2}e^{-2aT})}$ $A=1-e^{-aT}\left(\cos(bT)+\dfrac{a}{b}\sin(bT)\right)$ $B=e^{-2aT}+e^{-aT}\left(\dfrac{a}{b}\sin(bT)-\cos(bT)\right)$

附录 C　NI ELVIS 简介

NI ELVIS 系列仪器(图 C-1)包括一个 USB 即插即用的工作台、若干用户定制功能的原型实验面包板和一套基于 LabVIEW 的虚拟仪器(表 C-1)，是 NI 公司针对电子电路、信号处理、控制系统设计、通信理论、机械电子、嵌入式应用等课程推出的开放式实验教学平台。

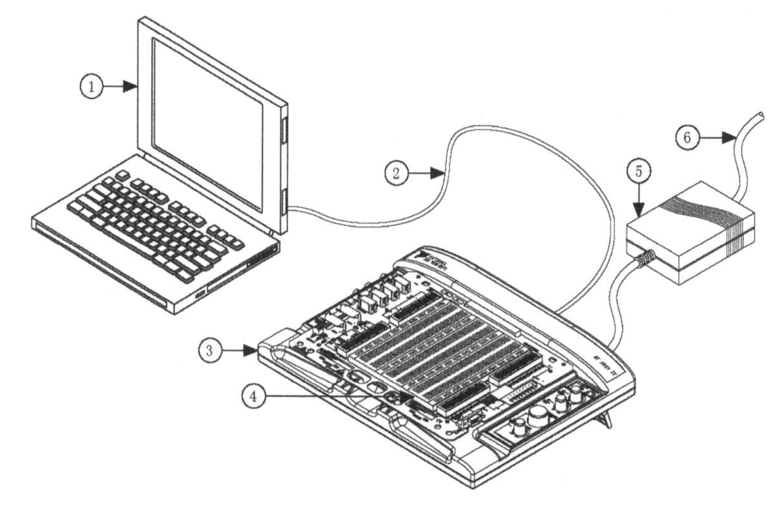

图 C-1　NI ELVIS 系列仪器

①计算机；②USB 缆线；③NI ELVIS 工作台；④NI ELVIS 原型板；⑤AC/DC 电源；⑥电源连接线

表 C-1　NI ELVIS 系列的 12 种虚拟仪器

虚拟仪器	功能
任意波形发生器 (ARB：Arbitrary Waveform Generator)	使用 AO0 和 AO1 通道输出用户指定的波形 (1)允许用户在波形编辑器中生成输出波形 (2)允许用户加载 LabVIEW 波形文件输出 (3)允许用户在仪器运行过程中改变刷新速率和触发模式
伯德图分析仪 (Bode Analyzer)	可单独使用，测量线性有源或无源电路增益和相位相对频率的漂移
数字读取器 (Digital Reader)	读出原型板指定 DIO 通道的数据 (1)允许单次读出 (2)允许连续读出
数字写入器 (Digital Writer)	按用户指定模式刷新 DIO 通道的数据 (1)可以使用内置模式 (2)可以创建自定义模式 (3)输出电压与 TTL 电平兼容

续表

虚拟仪器	功能
数字万用表 （DMM：Digital Multimeter）	可单独使用，5 位半精度的数字万用表。具有以下功能： (1) 自动/手动选择量程 (2) 可测量直流/交流电压 (3) 可测量直流/交流电流 (4) 可测量电阻 (5) 可测量电容 (6) 二极管测试 (7) 蜂鸣导通测试
动态信号分析仪 （DSA：Dynamic Signal Analyzer）	(1) 可计算并显示单通道 RMS 平均功率谱 (2) 可使用多种窗口模式和平均模式 (3) 可检测峰值频率分量，估计实际频率和功率 (4) 支持数字触发和模拟触发
函数发生器 （FGEN：Function Generator）	可单独使用，允许使用工作台上的旋钮操作。具有以下功能： (1) 可输出多种波形（正弦波/三角波/方波） (2) 调制输入 (3) 频率可调 (4) 幅度可调（10 位分辨率） (5) 直流偏移可调（10 位分辨率） (6) 占空比可调 (7) 可测量生成信号频率
阻抗分析仪 （Impedance Analyzer）	可单独使用，使用 DUT+和 DUT−端子测量无源二线元件指定频率处的电阻和电抗
示波器 （Oscilloscope）	可单独使用的双通道示波器。最大采样速率 100MS/s，允许数字触发和模拟触发
二线电流电压分析仪 （Two-Wire Current Voltage Analyzer）	可单独使用的二线 I/V 曲线量测仪，使用 DUT+和 DUT−端子测量四象限±10V 和±40mA 的信号
三线电流电压分析仪 （Three-Wire Current Voltage Analyzer）	可单独使用的三线 I/V 曲线量测仪，可测量 NPN 和 PNP 晶体管的 I-V 曲线（集电极电压：0～10V。集电极电流：±40mA）
可编程电压源 （Variable Power Supplies）	可单独使用，允许使用工作台上的旋钮操作。SUPPLY+输出电压 0～+12V，SUPPLY-输出电压−12～0V

工作台是 NI ELVIS 系列仪器的基础。它是原型实验面包板的载体，也是 12 种虚拟仪器的物理实现，提供了函数发生器、示波器和数字万用表输入/输出信号使用的连接器，以及方便用户操作可调电压源和函数发生器的旋钮，如图 C-2 所示。

用户定制原型面包板是 NI ELVIS 系列仪器的核心，如图 C-3 所示。利用原型板，用户可以自由设计电路，既可以完成教学任务规定的基础实验，也可以完成学生自己设计的创意实验；既可以搭建原理性电路供一般教学，也可以设计接口电路连接实际的工程系统。而且，原型板可独立于工作台，这就允许学生课余设计搭建电路，实验课上仅需调试验证结果，显著提高了实验的效率。总之，原型板的灵活性和多样性为实验教学提供了多种可能，对提高新工科实验教学质量有显著的促进作用。

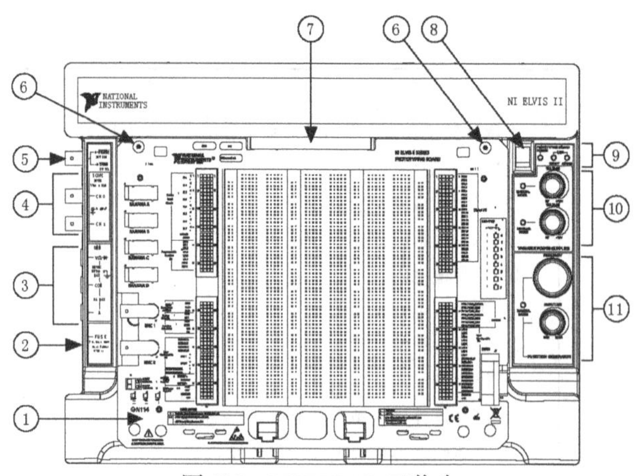

图 C-2　NI ELVIS 工作台

①NI ELVIS 原型板　②DMM 保险丝　③DMM 接口　④示波器接口　⑤FGEN 输出/数字触发输入接口　⑥原型板安装螺丝孔　⑦原型板接口　⑧原型板电源开关　⑨工作状态指示灯　⑩可调电源调节旋钮　⑪FGEN 调节旋钮

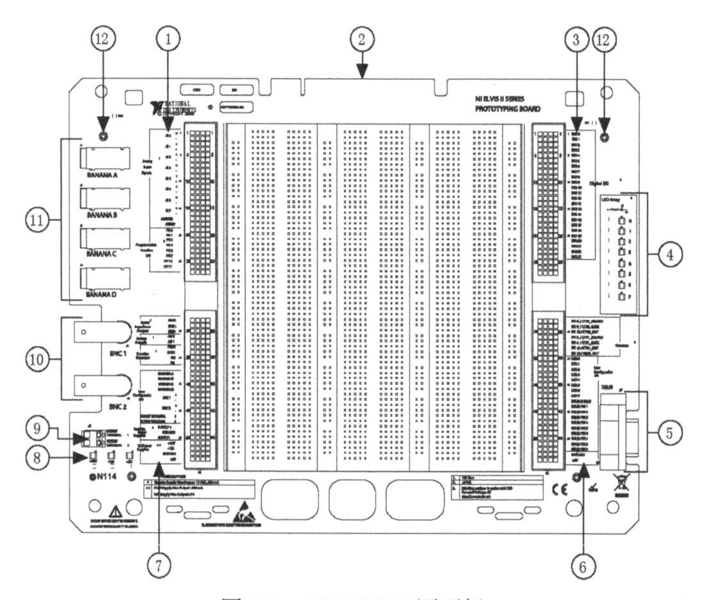

图 C-3　NI ELVIS 原型板

①AI 和 PFI 信号　②工作台连接器　③DIO 信号　④用户可配置 LED　⑤用户可配置 D-USB 连接器　⑥计数器/定时器、用户可配置 I/O、直流电源信号　⑦DMM、AO、FGEN、用户可配置 I/O、可调电源、直流电源信号　⑧原型板电源指示灯　⑨用户可配置螺栓端子　⑩用户可配置 BNC 连接器　⑪用户可配置香蕉插座连接器　⑫锁定螺栓

NI ELVISmx 是配套的虚拟仪器，既可以独立使用，也可以结合 LabVIEW 或 Multism 软件使用。在 LabVIEW 中使用时，可以通过函数面板的“测量 I/O”→“NI ELVISmx”找到与 12 种虚拟仪器对应的 Express VI，将其拖放到程序面板即可配置使用。

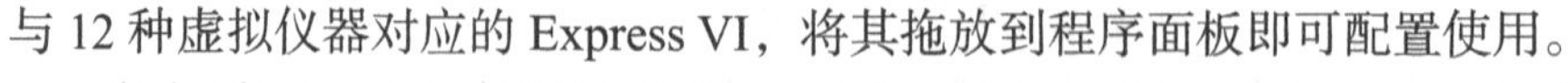

考虑到 NI ELVIS 仪器的灵活性，本书大部分实验皆基于 NI ELVIS 平台设计完成。实验明细与 NI ELVIS 的详细使用方法可参考实验手册。

实验手册

附录 D　LabVIEW CDS 模块控件索引

LabVIEW CDS 模块提供了控件设计(Control Design)和系统辨识(System Identification)两组控件，以辅助用户完成交互式设计。下面简要介绍控制设计面板所包含的控件，包括创建模型(Create Model)控件、模型分析(Model Analysis)控件和绘图(Plots)控件。

D.1　创建模型控件

该选板包含了交互创建模型的多种输入控件，如表 D-1 所示。

表 D-1　创建模型选板包含的控件

控件选板	控件名称	图标	功能
创建模型(Create Model)	一阶模型(1st Order Model)	K,τ	通过前面板交互式创建一阶系统 $\frac{K}{\tau s+1}e^{-sT}$
	二阶模型(2nd Order Model)	ζ,ω	通过前面板交互式创建二阶系统模型 $\frac{K\omega_n^2}{s^2+2\xi\omega_n s+\omega_n^2}e^{-sT}$
	PID 模型(PID Model)	PID	通过前面板交互式创建 PID 模型。必须手动选择 PID 类型(学术型、串联型或并联型)
	传递函数模型(Transfer Function)	G(·)	通过前面板交互式创建传递函数模型(连续或离散)
	ZPK 模型(ZPK)	K Z/P	通过前面板交互式创建 ZPK 模型(连续或离散)
	状态空间模型(State-Space)	A B C D	通过前面板交互式创建状态空间模型(连续或离散)
	符号模型(TF)(Symbolic TF)	αβ G(·)	通过前面板以变量形式交互式创建传递函数模型(连续或离散)
	符号模型(ZPK)(Symbolic ZPK)	αβ K Z/P	通过前面板以变量形式交互式创建 ZPK 模型(连续或离散)
	符号模型(SS)(Symbolic SS)	αβ A B C D	通过前面板以变量形式交互式创建状态空间模型(连续或离散)

D.2　模型分析控件

该选板包含了在时域和频域进行交互式分析所需要的显示控件，如表 D-2 所示。

表 D-2　模型分析选板所包含的控件

模型分析	伯德图分析 VI (CD Bode Analysis.vi)		显示指定模型的伯德图
	奈奎斯特图分析 VI (CD Nyquist Analysis.vi)		显示指定模型的奈奎斯特图
	尼科尔斯图分析 VI (CD Nichols Analysis.vi)		显示指定模型的尼科尔斯图
	幅值和相位裕度分析 VI (CD Gain and Phase Margin Analysis.vi)		显示指定模型的幅值裕度和相位裕度
	零极点分析 VI (CD Pole-Zero Analysis.vi)		显示指定模型的零极点
	根轨迹分析 VI (CD Root Locus Analysis.vi)		显示指定模型的根轨迹图
	时域分析 VI (CD Time Domain Analysis.vi)		显示指定模型的时域响应曲线(需手动指定输入类型)

D.3　绘 图 控 件

该选板包含多种绘制时域特性曲线和频域特性曲线的显示控件，如表 D-3 所示。与模型分析选板同功能控件相比，绘图选板的控件没有提供预先配置的代码。

表 D-3　绘图选板所包含的控件

绘图 (Plots)	伯德图 (CD Bode Plot.vi)		显示指定模型的伯德图
	尼科尔斯图 (CD Nichols Plot.vi)		显示指定模型的尼科尔斯图
	奈奎斯特图 (CD Nyquist Plot.vi)		显示指定模型的奈奎斯特图
	幅值裕度和相位裕度 (CD Gain and Phase Margin Plot.vi)		显示指定模型的幅值裕度和相位裕度
	零极点图(S 域) (CD Pole-Zero S Grid Plot.vi)		在 S 域显示零极点图
	零极点图(Z 域) (CD Pole-Zero Z Grid Plot.vi)		在 Z 域显示零极点图
	系统图 (System Plots.vi)		子选板，包含各种系统图，如奈奎斯特图、伯德图等

附录 E　LabVIEW CDS 模块常用函数索引

LabVIEW CDS 模块内置五组函数：仿真(Simulation)函数、控件设计(Control Design)函数、系统辨识(System Identification)函数、PID 控制函数和模糊逻辑(Fuzzy Logic)控制函数。这些函数简单易用，功能强大，足以辅助用户完成控制系统仿真设计的大多数任务。为方便读者，将与本书内容相关的部分函数制成索引，供学习过程中参考使用。

E.1　常用仿真函数

仿真函数集中在函数选板的“控制和仿真(Control & Simulation)”→“仿真(Simulation)”函数组中，部分函数仅能在控件与仿真循环(Control & Simulation Loop)中使用。

表 E-1 简单列举了本书内容相关函数的基本功能供学习时参考，更详细的说明请查阅帮助文档。

表 E-1　常用仿真函数

函数选板		函数图标	函数功能
控件与仿真循环(Control & Simulation Loop)			在 LabVIEW 中使用仿真函数创建仿真应用程序时，必须将所有仿真函数放置在控件与仿真循环或仿真子系统中
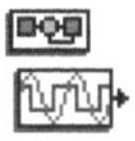 信号生成函数(Signal Generation)	阶跃信号(Step Signal)	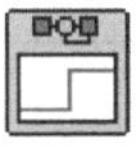	产生指定的阶跃信号输出
	脉冲信号(Pulse Signal)		产生指定的脉冲信号输出
	斜坡信号(Ramp Signal)		产生指定的斜坡信号输出
	正弦信号(Sine Signal)		产生指定的正弦信号输出
	啁啾信号(Chirp Signal)		产生指定的啁啾信号输出
	任意信号发生器(Signal Generator)		产生指定的任意形状信号输出
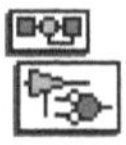 信号运算函数(Signal Arithmetic)	加法器(Summation)		对仿真系统中的信号执行求和运算
	增益(Gain)		对仿真系统中的信号进行放大
	乘法器(Multiplication)	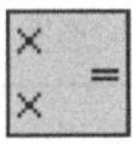	对仿真系统中的信号执行乘法运算

续表

函数选板		函数图标	函数功能
连续线性系统模型 (Continuous Linear Systems)	积分环节 (Integrator)		对输入信号积分
	微分环节 (Derivative)		对输入信号微分
	传输延迟 (Transport Delay)		对输入信号产生指定的延迟
	传递函数模型 (Transfer Function)		构建连续系统的传递函数模型
	ZPK 模型 (Zero-Pole-Gain)		构建连续系统的 ZPK 模型
	PID 控制器 (PID)		构建 PID 控制器模型
离散线性系统模型 (Discrete Linear Systems)	积分环节 (Discrete Integrator)		使用前向积分法/后向积分法/梯形积分法对输入信号积分
	延迟环节 (Discrete Delay)		对输入信号产生指定的延迟
	零阶保持器 (Discrete Zero-Order Hold)		对输入信号进行零阶保持
	一阶保持器 (Discrete First-Order Hold)		对输入信号进行一阶保持
	离散传递函数模型 (Discrete Transfer Function)		构建离散系统的传递函数模型
	离散 ZPK 模型 (Discrete Zero-Pole-Gain)		构建离散系统的 ZPK 模型
控制器 (Controllers)	PID 控制器 (PID)		快速构建 PID 控制器仿真模型
	二自由度 PID 控制器 (2 DoF PID)		快速构建二自由度 PID 控制器仿真模型
	SISO 控制器 (SISO Controller)		构建 SISO 控制器仿真模型。此函数提供交互式分析设计功能
图形应用 (Graph Utilities)	时域波形图 (SimTime Waveform)		在波形图上绘制曲线。使用该函数时，LabVIEW 会自动添加波形图控件
	缓冲 *XY* 图 (Buffer XY Graph)		利用缓冲的仿真数据绘制 *XY* 图。使用该函数时，LabVIEW 会自动添加 *XY* 图控件

续表

函数选板		函数图标	函数功能
实用函数 (Utilities)	收集器 (Collector)		以数组的形式记录并返回每个仿真步长上的仿真数据
	索引器 (Indexer)		按照当前的仿真时间检索波形数据或数组数据
	存储器 (Memory)		存储上一次仿真迭代的信号值
	外部模型 (External Model)		调用外部模型
	仿真参数 (Simulation Parameters)		返回当前仿真的参数
	停止仿真 (Halt Simulation)		当前时间步长结束时停止仿真

E.2 常用设计函数

设计函数集中在函数选板的“控制和仿真(Control & Simulation)”→“控件设计(Control Design)”函数组，主要用于动态系统的构造、分析和交互式设计。

1)模型的构建和转换

在“控制和仿真(Control & Simulation)”→“控件设计(Control Design)”→“模型构建(Model Construction)”函数组，LabVIEW CDS 模块提供了多种构建线性系统模型的函数，并允许将系统模型保存至文件或从文件读出系统模型，如表 E-2 所示。

表 E-2 常用模型构建函数

函数选板		函数图标	函数功能
模型构建 (Model Construction)	构建状态空间模型 (CD Construct State-Space Model)		构建线性系统的状态空间模型
	构建传递函数模型 (CD Construct Transfer Function Model)		构建线性系统的传递函数模型
	构建 ZPK 模型 (CD Construct Zero-Pole-Gain Model)		构建线性系统的 ZPK 模型
	构建随机模型 (CD Construct Random Model)		随机构建线性系统的状态空间模型、传递函数模型或 ZPK 模型。可以指定采样时间、不能控或不能观的状态、零极点，需手动选择多态实例

续表

函数选板		函数图标	函数功能
模型构建（Model Construction）	构建典型 TF 模型（CD Construct Special TF Model）		构建一阶线性系统、二阶线性系统或延迟环节的传递函数模型。需手动选择多态实例
	构建 PID 模型（CD Construct PID Model）		构建 PID 控制器的传递函数模型。需手动选择多态实例
	构建超前-滞后控制器模型（CD Construct Lead-Lag Controller）		构建相位超前控制器或相位滞后控制器的传递函数模型。需手动选择多态实例
	构建滤波器模型（CD Construct Filter Model）		构建数字滤波器模型。需手动选择多态实例
	构建一阶系统模型（CD Construct First Order Model）		构建一阶线性系统的传递函数模型。构建典型 TF 模型（CD Construct Special TF Model）函数实例
	构建二阶系统模型（CD Construct Second Order Model）		构建二阶线性系统的传递函数模型。构建典型 TF 模型（CD Construct Special TF Model）函数实例
	绘制状态空间方程（CD Draw State-Space Equation）		显示系统的状态空间模型
	绘制传递函数方程（CD Draw Transfer Function Equation）		显示系统的传递函数模型
	绘制 ZPK 方程（CD Draw Zero-Pole-Gain Equation）		显示系统的 ZPK 模型
	查询模型文件（CD Query Model File）		查询包含模型信息的.lti 文件，并返回文件中一个或多个模型的信息
	读模型文件（CD Read Model From File）		打开并读取.lti 文件的所有记录（每个记录包含一个模型）
	写模型文件（CD Write Model to File）		将包含模型信息的记录写入新建.lti 文件，或添加至已有.lti 文件。每个记录包含一个模型

使用“控制和仿真（Control & Simulation）”→“控件设计（Control Design）”→“模型转换（Model Conversion）”函数组（表 E-3）的 VI 可以将系统模型在不同形式之间进行转换，或将连续系统模型转换为离散系统模型，也可以将仿真模型转换为控制器模型。

“控制和仿真(Control & Simulation)”→“控件设计(Control Design)”→“模型信息(Model Information)”函数组则提供了读写模型参数信息的函数，使用户可以在模型创建后修改或使用模型信息。

表 E-3 常用模型转换和模型信息函数

函数选板		函数图标	函数功能
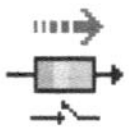 模型转换(Model Conversion)	转换为状态空间模型(CD Convert to State-Space Model)		将系统模型从一种表示方式转换为状态空间模型
	转换为传递函数模型(CD Convert to Transform Function Model)		将系统模型从一种表示方式转换为传递函数模型
	转换为 ZPK 模型(CD Convert to ZPK Model)		将系统模型从一种表示方式转换为传递函数模型
	转换时延(Pade 逼近)(CD Convert Delay with Pade Approximation)		在连续时间系统模型中，利用 Pade 逼近引入给定时间延迟
	转换时延为原点极点(CD Convert Delay to Poles at Origin)		在离散时间系统模型中，将给定的时间延迟转换为原点处新增极点
	标准化状态空间模型(CD Canonical State-Space Realization)		将状态空间模型转换为标准型
	规范传递函数模型(CD Normalize Transfer Function Model)		规范化传递函数模型的分子多项式和分母多项式
	排序 ZPK 模型(CD Sort Zero-Pole-Gain Model)	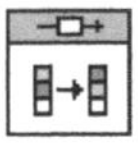	将 ZPK 模型多项式的复数根分类，然后依实部或虚部进行升序或降序排列
	连续模型转换为离散模型(CD Convert Continuous to Discrete)		将给定线性系统的连续时间模型转换为离散时间模型
	离散模型转换为离散模型(CD Convert Discrete to Discrete)		改变给定线性系统离散时间模型的采样时间
	离散模型转换为连续模型(CD Convert Discrete to Continuous)		将给定线性系统的离散时间模型转换为连续时间模型
	控制设计模型转换为仿真模型(CD Convert Control Design to Simulation)	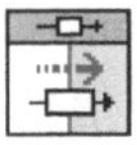	将给定线性系统的控制设计模型转换为仿真模型
	仿真模型转换为控制设计模型(CD Convert Simulation to Control Design)	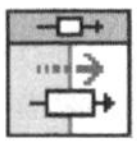	将给定线性系统的仿真模型转换为控制设计模型

续表

函数选板		函数图标	函数功能
模型信息（Model Information）	获取模型采样时间（CD Get Sampling Time from Model）		获取给定系统模型的采样时间信息
	设置模型采样时间（CD Set Sampling Time to Model）		设置给定系统模型的采样时间
	获取延迟时间（CD Get Delays from Model）		获取给定系统模型的延迟时间信息
	设置延迟时间（CD Set Delays to Model）		设置给定系统模型的延迟时间

模型的连接可以利用“控制和仿真(Control & Simulation)”→“控件设计(Control Design)”→“模型互连(Model Interconnection)”函数组(表 E-4) VI 实现。在构建复杂动态系统模型时，该组 VI 可以降低整体的复杂度。

需要注意的是，在连接模型时，连续系统模型只能与其他连续系统模型连接；而离散系统模型只能与其他具有相同采样时间的离散系统模型连接。但是，连接的模型可以是任何形式。例如，可以将一个传递函数模型连接到一个状态空间模型。此外，还可以在单输入单输出(SISO)系统、单输入多输出(SIMO)系统、多输入单输出(MISO)系统和多输入多输出(MIMO)系统之间建立连接。

表 E-4　常用模型互连函数

函数选板		函数图标	函数功能
模型互连（Model Interconnection）	串联（CD Series）		将两个模型串联
	并联（CD Parallel）		将两个模型并联
	反馈（CD Feedback）		将两个模型进行反馈连接
	单位反馈（CD Unit Feedback）		将两个模型进行单位负反馈连接

2) 系统的分析和设计

系统分析和设计使用的是相同的函数，这些函数集中在“控制和仿真(Control & Simulation)”→“控件设计(Control Design)”→“时间响应(Time Response)/频率响应(Frequency Response)/动态特性分析(Dynamic Characteric Analysis)”函数组。其中，时间响应 VI 主要提供系统对指定输入的时域响应信息，满足用户进行时域分析/设计的需要；频率响应 VI 主要提供零初始条件下，系统对单位振幅正弦输入不同频率处的输出，以满足用户进行频域分析/设计的需要；动态特性分析 VI 则主要是利用根轨迹图计算给定系统的瞬态特性，如稳定性、直流增益、阻尼比、固有频率等。书中常用函数如表 E-5 所示。

表 E-5　常用设计函数

函数选板		函数图标	函数功能
时间响应（Time Response）	阶跃响应（CD Step Response）		绘制系统阶跃响应曲线，当输入模型为状态空间模型时还可以得到状态轨迹图
	脉冲响应（CD Impulse Response）		绘制系统脉冲响应曲线，当输入模型为状态空间模型时还可以得到状态轨迹图
	时间响应参数（CD Parametric Time Response）		计算给定模型的时间响应参数。包括上升时间、峰值时间、稳定时间、稳态增益和超调量
	获取时间响应（CD Get Time Response Data）		根据模型的输入/输出数据计算其时间响应。需手动选择多态实例
频率响应（Frequency Response）	伯德图（CD Bode）		绘制给定模型的伯德图
	奈奎斯特图（CD Nyquist）		绘制给定模型的奈奎斯特图
	尼科尔斯图（CD Nichols）		绘制给定模型的尼科尔斯图
	幅值裕度和相位裕度（CD Gain and Phase Margin）		绘制给定模型的幅值裕度和相位裕度
	带宽（CD Bandwidth）		计算给定模型的带宽
动态特性分析（Dynamic Characteric Analysis）	根轨迹图（CD Root Locus）		绘制给定系统的根轨迹图
	零极点图（CD Pole-Zero Map）		在复平面上绘制给定模型的极点和零点
	极点图（CD Poles）		返回给定模型的极点
	零点图（CD Zeros）		返回给定模型的零点
	延迟时间（CD Total Delay）		计算并返回给定模型的延迟时间
	稳态增益（CD DC Gain）		返回给定模型的稳态增益
	稳定性（CD Stability）		返回给定模型的稳定性

E.3 常用PID控制器函数

PID 是一种常见的单输入单输出控制算法，频繁使用于多种控制应用。因此，在LabVIEW CDS 模块中，专门提供了 PID VI，以方便用户根据需求使用。

PID VI 位于“控制和仿真(Control & Simulation)”→“PID VI”函数组，包括三个不同版本的 PID 控制器(PID 控制器、PID 高级控制器和 PID 高级自整定控制器)，以及一些工程常用功能 VI，具体见表 E-6。

表 E-6 PID VI

函数选板	函数图标	函数功能
PID		通过 PID 算法为简单 PID 应用或高速控制应用实现 PID 控制器。该 VI 可通过积分抗饱和算法和无扰控制器输出，可限制输出范围以适应 PID 增益改变
PID 高级 (PID Advanced)		与 PID VI 相比，PID 高级 VI 增加了手动/自动切换、非线性积分、二自由度控制和误差平方控制
PID 高级自整定 (PID Advanced Autotuning)		与 PID 高级 VI 相比，PID 高级自整定 VI 增加了在线自整定算法。该 VI 可在 RT 应用中使用
PID 自整定 (PID Autotuning)		在 PID VI 基础上增加自整定向导
PID 增益调度 (PID Gain Schedule)		从增益调度选择一组增益用于不同操作区域要求不同增益的过程控制(如高度非线性过程)
PID 结构转换 (PID Structure Conversion)		将不同形式的 PID 控制器转换为 PID VI 预期的形式(学术)和 PID 增益单位
PID 自整定设计 (PID Autotuning Design)		实现参数自整定。需手动选择多态实例
PID 在线自整定 (PID Online Autotuning)		根据用户选择的自整定方法，自动在线调整 PID 控制器参数。需手动选择多态实例
PID 超前滞后 (PID Lead-Lag)		实现带超前/滞后功能的 PID 控制器，通常用作前馈控制机制中的动态补偿器。该 VI 使用位置算法，是真实指数超前/滞后的逼近
PID 设定值信息 (PID Setpoint Profile)		在控制循环中根据时间生成设定值，用于斜坡和恒值类型的控制应用
PID 控制输入滤波 (PID Control Input Filter)		对输入值使用 5 阶低通 FIR 滤波器，截止频率为输入值采样频率的 1/10。通过该 VI 可对控制应用中的测量值(如过程变量)进行滤波
PID 输出率限制器 (PID Output Rate Limiter)		限制 PID 控制器输出变化率
PID 工程单位转为百分比 (PID EGC to Percentage)		根据最小值和最大值范围设置，将工程单位输入转换为百分比范围输出
PID 百分比转为工程单位 (PID Percentage to EGU)		根据最小值和最大值范围设置，将百分比范围输入转换为工程单位输出

二维码内容索引

页码	二维码名称	内容
45	仿真例程：理想采样	介绍 LabVIEW 公式节点的使用
47	仿真例程：采样定理的验证	介绍 LabVIEW MathScript 脚本的使用
48	仿真例程：工程采样	介绍 LabVIEW 控制与循环仿真的使用
52	延伸：孔径时间	介绍孔径时间对采样周期的影响
56	仿真例程：使用 LabVIEW 建立离散对象模型	介绍使用 LabVIEW 建立离散对象模型的方法，重点介绍 LabVIEW 模型对象的数据结构
57	仿真例程：使用 LabVIEW 获取离散对象模型	介绍使用 LabVIEW 获取离散对象模型的方法，重点介绍延迟环节在 LabVIEW 中的表示
57	仿真例程：使用 LabVIEW 建立离散系统模型(1)	介绍使用 LabVIEW Simulation 函数建立离散系统模型的方法
58	仿真例程：使用 LabVIEW 建立离散系统模型(2)	介绍使用 LabVIEW Control
59	仿真例程：使用 LabVIEW 建立混合系统模型	介绍使用 LabVIEW 建立混合系统模型的方法，重点介绍 SubSystem 的使用
61	仿真例程：利用 LabVIEW 计算阶跃响应	介绍使用 LabVIEW Simulation 函数计算离散系统阶跃响应的方法，重点介绍相关图形控件的使用
62	仿真例程：利用 LabVIEW 计算脉冲响应	介绍使用 LabVIEW Control
62	仿真例程：利用 LabVIEW 求解差分方程	介绍使用 LabVIEW 数学 VI 求解差分方程的方法
64	延伸：傅里叶变换、拉普拉斯变换和 Z 变换	仿真演示傅里叶变换、拉普拉斯变换和 Z 变换的关系
64	延伸：基于 LabVIEW 的时域分析	综述使用 LabVIEW 进行时域分析的方法
66	仿真例程：基于 LabVIEW 的根轨迹图	介绍使用 LabVIEW 绘制根轨迹图的方法
66	仿真例程：基于 LabVIEW 的奈奎斯特图	介绍使用 LabVIEW 绘制奈奎斯特图的方法
66	仿真例程：基于 LabVIEW 的伯德图	介绍使用 LabVIEW 绘制伯德图的方法
69	延伸：基于 LabVIEW 的稳定性分析	综述使用 LabVIEW 进行稳定性分析的方法
70	延伸：基于 LabVIEW 的鲁棒性分析	综述使用 LabVIEW 进行鲁棒性分析的方法
72	延伸：基于 LabVIEW 的时间响应分析	综述使用 LabVIEW 进行时间响应分析的方法
76	仿真例程：离散化方法	介绍使用 LabVIEW 进行模拟化设计的方法
84	延伸：LabVIEW 中的 PID 控制	介绍 LabVIEW 与 PID 控制相关的函数和 VI
86	仿真例程：不同选择对 PID 控制器的影响	介绍 LabVIEW 的信号流编程模式
89	仿真例程：积分饱和	以积分饱和为例，介绍 LabVIEW 与非线性相关的函数和 VI
93	延伸：基于 LabVIEW 的 PID 参数整定	介绍 LabVIEW 与 PID 参数整定相关的函数和 VI
98	延伸：基于 LabVIEW 的离散系统时域辅助设计	综述 LabVIEW 在离散系统时域辅助设计中的使用
100	延伸：基于 LabVIEW 的离散系统频域辅助设计	综述 LabVIEW 在离散系统频域辅助设计中的使用
102	延伸：基于 LabVIEW 的状态反馈	介绍 LabVIEW 与模型转换及状态反馈相关的函数和 VI
107	延伸：基于 LabVIEW 的状态观测器	介绍使用 LabVIEW 设计状态观测器的方法
111	延伸：基于 LabVIEW 的能控性判断	介绍使用 LabVIEW 判断系统能控性的方法
112	延伸：基于 LabVIEW 的能观性判断	介绍使用 LabVIEW 判断系统能观性的方法

续表

页码	二维码名称	内容
118	仿真例程：量化和量化误差	介绍 LabVIEW 的数据类型
129	延伸：AD574 数据手册	
131	延伸：人机接口	介绍计算机控制系统的人机接口设计
136	延伸：过程通道	介绍计算机控制系统的过程通道设计
137	延伸：AD7714 数据手册	
138	延伸：多路复用	介绍计算机控制系统的多路复用技术
150	延伸：极限环	概要介绍极限环的影响
150	延伸：PWM 的影响	概要介绍 PWM 的影响
153	实例：速度控制用例	以速度控制为例，介绍需求分析方法
155	实例：速度控制简化状态图	以速度控制为例，介绍状态图的绘制
157	实例：速度控制状态图	以速度控制为例，介绍 LabVIEW 状态图编程模式
188	实验手册